(a) 円筒ビーカー中（151 kHz）

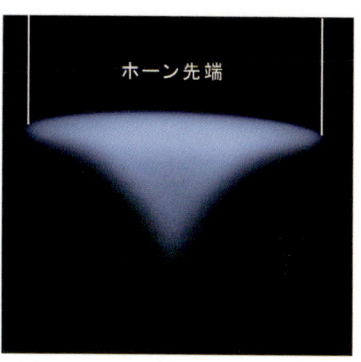
(b) ホーン型振動子を使った場合（24 kHz）

口絵1　水のマルチバブルソノルミネセンス写真（4.3節参照）

(a) 塩化ナトリウム水溶液

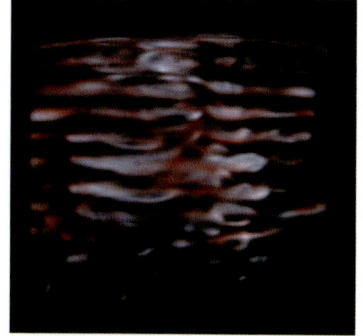
(b) 塩化リチウム水溶液

口絵2　アルカリ金属塩水溶液からのソノルミネセンス（4.3節参照）

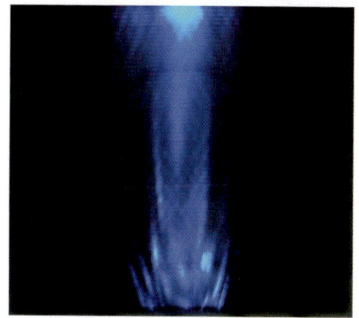
(a) 矩形容器の下から上方に超音波を照射したとき（周波数422 kHz）

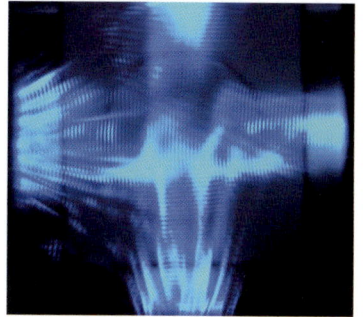
(b) 下からに加えて、左から右方にも超音波を照射したとき

口絵3　ルミノール水溶液のソノケミルミネセンス（4.3節, 5.3節参照）
K. Yasuda, T. Torii, K. Yasui, Y. Iida, T. Tuziuti, M. Nakamura, Y. Asakura：Ultrason. Sonochem. 14, pp.699-704（2007）より引用。Copyright（2007）Elsevier

口絵 4 試料容器に接着されたランジュバン型振動子。右側はインピーダンス整合回路（5.1 節参照）

(a) 噴水状の盛り上がり（撮影速度 200 fps）

(b) 図 (a) の拡大。上部に細かい霧が見える（撮影速度 10 000 fps）

口絵 5 超音波霧化の瞬間（6.4 節参照）

日本音響学会 編
The Acoustical Society of Japan

音響サイエンスシリーズ **7**

音響バブルとソノケミストリー

崔　博坤　　榎本尚也
原田久志　　興津健二
編著

野村浩康　　香田　忍
斎藤繁実　　安井久一
朝倉義幸　　安田啓司
木村隆英　　近藤　隆
共著

コロナ社

音響サイエンスシリーズ編集委員会

編集委員長
九州大学
工学博士　岩宮眞一郎

編　集　委　員

明治大学
博士(工学)　　上野佳奈子

日本電信電話株式会社
博士(芸術工学)　岡本　学

九州大学
博士(芸術工学)　鏑木　時彦

金沢工業大学
博士(工学)　　土田　義郎

九州大学
博士(芸術工学)　中島　祥好

東京工業大学
博士(工学)　　中村健太郎

九州大学
Ph.D.　　　　森　周司

金沢工業大学
博士(芸術工学)　山田　真司

(五十音順)

(2010年4月現在)

刊行のことば

　われわれは，音からさまざまな情報を読み取っている。言葉の意味を理解し，音楽の美しさを感じることもできる。音は環境の構成要素でもある。自然を感じる音や日常を彩る音もあれば，危険を知らせてくれる音も存在する。ときには，音や音楽を聴いて，情動や感情が想起することも経験する。騒音のように生活を脅かす音もある。人間が築いてきた文化を象徴する音も多数存在する。

　音響学は，音楽再生の技術を生みかつ進化を続け，新しい音楽文化を生み出した。楽器の奏でる繊細な音色や，コンサートホールで聴く豊かな演奏音を支えているのも，音響学である。一方で，技術の発達がもたらした騒音問題に対処するのも，音響学の仕事である。

　さらに，コミュニケーションのツールとして発展してきた電話や携帯電話の通信においても音響学の成果が生かされている。高齢化社会を迎え，聴力が衰えた老人のコミュニケーションの支援をしている補聴器も，音響学の最新の成果である。視覚障害者に，適切な音響情報を提供するさまざまな試みにも，音響学が貢献している。コンピュータやロボットがしゃべったり，言葉を理解したりできるのも，音響学のおかげである。

　聞こえない音ではあるが，医療の分野や計測などに幅広く応用されている超音波を用いた数々の技術も，音響学に支えられている。魚群探査や潜水艦に用いられるソーナなど，水中の音を対象とする音響学もある。

　現在の音響学は，音の物理的な側面だけではなく，生理・心理的側面，文化・社会的側面を包含し，極めて学際的な様相を呈している。音響学が関連する技術分野も多岐にわたる。従来の学問分野に準拠した枠組みでは，十分な理解が困難であろう。音響学は日々進化を続け，変貌をとげている。最先端の部

分では，どうしても親しみやすい解説書が不足がちだ。さらに，基盤的な部分でも，従来の書籍で十分に語り尽くせなかった部分もある。

音響サイエンスシリーズは，現代の音響学の先端的，学際的，基盤的な学術的話題を，広く伝えるために企画された。今後は，年に数点の出版を継続していく予定である。音響学に関わる，数々の今日的トピックを，次々と取り上げていきたい。

本シリーズでは，音が織りなす多彩な姿を，音響学を専門とする研究者や技術者以外の方々にもわかりやすく，かつ多角的に解説していく。いずれの巻においても，当該分野を代表する研究者が執筆を担当する。テーマによっては，音響学の立場を中心に据えつつも，音響学を超えた分野のトピックにも切り込んだ解説を織り込む方針である。音響学を専門とする研究者，技術者，大学で音響を専攻する学生にとっても，格好の参考書になるはずである。

本シリーズを通して，音響学の多様な展開，音響技術の最先端の動向，音響学の身近な部分を知っていただき，音響学の面白さに触れていただければと思う。また，読者の皆様に，音響学のさまざまな分野，多角的な展開，多彩なアイデアを知っていただき，新鮮な感動をお届けできるものと確信している。

音響学の面白さをプロモーションするために，音響学関係の書物として，最高のシリーズとして展開し，皆様に愛される，音響サイエンスシリーズでありたい。

2010年3月

音響サイエンスシリーズ編集委員会

編集委員長　岩宮眞一郎

まえがき

　超音波の応用というと，波としての情報を計測する通信的応用が一般的である。例えば，音速や伝搬時間などを測って物体位置や速度，傷などを知ることができるので，非破壊検査や医用診断・水中ソナー・弾性波フィルタなど幅広い分野に応用されている。しかし，超音波にはもう一つの重要な側面がある。それは動力的（エネルギー的）応用として知られているものである。身近な例としては超音波洗浄，細菌破壊，乳化，加湿などがある。これらは超音波の大きなパワーを利用して，種々の物質に物理的・化学的あるいは生物的作用を及ぼす，という応用である。動力的応用は通信的応用に比べると理論も少なく進歩も遅いので，専門書でも最後のほうでわずかに触れられている程度である。超音波のバイブルともいえる「超音波技術便覧」（実吉，菊池，能本編，日刊工業新聞社，1978）では，動力的応用の進歩が遅い理由として，高出力の超音波発生装置が高価だから，と述べてある。しかし，その20年後，発生装置が進歩した時期に出版された「超音波便覧」（丸善，1999）でも，動力的応用が扱われているのは全体の1割にしかすぎない。通信的応用の基礎ががっちり確立しているのに比べると，動力的応用の基礎は十分に確立しているとはいえない。

　その理由をいくつか挙げることができる。動力的応用の多くは液体を扱う。例えば，洗浄したい物を入れた水中に強い超音波を加えると，気泡ができる。空洞（キャビティ）である気泡を音波で作るという意味で，これを音響キャビテーションと呼ぶ（超音波キャビテーションという呼び方もあるが，同じである）。できた気泡を音響バブル，あるいは音響キャビテーション気泡という。この音響バブルの発生や振舞いそのものが非常に複雑であり，その研究が進んだのはこの十数年といってもいいだろう。種々の動力的応用に役立たせるため

には，音響バブルを深く理解し，制御できるようになることが必要である。

また，音響キャビテーションがかかわる領域・分野が非常に広い，ということもその理解を困難にしている。音響学，流体力学，熱力学といった物理分野だけでなく，応用によって化学，生物，医学という幅広い分野にわたっている。超音波の専門家が細胞を相手にするのは相当敷居が高いし，有機化学を専門とする人が市販の装置を改良するのは至難の業である。

動力的応用に関する基礎的で本格的なテキストがこれまでほとんど書かれていなかったことも，理解が広まらない理由の一つではないだろうか。本書では，音響キャビテーションに関する基礎的事項と応用を，分野を超えて初心者を対象に解説しようと試みた。タイトルで「ソノケミストリー」と称しているが，化学だけでなく生物や医学への応用まで含んでいると理解していただきたい。第1章ではソノケミストリーの歴史，第2～5章では超音波や音響バブルの基礎とともにソノルミネセンス，実験方法を述べた。第6～10章では，種々の分野への応用を概観した。いろいろな分野を詰め込もうと欲張ったせいか，初心者向けとはいかない箇所もあるかもしれない。専門的な参考文献もつけられているので，本書がより深く学ぶためのきっかけになれば幸いである。

なお，本書の編集や執筆には日本音響学会，日本ソノケミストリー学会（創立20周年記念事業）各位の多大なご協力を得たことを記して感謝する。

2012年9月

編著者一同

執筆分担

1章	野村浩康・香田　忍	6章	香田　忍・安田啓司
2章	斎藤繁実	7章	木村隆英
3章	安井久一	8章	榎本尚也・興津健二
4章	崔　博坤	9章	近藤　隆
5章	朝倉義幸	10章	原田久志・興津健二

目　　　次

── 第 1 章　ソノケミストリー ──

1.1　ソノケミストリーとは …………………………………………………… 1
1.2　ソノケミストリーの歴史 ………………………………………………… 2
引用・参考文献 ………………………………………………………………… 9

── 第 2 章　超音波音場と気泡 ──

2.1　音波の基礎 ………………………………………………………………… 13
　2.1.1　基礎方程式 …………………………………………………………… 13
　　2.1.2　音波の物理諸量 …………………………………………………… 15
　　　2.1.3　変量・定数の複素表示 ………………………………………… 16
　　　　2.1.4　音圧と粒子速度の関係 ……………………………………… 18
　　　　　2.1.5　反射・透過 ………………………………………………… 19
　　　　　　2.1.6　非線形伝搬 ……………………………………………… 21
　　　　　　　2.1.7　点音源からの音波の放射 …………………………… 22
　　　　　　　　2.1.8　音波の散乱 ………………………………………… 24
　　　　　　　　　2.1.9　音波の減衰 ……………………………………… 25
2.2　気泡性液体中の音波伝搬 ………………………………………………… 26
　2.2.1　気泡性液体の基礎方程式 …………………………………………… 26
　　2.2.2　気泡の振動の式 …………………………………………………… 27
　　　2.2.3　気泡の振動特性 ………………………………………………… 28
　　　　2.2.4　気泡性液体の速度分散と吸収 …………………………… 30
　　　　　2.2.5　気泡性液体の非線形性 ………………………………… 31
引用・参考文献 ………………………………………………………………… 32

── 第 3 章　音響バブルのダイナミクス ──

3.1　音響キャビテーションとは ……………………………………………… 33
　3.1.1　キャビテーションとは ……………………………………………… 33

3.1.2　キャビテーションが起こる条件 …………………………………… 34
　　　3.1.3　気泡が膨らむ条件（Blake しきい値)………………………… 36
　3.2　気泡のダイナミクス ……………………………………………………… 40
　　　3.2.1　Rayleigh-Plesset 方程式 ………………………………………… 40
　　　3.2.2　Rayleigh 収縮 ……………………………………………………… 42
　　　3.2.3　気泡振動の数値シミュレーション……………………………… 43
　　　3.2.4　収縮する気泡内部での衝撃波生成 …………………………… 47
　　　3.2.5　過渡的および安定キャビテーション ………………………… 47
　　　3.2.6　活性な気泡のサイズ ……………………………………………… 48
　　　3.2.7　音響キャビテーション・ノイズ ……………………………… 50
　3.3　気泡の成長と消滅 ………………………………………………………… 53
　　　3.3.1　固体（粒子）表面からの気泡の発生 ………………………… 53
　　　3.3.2　気 泡 の 消 滅 ………………………………………………… 54
　　　3.3.3　気　泡　核 ………………………………………………………… 54
　　　3.3.4　気泡の成長（整流拡散） ………………………………………… 55
　　　3.3.5　気泡の成長（気泡の合体） ……………………………………… 56
　3.4　周囲との相互作用 ………………………………………………………… 58
　　　3.4.1　第1ビヤークネス力 ……………………………………………… 58
　　　3.4.2　固体壁近傍での気泡収縮 ………………………………………… 60
　　　3.4.3　液体中への衝撃波の放射 ………………………………………… 62
　　　3.4.4　音響流とマイクロストリーミング……………………………… 63
　　　3.4.5　周囲の気泡の影響 ………………………………………………… 65
　引用・参考文献…………………………………………………………………… 66

第4章　ソノルミネセンス

　4.1　ソノルミネセンスとは …………………………………………………… 69
　4.2　シングルバブルソノルミネセンス ……………………………………… 70
　　　4.2.1　ソノルミネセンスの実験 ………………………………………… 71
　　　4.2.2　発 光 の 機 構 ………………………………………………… 74
　　　4.2.3　発光スペクトルとパルス幅 ……………………………………… 77
　　　4.2.4　その他の液体からのSBSL …………………………………… 80
　　　4.2.5　その他の SBSL 理論 ……………………………………………… 81
　4.3　マルチバブルソノルミネセンス ………………………………………… 83
　　　4.3.1　発 光 実 験 …………………………………………………… 83
　　　4.3.2　発光の周期性 ……………………………………………………… 84
　　　4.3.3　MBSL の溶存ガス・温度による影響 ………………………… 85
　　　4.3.4　MBSL のスペクトル ……………………………………………… 87
　　　4.3.5　アルカリ金属原子からのソノルミネセンス ………………… 89

　　　　4.3.6　種々の水溶液からのソノルミネセンス ……………………… 91
　　　　4.3.7　種々の液体からのソノルミネセンス ………………………… 94
　引用・参考文献 ……………………………………………………………………… 95

第5章　ソノケミストリーのための実験技術

5.1　超音波発生装置，ソノリアクター ……………………………………… 98
　　5.1.1　振動子 …………………………………………………………… 98
　　　5.1.2　ソノリアクター ………………………………………………… 103
　　　5.1.3　振動子の駆動方法 ……………………………………………… 104
5.2　音場測定，音響パワー測定 ……………………………………………… 108
　　5.2.1　音圧測定法 ……………………………………………………… 109
　　　5.2.2　放射圧測定法（天秤法）……………………………………… 111
　　　5.2.3　熱量測定法（カロリメトリー）……………………………… 113
5.3　化学的定量法 ……………………………………………………………… 115
　　5.3.1　KI法 ……………………………………………………………… 116
　　　5.3.2　ソノケミカル効率 ……………………………………………… 117
　　　5.3.3　化学反応場の可視化 …………………………………………… 118
5.4　再現性ある実験に対する注意点 ………………………………………… 119
　引用・参考文献 ……………………………………………………………… 123

第6章　化学工業への応用

6.1　ソノプロセスとは ………………………………………………………… 125
6.2　固液プロセス ……………………………………………………………… 126
　　6.2.1　洗　　　浄 ……………………………………………………… 126
　　　6.2.2　抽　　　出 ……………………………………………………… 128
　　　6.2.3　分　　　離 ……………………………………………………… 129
　　　6.2.4　凝　　　集 ……………………………………………………… 130
　　　6.2.5　分　　　散 ……………………………………………………… 130
6.3　液液プロセス―乳化― …………………………………………………… 131
6.4　気液プロセス―霧化― …………………………………………………… 132
6.5　反応プロセス―重合など― ……………………………………………… 136
6.6　反応装置開発―スケールアップと最適化― …………………………… 137
　　6.6.1　液高さの影響 …………………………………………………… 138

6.6.2　液流れの影響 ……………………………………… 139
　　6.6.3　複数振動子の影響 …………………………………… 140
　　6.6.4　ソノプロセスの実用化に向けて …………………… 141
引用・参考文献 ……………………………………………………… 141

第7章　有機合成への応用

7.1　有機合成への応用 …………………………………………… 144
7.2　均一液相中の反応 …………………………………………… 144
7.3　固-液不均一相反応 ………………………………………… 150
7.4　液-液不均一相反応 ………………………………………… 153
7.5　固-固不均一相反応 ………………………………………… 155
7.6　他のエネルギーとの協奏効果 ……………………………… 156
　　7.6.1　超音波照射下における光反応 ……………………… 156
　　7.6.2　超音波照射下における有機電解合成 ……………… 157
　　7.6.3　超音波とマイクロ波 ………………………………… 158
引用・参考文献 ……………………………………………………… 160

第8章　無機合成への応用

8.1　無機合成への応用 …………………………………………… 162
8.2　超音波化学的な微粒子合成 ………………………………… 163
　　8.2.1　超音波熱分解法 ……………………………………… 163
　　8.2.2　超音波還元法 ………………………………………… 165
8.3　超音波の物理的作用による粒子合成 ……………………… 169
　　8.3.1　核生成・結晶成長に対する超音波効果 …………… 170
　　8.3.2　溶解析出を伴う合成プロセスに対する超音波照射効果 ……… 172
　　8.3.3　超音波噴霧熱分解による無機合成 ………………… 174
8.4　膜　合　成 …………………………………………………… 175
　　8.4.1　め　っ　き …………………………………………… 175
　　8.4.2　陽　極　酸　化 ……………………………………… 176
8.5　ものづくり・その他 ………………………………………… 177
　　8.5.1　超音波冶金 …………………………………………… 177

8.5.2 単結晶製造	178
8.5.3 粒子凝集	178
引用・参考文献	179

第9章 バイオ・医学への応用

9.1 生物学への応用	182
9.1.1 超音波の生体作用	182
9.1.2 熱作用	183
9.1.3 キャビテーション作用	183
9.1.4 非熱的非キャビテーション作用	184
9.1.5 超音波による活性酸素生成	184
9.1.6 熱分解ラジカルの生成	186
9.1.7 細胞膜の損傷と修復	187
9.1.8 アポトーシス誘導	188
9.1.9 超音波による遺伝子応答	189
9.2 医用診断への応用	191
9.2.1 超音波断層法	191
9.2.2 超音波ドプラ法	192
9.2.3 造影超音波法	192
9.2.4 分子イメージングへの利用	193
9.2.5 診断に用いられる超音波と安全性	194
9.3 超音波の治療への応用	195
9.3.1 遺伝子導入への利用	196
9.3.2 集束超音波の利用	197
9.3.3 低出力超音波の利用	198
9.3.4 薬剤効果増強への利用	198
9.4 産業への利用	199
9.4.1 殺菌への利用	199
9.4.2 発酵への利用	199
引用・参考文献	201

第10章　環境関連技術への応用

- 10.1 有害有機化合物の分解と無害化 …………………………………… 202
  - 10.1.1 分解反応の起こる反応場の特徴と水の分解 ……………… 202
  - 10.1.2 芳香族化合物と有機フッ素化合物の超音波分解 ………… 204
  - 10.1.3 分解生成物や照射時間が分解効率に与える影響と速度論 … 206
- 10.2 従来の浄化技術との相乗作用 ……………………………………… 208
  - 10.2.1 超音波光触媒反応（光照射，光触媒添加）………………… 209
  - 10.2.2 他の浄化技術との連携 ………………………………………… 212
  - 10.2.3 他の試薬や粉末の添加効果 …………………………………… 213
- 10.3 環境改善・エネルギー関連 ………………………………………… 214
  - 10.3.1 フロンの超音波分解 …………………………………………… 214
  - 10.3.2 二酸化炭素の還元 ……………………………………………… 215
  - 10.3.3 有害無機化合物の改質と回収 ………………………………… 217
  - 10.3.4 バイオディーゼル燃料の製造 ………………………………… 218
- 引用・参考文献 ……………………………………………………………… 219

索　　引 ……………………………………………………………………… 222

第1章 ソノケミストリー

1.1 ソノケミストリーとは

　超音波は，周波数 20 kHz 以上の人の耳に聞こえない音である。生物界では，超音波で連想されるコウモリやイルカなどが，100 kHz 前後の周波数の超音波を発信し受信することが知られている。強力な超音波を人工的に発生できるようにしたのは Langevin である。1917 年，Langevin は，Curie により見いだされた圧電効果を利用し，水晶振動子を 2 枚の厚い鉄の板ではさんだ Langevin 振動子を作り，高出力の超音波発生装置を世に送り出した。その業績は，その後の超音波関連分野に大きな刺激を与え，ソナー，計測，魚群探知機，医療など今日に至る超音波の利用分野を飛躍的に拡大した。

　超音波の物理的，生物学的作用についての最初の論文が，1927 年に Wood と Loomis により報告された[1]†。この論文は Sonochemistry（ソノケミストリー）の歴史を開いた論文としてあまりにも有名であるが，用語 Sonochemistry が初めて論文のタイトルに現れたのは，1953 年の Weissler の論文である[2]。いまでは，ソノケミストリーは学術用語として認知され広く使用されている。ソノケミストリーは，化学や物理の領域で超音波キャビテーションに由来する高温・高圧の局所的で寿命の短い場を扱う分野を対象とする。

　超音波キャビテーションは，周波数 20 kHz から数 MHz の強力な超音波を水や液体に照射した際に微小気泡が発生する現象をさす。この様子は，身近には

---

　† 肩付数字は各章末の引用・参考文献番号を表す。

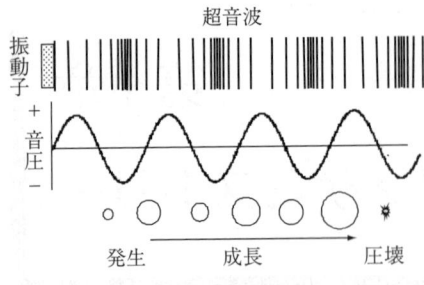

図 1.1 超音波キャビテーションによる気泡の発生と崩壊過程

超音波洗浄器などを使用しているときに容器内の水中でも観察される。図 1.1 に示すように，超音波により発生した気泡は，ある大きさまで数サイクルで膨張した後，熱力学的に安定性を失い，急激に圧縮する。非常に速い収縮過程において気泡内とその周囲の液体との間でほとんど熱の移動がなく，断熱圧縮過程とみなすことができると仮定すれば，収縮時には気泡内部は，5 000 K～数万 K，千数百気圧に達する。この高温・高圧の局所場は**ホットスポット**とも呼ばれ，キャビテーションによる化学作用の源となっている。この高温場は，常温である周囲液体側に熱を急激に解放し，気泡の界面近傍でおよそ 10^9 K/s の高速急冷場を形成する。気泡の周囲の圧力は，静水圧と音圧の和であり 1 気圧から数気圧程度である。したがって，高圧である気泡内部から外部へ大きな圧力差が瞬間的に解放され衝撃波が発生する。

以上より，ソノケミストリーは，超音波キャビテーションに伴う気泡の内部あるいはその周辺に存在する分子の熱分解により生成するラジカルと，圧力の急激な解放による衝撃波を利用する分野ともいうことができる。化学産業分野において超音波を利用したプロセスを**ソノプロセス**と呼ぶが，詳細については第 6 章で記述する。

1.2　ソノケミストリーの歴史

Wood と Loomis の研究は，ソノケミストリーの歴史を語るうえで忘れることのできない論文となっている。Wood と Loomis の実験は 2 kW の発信管，水晶板（厚さ 7～14 mm）を用い，周波数 100～700 kHz で行われた[1]。ソノケミストリーの研究としては，乳濁液の生成，霧の生成，粒子凝結，化学反応促進，結晶の析出および成長，膠質土壌の分散，殺菌作用が挙げられ，定性的な

成果ではあるが、その後のソノケミストリーの研究に大きな影響をもたらした。

1929年にSchmittらは、超音波の酸化作用に関する論文を公表した[3]。さらに、1935年にFrenzelとSchultesは水中に設置した乾板に音波を照射すると水中からの光で感光することを発見し、今日のソノルミネセンスの研究へと導いた[4]。1935年、電気化学分野での最初の研究として、Clausらは、超音波照射下での電極反応において生成する水銀や銀の微粒子が細かく分散性が高いことを報告した[5]。1938年、PorterとYoungは超音波により誘起される分子の再配列に関する研究を報告した。ベンズアジド（$C_6H_5CON_3$）から窒素とフェニルイソシアネートを生成する反応速度が超音波照射下で加速されることを報告した[6]。その後、詳細な研究はなされていないが超音波の有機化学への応用に関する最初の研究といってもよいだろう。

日本では、1932年頃から雄山は東北帝国大学電気工学教室に超音波発生装置を設置し、WoodとLoomisの実験の追試をしつつ、強力超音波の応用に関する基礎研究を始めた。雄山は1933年、「強力なる超音波並びに其の応用に就いての研究」を発表し、音圧測定、吸収係数測定だけでなく、硫酸銅水溶液に鉄粉を加え超音波により沈殿速度が加速されることを報告した[7]。すなわち、超音波による化学変化の促進について報告した日本のソノケミストリーの最初の研究論文である。雄山は、乳化作用、金コロイドの凝集・分散、タンパク質の凝集、水のpH変化についても報告している。

1933年に森口は、塩酸と亜鉛との異相系気体発生反応に及ぼす超音波の影響を研究し、「超音波の化学現象に対する影響」と題する一連の論文を発表している[8]。1934年には佐多らのグループは、コロイド水溶液に対する超音波の影響や超音波による高分子物質の分解に関する先駆的な研究を報告した[9]。1936年、草野は水溶液中のKIやH_2O_2の超音波による分解について報告している[10]。WoodとLoomisの実験が参考になったとはいえ、世界での研究報告が少ない1932年から1936年にかけて、日本では超音波の化学作用の研究が着実に進んでいた。

1930年代の後半から、Schmidのグループ、Weisslerらにより高分子の分解

（高分子壊重合）の研究が報告された。Schmid らは，ポリスチレン溶液で照射時間とともに粘度が減少し分子量が低下していることを示した[11]。Weissler はポリスチレンのトルエン溶液と同様にヒドロキシエチルセルロース水溶液で照射時間とともに粘度が減少するだけでなく，粘度の減少はある超音波強度以上で生じることを明らかにした[12]。これは，キャビテーションの発生する超音波強度（キャビテーションしきい値）の存在を示唆するものである。

1939 年から始まった第 2 次世界大戦から 1945 年の終戦までの間は，超音波の化学的作用に関する研究だけでなく多くの学問分野が停滞した。佐田による「音化学と音膠質学（河出書房）」[13] が出版されたのは終戦後まもない 1948 年であったことは，筆者らには驚くべきことである。1940 年代，笠原らのグループは，超音波の医学的応用に関する研究を行い，多数の病原菌の殺菌機構を調べ，殺菌作用は主に酸化作用が有効なもの，主に機械的作用が有効なもの，両者の差異が少ないものに分類した。その成果は超音波技術便覧で，「細菌・ビールスに関する作用」としてまとめられている[14]。

1950 年代にはいり，Weissler は四塩化炭素溶液中での KI の酸化反応について調べ超音波の化学作用の研究を報告している[15]。1950 年，Ostroski と Stambauch は，15 kHz と 500 kHz の超音波を利用し，スチレンの乳化重合を試み，高い反応速度と収率を得た[16]。同じ年に Renaud[17] はエーテル中での Gignard 試薬，有機アルミニウム試薬，有機リチウム試薬の調製に超音波が有効であることを示したが，当時はあまり注目されなかったため有機化学への本格的応用は 20 年以上も遅れることとなった。当時宮川は，わが国で最初に有機合成化学への超音波の利用を指摘した[18]。また，1959 年，月田の「超音波と有機化合物」[19] と題して，滞米中の体験として Zechmeistra の有機化合物に対する超音波の作用を利用する研究を紹介したが，日本においても有機合成化学への応用の関心は低かった。

1951 年に発表された Noltingk と Neppiras の超音波によるキャビテーションの動力学の研究は，その後の気泡のダイナミクスの研究に大きな影響を与えた[20]。彼らは，気泡の圧縮過程を断熱的と仮定し，周囲が常温，常圧にある気泡内温

度が10 000 Kであると推算した。この超音波に由来する気泡内の高温場はホットスポットといわれるが、超音波の化学効果を"hot spot chemistry"と名付けたのは、Fitzgeraldらである[21]。先に述べたようにSonochemistryという用語の初出は1953年であり、Sonochemistryが広く使用されるようになったのは、1970年以降である。

理由は不明であるが、筆者らの知る限り1960年から70年代後半にかけて超音波の化学作用に関する研究は非常に少ない。60年代にはいり、日本では、電気音響学の観点からキャビテーション現象についての研究が進められていた。1961年、根岸はキャビテーションノイズスペクトルの観察から、超音波音圧にサブハーモニクスが出現することを報告した[22]。さらに、ルミノールによる発光現象をいち早く応用し、数々の重要な現象の可視化に成功した。1962年、吉岡と大村は直径36 cmの球形フラスコの底部に磁歪振動子を接着し、動径モードの第2倍音で駆動し、共振周波数16.0〜16.2 kHzの球対称音場を作成し、フラスコの中心付近の気泡の像と共振周波数をブラウン管上に表示し、同時にその様子を16 mm撮影機で撮影観察した[23]。その結果、1 mmの数分の一の直径で中心に静止して見えて発光を呈する気泡をしばしば観測した。長時間安定なシングルバブルの発光ではないまでも、明らかにシングルバブルソノルミネセンス(SBSL)を観測している。当時の研究は、世界のトップレベルにあったと思われるが、この頃の気泡ダイナミクスの研究やキャビテーションの発生に関するわが国の研究では、特にSBSLに関心はなくその後の研究には進展が見られなかった。

ソノケミストリーとは異なる観点から、超音波キャビテーションに着目した研究は、NortingkとNepirras以降、盛んに研究が進められ、日本の研究も含め1972年、能本により総説がまとめられた[24]。音響学、物理学の観点からの総説ではあるがソノルミネセンスに関する記述が含まれている。

Renaud[17]の論文が提出された30年後にLucheらは、リチウム有機金属試薬を用いハロゲン化アルキルとカルボニル基とを反応させるBarbier反応が超音波照射下(60 W, 50 kHz)で効率的に進むことを示した[25]。Lucheらの結果

を参考に，北爪，石川は，トリフルオロメチルヨードとベンジルアルデヒドを添加したジメチルホルムアミド溶液に 35 W，32 kHz の超音波を 30 分間照射し，高い収率でトリフェニルフルオロトリメチルカルビナールを得た[26]。この研究が，やがて，1980 年代に始まる超音波を利用した有機合成，「ソノケミストリー」に関する研究の草分けとなった。安藤らは，固-液二相系での超音波有機合成の研究を始め，無水条件下での単純な撹拌(かくはん)では，臭化ベンジルとトルエンの間で Friedel-Crafts 型アルキル化反応が起こるのに対し，超音波を照射すると臭化ベンジルとシアン化物イオンの求核置換が進むという音響化学的反応経路の切替えを見いだした[27]。その後，安藤らは，イオン的な反応とラジカル的な反応が共存する場合には，超音波照射下ではラジカル的な反応が効率的に進むことを明らかにした。この超音波照射による反応経路の変化はソノケミカルスイッチングと名付けられた[28]。なお，1984 年の日本化学会誌で，論文特集「化学における活性化の新展開」が編集され，北爪[29]，安藤[27]，牧野[30]，須賀[31]らの 4 件の超音波関連の論文が掲載されている。ちなみに牧野は，1982 年には Riesz らとともに，電子スピン共鳴法を用いキャビテーションにより発生する H・，OH・ラジカルを初めて観測した[32]。

1983 年，Suslick らは鉄カルボニル錯体の合成を超音波照射下で行い，熱や光を用いた場合とは異なる錯体が合成されることを見いだした[33]。この発見は，超音波が他の方法では得られない化合物を合成する可能性を与えたものとして，近年のソノケミストリーの研究を活気づけるものとなった。

1991 年，Puttermann らは，当時最も高速な光電子増倍管を利用し，単一気泡の発光の様子を調べたが，光電子増倍管では測定できないほど発光パルス幅が狭いことを指摘した[34]。1992 年の Gaitan と Crum らは安定な SBSL の持続状態を作り出すことに成功し，超音波に同期して気泡が膨張，収縮を繰り返し，気泡の収縮時に発光することを観察した[35]。なお，Young は著書「Sonoluminescence」[36]のなかで，世界で最初に SBSL を観察したのは 1962 年の吉岡，大村の研究[23]であると紹介している。さらに，Young は 1990 年 Mississippi 大学の Gaitan の博士論文での SBSL は再発見であるとも述べている。これら

のSBSLの研究がまさに,キャビテーションの研究とその応用であるソノケミストリー研究分野に新しい局面を開いた。2004年,FlanniganとSuslickは,アルゴン雰囲気では,85%硫酸水溶液中でSBSLの発光強度が水の2 700倍となることを発見した。彼らは,気泡内でプラズマ状態が達成されていることを指摘した[37]。

1990年代,単一気泡のソノルミネセンスの研究とともにソノケミストリーの応用は,材料工学および環境工学分野で大きな注目を集めた。1991年,Suslickが20 kHzホーン型の超音波装置で,ペンタカルボニル鉄からアモルファス微粒子を合成できることをNatureに報告した。その粒子の電子顕微鏡写真観察より,微粒子が約10 nmのナノ粒子から成ることを見いだした[38]。この研究は,超音波によりナノ粒子が合成できることを示した最初の論文である。その後,永田ら[39]やGrieserら[40]が銀や金のナノ粒子の合成に成功し,世界中で超音波を利用した金属およびその酸化物のナノ粒子の合成が多数報告された。2003年のGedankenのナノマテリアル合成におけるソノケミストリーの応用に関する総説[41]は,材料合成,特に微粒子合成において超音波が非常に有効であること示し,現在の超音波によるナノ粒子合成の隆盛に大きな影響を与えた。超音波を利用して合成されたナノ粒子の特徴は,単分散性の高い数ナノから数十ナノの粒子を合成できる点にある。

1991年,Hoffmannらによるp-ニトロフェノールの超音波分解に関する報告は,環境汚染物質の分解に超音波が効果的であることを意識させた最初の論文である[42]。日本では,1993年,大阪府立大学の前田らが,塩素化炭化水素の分解について報告した[43]。その後,水溶液中の微量の染料,内分泌撹乱物質,有機塩素化合物など環境汚染物質の超音波分解の研究が多数報告されている。

1970年頃までは,音響学あるいは物理学の立場からキャビテーション現象やその化学作用の研究がなされてきた。化学者にとって超音波は馴染みがなくこの分野への挑戦には心理的抵抗があった。市販の強力な超音波洗浄器の導入が容易となった1970年代になり,化学者が徐々に超音波の化学作用の研究に取り組み始めた。研究者が実験の再現性を保証することはいうまでもないが,

8   1. ソノケミストリー

超音波強度を測定し一定条件で再現性のある結果を得ることは化学者にとっては簡単ではなかった。香田らは，化学者に馴染みのある KI の酸化反応とカロリメトリーを利用し超音波による化学反応の尺度，ソノケミカル効率を定義し，より定量的な研究を可能にした[44]。

1980 年代の後半から，イギリスの Mason らはソノケミストリーの本をあい

コラム1

Paul Langevin（1872 – 1946）　ポール ランジュバン

超音波の生みの親ともいえる，正義感溢れたフランスの物理学者。物理学の大転換の時期に新しい成果をいち早く受容しながら具体的な諸問題に取り組み，20 世紀物理学の道を切り開いた。

ソルボンヌ大学の P. Curie のもとで X 線によるイオン化の研究を行い，1902 年学位をとる。コレージュ・ド・フランスの教授となり，磁性に関するキュリーの法則を導出した。この他，ブラウン運動や相対性理論に関する研究を行い，1914 年 Curie の後を継いでソルボンヌ大学教授になった。

第 1 次世界大戦が始まった 1914 年の翌年，国からの依頼で水中の潜水艦を探知する技術の開発を始め，Curie が発見したピエゾ効果を利用してランジェバン型振動子を開発した。真空管式超音波発信機を作成し，数キロも離れた海中の物体からのエコーを感度よく受信する鋭い超音波を出すことに成功した。1918 年，Langevin の研究室を見学に訪れたアメリカの物理学者 Wood は，強力超音波の威力に感動し，のちに Loomis とともに超大型の装置を使って生物・化学的効果の実験を行った[1]。超音波放射圧として 150 g にも相当する強度であったという。この実験は今日「ソノケミストリー」といわれるほとんどすべての分野の超音波照射効果に及んでいる。その後も Loomis は研究を継続し，世界中に超音波ブーム引き起こした。

一方，Langevin はドレフェス釈放運動への参加，Curie 夫人との恋愛事件とヴァンセンスの森の決闘，ナチス批判による迫害のためスイスへの亡命とレジスタンス運動への参加など，政治的にも活躍した。第 2 次大戦後は教育改革委員長としてフランスの国民教育の再建にも参加し，1946 年 12 月 19 日死去，功績を称えられて国葬が行われた。

ついで執筆するとともに，1992年から雑誌"Ultrasonics Sonochemistry"がElsevierから刊行された。日本からはアジア地区編集責任者として安藤（2003年より香田に変更）が参画している。1992年，日本では初めて「ソノケミストリー・超音波の化学作用」特集が「超音波TECHNO」で企画された。この特集を機に安藤と野村が1992年10月16，17日，シンポジウム「ソノケミストリーの新しい展開」を開催し，同時にソノケミストリー研究会（2009年，日本ソノケミストリー学会に改称）が発足した（ヨーロッパソノケミストリー学会の設立は1991年である）。2004年，日本化学会の雑誌"化学と工業（8号，2004）"で特集「ソノケミストリー」が企画され，超音波の化学作用の研究がスタートしてから70年以上経過し，ようやく日本でソノケミストリーが定着した。

現在，ソノケミストリーの応用分野は有機化学，無機化学，高分子化学だけでなく化学工学，医学・生物工学，環境工学などへ拡大しつつある。最近の応用については，第6章から10章に委ねる。

引用・参考文献

1）R. W. Wood and A. L. Loomis : The Physical and Biological Effects of High-frequency Sound-waves of Greate Intensity, Philos.Mag., **4**, 22, pp. 417-436 (1927)
2）A. Weissler : Sonochemistry—the production of chemical changes with sound waves, J. Acoust. Soc. Am., **25**, pp. 651-657 (1953)
3）F. O. Schmitt, C. H. Jonhnson and A. R. Olson : Oxidations Promoted by Ultrasonic Radiation, J. Amer. Chem. Soc., **51**, pp. 370-375 (1929)
4）H. Frenzel and H. Schultes : Luminescence in ultra-ray layered water. Short announcement, Z. Phys. Chem. B27, 5/6, pp. 421-424 (1934)
5）B. Claus and a. d. S. Hall : Über eine neue Method und Einrichtung zur Erzeung Hochddisperser Zustände, Zeitschr. F. techn. Physik., **3**, pp. 80-82 (1935)
6）C. W. Porter and L. Young : A Molecular Rearrangement Induced by Ultrasonic Waves, J. Amer. Chem. Soc., **60**, pp. 1497-1500 (1938)
7）雄山平三郎：強力なる超音波並びに其の応用に就いての研究，電気学会会誌，**53**, 545, pp.1038-1094 (1933)

8) 森口信男：超音波の化学現象に関する研究（第一報），日本化学会誌，**54**, pp. 949-957（1933）
9) N. Sata : Über die Bedeutung der Gasphasen für die mechanische Synthese disperser Quecksilbersysteme, Kolloid-Zeitschrift, **71**, pp. 48-55（1935）
10) 草野重孝：Wirkung der ultraakustischen Schallwellen auf Jodkalium undand Wasserstoffsuperoxyd, Tohoku J. Exp. Med., **30**, pp. 175-180（1936）
11) G. Schmid and O. Rommmel : ZerreiBen von MakromolecuUlen mit Ultraschall, Z, Physkal. Chem., **185**, pp. 97-139（1939）
12) A. Weissler : Depolymerization by Ultrasonic Irradiation, J. Appl. Phys., **21**, pp. 171-173（1950）
13) 佐田直康：音化学と音膠質学，河出書房（1948）
14) 実吉純一，菊池喜充，能本乙彦：超音波技術便覧（改訂新版）4章超音波の医学的，生物的応用，日刊工業新聞社，pp. 844-850（1984）
15) A. Weissler, H. W. Cooper and S. Snyder : Chemical Effect of Ultrasonic Waves: Oxidation of Potassium Iodide Solution by Carbon Tetrachloride, J. Amer. Chem. Soc., **72**, pp. 1769-1775（1950）
16) A. S. Ostroski and R. B. Stambauch : Emulsion Polymerization with Ultrasonic Vibration, J. Appl. Phs., **21**, pp. 478-482（1950）
17) P. Renaud : Note de Laboratorie sur Lapplication ultra-sons la preparation de composses organo-metalliquids, Bull. Soc. Chim. Fr. Ser. S17, pp. 1044-1045（1950）
18) 宮川一郎：有機合成化学に対する超音波の利用，有機合成化学協会誌，**7**, 1-2, pp. 167-173（1949）
19) 月田 潔：超音波と有機化合—L. Zechmeisterの研究から，化学の領域，**13**, 3, pp. 206-209（1959）
20) B. E. Noltingk and E. A. Neppiras : Cavitation produced by Ultrasonics, Proc. Phys. Soc., 63B, 369, pp. 674-685（1950）
21) M. E. Fitzgerald, V. Griffing, and J. Sullivan : Chemical Effects of Ultrasonics—"Hot Spot" Chemistry, J. Chem. Phys., **25**, 5, pp. 926-938（1956）
22) K. Negishi : Experimental Studies on Sonoluminescence and Ultrasonic Cavitation, J. Phys. Soc. Jpn, **16**, pp. 1450-1465（1961）
23) 吉岡勝哉，大村彰：超音波による単一気泡の発光とその振動スペクトルの観察，日本音響学会講演論文集，pp. 125-126（1962）
24) 能本乙彦：超音波キャビテーション研究の最近の進歩（1），日本音響学会誌，**28**, 7, pp. 348-356（July 1972） 能本乙彦：超音波キャビテーション研究の最近の進歩（2），日本音響学会誌，**28**, 8, pp. 417-426（1972）
25) J. L. Luche and J.-C. Damino : Ultrasounds in Organic Synthesis. 1. Effect on the Formation of Lithium Organometallic Reagents, J. Am. Chem. Soc., **102**, pp. 7926-

7927 (1980)

26) T. Kitazume and N. Ishikawa : Trifluoromethylation of Carbonyl Compounds with Trifluoromethylzinc Iodide, Chem. Let., pp. 1679-1680 (1981)

27) 安藤喬志, 川手健彦, 鷲見伸二郎, 市原潤子, 花房昭静:超音波による固一液二相有機反応の促進—無機塩固体試剤を用いる求核置換反応—, 日本化学会誌, 1984, 11, pp. 1731-1738 (1984)

28) T. Ando, P. Bauchat, A. Foucaud, M. Fujita, T. Kimura and H. Somiya : Sonochemical switching from ionic to radical pathways in the reactions of styrene and trans-b-methylstyrene with lead tetraacetate, Tetrahedran Lett, **44**, pp. 6379-6382 (1991)

29) 北爪智哉, 石川延男:超音波を活用したペルフルオロアルキル基の導入法, 日本化学会誌, 1984, 11, pp. 1725-1730 (1984)

30) 牧野圭祐, 和田啓男, 武内民男, 波多野博行:超音波によリチミン水溶液に生じる化学反応, 日本化学会誌, 1984, 11, pp. 1739-1743 (1984)

31) 須賀恭一, 渡辺昭次, 藤田 力, 土本勝也, 橋本浩行:超音波照射による, 非エーテル系溶媒中でのリチウムナフタレニドの調製と共役モノーマーの二量化, 日本化学会誌, 1984, 11, pp. 1744-1748 (1984)

32) K. Makino, M. M. Morssoba and P. Riesz : Chemical effects of ultrasound on aqueous-solutions—evidence for .OH and .H by spin trapping, J. Am. Chem. Soc., **104**, 12, pp. 3537-3539 (1982)

33) K. S. Suslick and P. F. Schubert : Sonochemistry of $Mn_2(CO)_5$ and $Re_2(CO)_{10}$, J. Am. Chem. Soc., **105**, 19, pp. 6042-6044 (1983)

34) B. P. Barber and S. J. Putterman : Observation of synchronous picosecond sonoluminescence, Nature, **352**, pp. 318-320 (1991)

35) P. Gaitan, L. A. Crum, C. C. Church, and R. A. Roy : Sonoluminescence and Bubble Dynamics for a Single, Stable, Cavitation Bubble, J. Acoust. Soc. Am., **91**, 6, pp. 3166-3182 (1992)

36) F. R. Young : Sonoluminescence, pp. 67-68, CRC Press (2005)

37) D. J. Flannigan, K. S. Suslick : Plasma formation and temperature measurement during single-bubble cavitation, Nature, **434**, pp. 52-55 (2005)

38) K. S. Suslick, S. -B. Choe, A. D. Clochowise and M. W. Grinstaff : Sonochemical synthesis of amorphous iron, Nature. **353**, pp. 414-416 (1991)

39) Y. Nagata, Y. Watanabe, S. Fujita, T. Dohmaru, S. Taniguchi : Formation of colloidal silver in water by ultrasonic irradiation, J. Chem. Soc., Chem. Commun, 1992, 21, pp. 1620-1622 (1992)

40) S. Yeung, R. Hobson, S. Biggs and F. Grieser : Formation of gold sols using ultrasound, J. Chem. Soc. Chem. Commun, 1993, 4, pp. 378-379 (1993)

41) A. Gedanken : Using sonochemistry for the fabrication of nanomaterials, Ultrason.. Sonochem., **11**, 2, pp. 47-55 (2004)

42) A. Kotronarou, G. Mills, and M. R. Hoffmann : Ultrasonic Irradiation of p-Nitrophenol in Aqueous Solution, J. Phys. Chem., **95**, 9, pp. 3630-3638 (1991)
43) K. Inazu, Y. Nagata and Y. Maeda : Decomposition of Chlorinated Hydrocarbons in Aqueous Solutions by Ultrasonic Irradiation, Chem. Letts., pp. 57-60 (1993)
44) S. Koda, S., T. Kimura, T. Kondo and H. Mitome : A Standard Method to Calibrate Sonochemical Efficiency of an Individual Reaction System, Ultrason. Sonochem., **10**, 3, pp. 149-156 (May 2003)

第2章
超音波音場と気泡

2.1 音波の基礎

　気体・液体中の物体が振動すると，その表面に垂直な運動がこの面に接する液体を動かし，瞬間的に収縮・膨張させて圧力を増減させ，次いでその力がその向こうに隣接する媒質を収縮・膨張させる。このようにして気体・液体中を伝わっていく疎密波が音波である。媒質の動きは音波の伝わる方向に平行である。このような波を**縦波**という。

2.1.1 基礎方程式

　音波の伝搬媒質を一様な気体または液体とする。静止した平衡状態での圧力を P_0，密度を ρ_0 とする。これに音波が加わると媒質は音波の伝搬方向に平行に振動する。その振動速度 u を**粒子速度**という。u は伝搬途上の場所によって異なるので，密度にも変動が生じる。ρ_0 からの増加量を ρ とする。ρ による圧力上昇が音圧 p である。液体中の振動を表すのに，ベクトル量を避け，u の代わりに，次式で定義される速度ポテンシャル ϕ が使われる。

$$u = -\nabla\phi = -\left(\frac{\partial\phi}{\partial x},\ \frac{\partial\phi}{\partial y},\ \frac{\partial\phi}{\partial z}\right) \tag{2.1}$$

　空間での $u,\ \rho,\ p$ の値が時間 t とともに変わる。簡単のため，1次元の波動，すなわち x 方向に伝わる**平面波**を考える。図2.1のように，$x \sim x+\Delta x$ にある気体・液体を両側から押す圧力の差 $p(x) - p(x+\Delta x) \approx -(\partial p/\partial x)\Delta x$ が，

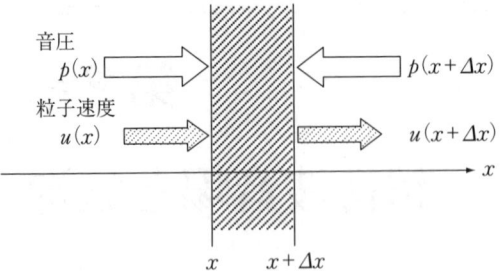

図2.1 微小体積の1次元運動

この質量 $\rho_0 \Delta x$ の物体を加速度 du/dt で動かすので

$$\rho_0 \left(\frac{\partial u}{\partial t} + u \frac{\partial u}{\partial x} \right) = -\frac{\partial p}{\partial x} \tag{2.2}$$

の関係がある（運動方程式）[†]。$u \approx 0$ では，近似的に

$$\rho_0 \frac{\partial u}{\partial t} = -\frac{\partial p}{\partial x} \tag{2.2}'$$

また，図2.1からわかるように，仮想平面 x の単位面積を通して単位時間に $x \sim x+\Delta x$ の領域に流入する質量は $\rho_0 u(x)$ であり，$x+\Delta x$ で流出する質量は $\rho_0 u(x+\Delta x)$ である。この差 $\rho_0 [u(x) - u(x+\Delta x)] = -\rho_0 (\partial u/\partial x) \Delta x$ が単位面積，単位時間当りの質量の増加量 $(\partial \rho/\partial t) \Delta x$ である。これより

$$\frac{\partial \rho}{\partial t} = -\rho_0 \frac{\partial u}{\partial x} \tag{2.3}$$

を得る（連続方程式）。

圧力変化は密度変化率 ρ/ρ_0 の関数として

$$p = K \frac{\rho}{\rho_0} \tag{2.4}$$

と表す（状態方程式）。K を**体積弾性率**という。理想気体では $K = \gamma P_0$ と与えられる。γ は**比熱比**（定圧比熱と定積比熱の比）である。

式 (2.1) を式 (2.2)' に代入すると

[†] $du/dt = \partial u/\partial t$ ではない。x の粒子は Δt 後には $x + u\Delta t$ にあるから，加速度は
$\lim_{\Delta t \to 0} [u(x + u\Delta t, t + \Delta t) - u(x, t)]/\Delta t$
$= \lim_{\Delta t \to 0} [u(x + u\Delta t, t + \Delta t) - u(x, t + \Delta t) + u(x, t + \Delta t) - u(x, t)]/\Delta t$
$= u \partial u/\partial x + \partial u/\partial t$ と表される。

$$p = \rho_0 \frac{\partial \phi}{\partial t} \tag{2.5}$$

となり，速度ポテンシャルから音圧が求まる．

式 (2.2)′〜(2.4) を連立して u，ρ を消去すると

$$\frac{\partial^2 p}{\partial x^2} - \frac{1}{c_0^2}\frac{\partial^2 p}{\partial t^2} = 0 \tag{2.6}$$

が得られる．ただし

$$c_0^2 = \frac{K}{\rho_0} \left(= \frac{\partial p}{\partial \rho} \right) \tag{2.7}$$

である．式 (2.6) は，1次元のダランベール波動方程式と呼ばれる．u，ρ，ϕ についても，$\partial^2 u/\partial x^2 - (1/c_0)^2 \partial^2 u/\partial t^2 = 0$ のように，同形の波動方程式が得られる．

式 (2.6) の解 p は，$x \pm c_0 t$ の関数となる†．$x - c_0 t$ は，速度 c_0 で x 軸上を移動する点上で一定だから，$x - c_0 t$ の関数は，速度 c_0 で x 方向に伝搬する波を表す．同様に，$x + c_0 t$ の関数は，速度 c_0 で $-x$ 方向に伝搬する波を表す．c_0 は音速で，媒質物質によって異なる定数である．

音波の基礎を学ぶには1次元の平面波で足りることが多いが，極座標 (r, θ, φ) の原点 $r=0$ から（または $r=0$ に向かって）球面状に伝わる**球面波**も1次元の波である．例えば，ϕ の波動方程式は式 (2.8) で表される．

$$\frac{1}{r^2}\frac{\partial}{\partial r}\left(r^2 \frac{\partial \phi}{\partial r}\right) - \frac{1}{c_0^2}\frac{\partial^2 \phi}{\partial t^2} = 0 \tag{2.8}$$

2.1.2 音波の物理諸量

音圧の単位には N/m^2，あるいはその代わりに固有名称 Pa（パスカル）が用いられる．また，液体中の音圧振幅 P は 1 μPa を基準値として dB 表示する（すなわち $20\log_{10}(P/10^{-6})$ dB）ことが多い．室内水槽で，静水圧 P_0 は1気圧，すなわち $1.013 \times 10^5 \approx 10^5$ Pa である．超音波キャビテーションの発生に，音圧振幅を1気圧以上にして超音波の負圧半周期に液体に張力を加えることが

---

† $p = p(x \pm c_0 t)$ を式 (2.6) に代入すると2項とも $\partial^2 p/\partial(x \pm c_0 t)^2$ になる．

ある。振幅1気圧の音圧レベルは 220 dB re 1 µPa である。

音源から連続波が放射されたとき，開始から1秒経過したときの音圧の値を伝搬距離に対するグラフにすると図2.2のようになる。1秒前に出た音は音源から c_0 だけ前方に達している。したがって，距離 c_0 の中に，1秒間の振動回数（周波数）f だけの個数の波が乗り，1個の波の長さ（波長 λ）は $\lambda = c_0/f$ となる。正弦波では，λ だけの移動で位相が 2π 変わるので，単位距離（1 m）では $2\pi/\lambda = 2\pi f/c_0$ だけ位相が変わることになる。この $2\pi f/c_0$ を波数 k という。一方，周波数 f の正弦波は単位時間（1秒）の間に位相が $2\pi f$ 変わる。これを角周波数 ω と呼ぶ。k が距離，ω が時間に対する位相変化の割合を示すため，繰り返し現象の音波を表すのに頻繁に現れる量である。例えば，x 方向に音速 c_0 で伝わる振幅 P の平面波音圧は

$$p = P\cos(\omega t - kx) \tag{2.9}$$

と表される。$\omega t - kx = -k(x - c_0 t)$ だから，式（2.9）は $x - c_0 t$ の関数になっている。

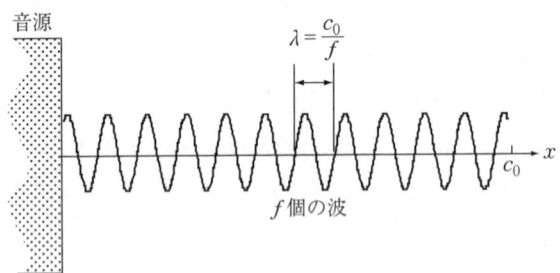

図2.2　1秒間の音波の放射

2.1.3　変量・定数の複素表示

図2.3のような，質量 m のおもりとばね定数 s のばねからなる振動系のおもりに外力 F が加わったとき，速度 u のおもりの運動方程式は

$$m\frac{du}{dt} + r_{\mathrm{m}}u + s\int u\,dt = F \tag{2.10}$$

となる。r_{m} は摩擦抵抗である。外力が $F = F_0 \cos \omega t$ のとき，強制振動解は u

2.1 音波の基礎

$= C_1 \cos \omega t + C_2 \sin \omega t$ を式 (2.10) に代入して

$$\left[r_\mathrm{m} C_1 + \left(m\omega - \frac{s}{\omega}\right) C_2\right] \cos \omega t + \left[r_\mathrm{m} C_2 - \left(m\omega - \frac{s}{\omega}\right) C_1\right] \sin \omega t = F_0 \cos \omega t \tag{2.11}$$

の解 C_1, C_2 から求まる。$\cos \omega t$, $\sin \omega t$ の係数が両辺で等しいとして

$$C_1 = \frac{r_\mathrm{m}}{r_\mathrm{m}^2 + (m\omega - s/\omega)^2} F_0, \quad C_2 = \frac{m\omega - s/\omega}{r_\mathrm{m}^2 + (m\omega - s/\omega)^2} F_0$$

が得られ

$$u = \frac{r_\mathrm{m} F_0 \cos \omega t}{r_\mathrm{m}^2 + (m\omega - s/\omega)^2} + \frac{(m\omega - s/\omega) F_0 \sin \omega t}{r_\mathrm{m}^2 + (m\omega - s/\omega)^2} \tag{2.12}$$

と解が求められる。

複素表示を用いると，上の計算が簡単になる。F を，$F_0 \cos \omega t$ の代わりに $F_0 \exp(j\omega t) (\equiv F_0 e^{j\omega t})$ と置く。ただし，$j = \sqrt{-1}$ である。オイラーの公式より $\exp(j\theta) = \cos \theta + j \sin \theta$ だから，実部が物理量を表すと理解する。式 (2.10) の解を $u = U \exp(j\omega t)$ として同式に代入すると

$$U = \frac{F_0}{r_\mathrm{m} + j(\omega m - s/\omega)} \tag{2.13}$$

が容易に得られる。時間微分 d/dt は $j\omega$ を，時間積分 $\int dt$ は $1/j\omega$ を掛け算すればよい。$U \exp(j\omega t)$ の実部は式 (2.12) と一致し，これが求める u であることが確かめられる。式 (2.13) の U は

$$U = \frac{F_0}{r_\mathrm{m} \left[1 + jQ_\mathrm{m}\left(\dfrac{\omega}{\omega_0} - \dfrac{\omega_0}{\omega}\right)\right]} \tag{2.14}$$

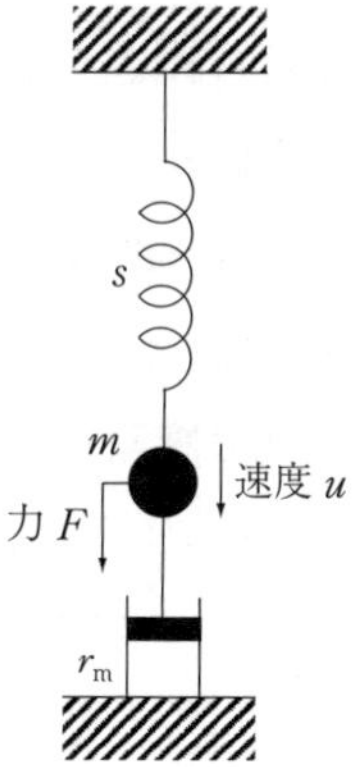

図 2.3 ばね-おもり振動系

と変形される。ここで，ω_0 は共振角周波数 $\sqrt{s/m}$ であり，$Q_\mathrm{m} = \omega_0 m / r_\mathrm{m}$ は共振の尖鋭度を表す機械的 Q 値である。U を u の複素振幅という。以下では，u, p, ϕ のような小文字を瞬時値としたとき，大文字 U, P, Φ は $\exp(j\omega t)$ を省略したそれらの複素振幅を表すことにする。振幅を表すために，その実効値がよく使われる。上記の u の実効値は $|U|/\sqrt{2}$ である。

比 $F_0/U = r_m + j(\omega m - s/\omega)$ を機械インピーダンスという。力を電圧に，速度を電流に対応させると，(力)/(速度) は電気回路におけるインピーダンスだからである。この対応が音響学ではよく使われる。

2.1.4 音圧と粒子速度の関係

波動方程式の解として，粒子速度

$$U = U_1 \exp(-jkx) - U_2 \exp(jkx) \tag{2.15}$$

の波を考えよう。上式では，第1項は $+x$ 方向に伝搬する前進波，第2項は $-x$ 方向に伝搬する後退波を表す。後退波では，進行方向の粒子速度が正になるよう負号をつけた。この $u = U \exp(j\omega t)$ を式 (2.3) の右辺に代入し，さらに式 (2.4) の関係を用いると

$$P = \rho_0 c_0 U_1 \exp(-jkx) + \rho_0 c_0 U_2 \exp(jkx) \tag{2.16}$$

が得られる。式 (2.15) と式 (2.16) を比較すると，音圧はつねに粒子速度に一定値 $\rho_0 c_0$ を掛けた値となることがわかる。定数 $Z_0 = \rho_0 c_0$ を**固有音響インピーダンス**（あるいは特性インピーダンス）という。表2.1に，各種気体・液体の ρ_0, c_0, Z_0 を示した。固体でも，音圧 p の代わりに圧縮応力を考えると液体と同様の議論が成り立つので，表2.1には固体の例も示した。Z_0 は，物質によ

表2.1 各種媒質の密度，音速，固有音響インピーダンス

媒質	密度 ρ_0 [kg/m³]	音速 c_0 [m/s]	固有音響インピーダンス Z_0 [10^6 kg/m²s]
水	1 000	1 500	1.5
氷	1 000	3 980	4.0
空気	1.3	330	0.000 43
メタノール	790	1 120	0.88
エタノール	790	1 180	0.93
グリセリン	1 260	1 920	2.42
オリーブ油	900	1 380	1.24
ゴム	950	1 500	1.5
鉄	7 700	5 850	45.0
アルミニウム	2 700	6 260	16.9
石英ガラス	2 700	5 570	15.0

り大幅に変わることがわかる。

上述のように，音圧 p が加わっている面は，速度 $u=p/(\rho_0 c_0)$ で運動する。このとき，音波が媒質に対してする仕事，（力）×（距離）は単位時間当り $pu = p^2/(\rho_0 c_0)$ であり，これが，音波の進行方向に垂直な単位面積を通して音波が運んでいる瞬時パワーとなる。単位時間当りでは複素振幅 P の波で

$$I = \frac{|P|^2}{2\rho_0 c_0} \quad [\text{W}/\text{m}^2] \tag{2.17}$$

となる。これを**音響インテンシティ**（あるいは**超音波強度**）という。I は長さ c_0 [m] にわたる空間に運ばれる音響パワーだから，単位体積には

$$W = \frac{|P|^2}{2\rho_0 c_0^2} = \frac{|P|^2}{2K} \quad [\text{J}/\text{m}^3] \tag{2.18}$$

の音響エネルギーが配分されることがわかる（音響エネルギー密度）。

2.1.5 反 射 ・ 透 過

図2.4のように，異種媒質1，2（1の固有音響インピーダンス：$\rho_1 c_1$，2：$\rho_2 c_2$）が平面 $x=0$ の境界で接している場合を考える。$x<0$ から振幅 P_i の平面波が垂直入射し，振幅 P_r，P_t の音波が反射・透過する。式（2.15）と同様に，音圧を

$$\begin{aligned}P &= P_i \exp(-jk_1 x) + P_r \exp(jk_1 x) \quad (x \leq 0) \\ &= P_t \exp(-jk_2 x) \quad (x \geq 0)\end{aligned} \tag{2.19}$$

と表す。ここで，$k_1 = \omega/c_1$，$k_2 = \omega/c_2$ である。振幅 P_r，P_t は，次のような境界条件で決まる。

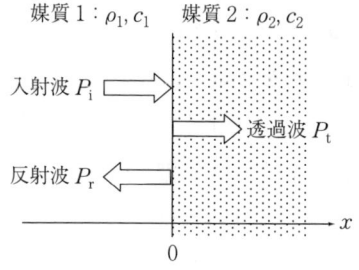

図2.4 異種媒質境界での音波の反射・透過

境界面 $x=0$ の両側で音圧が異なり，質量 0 である境界に力が加わるとすると，境界が無限大の加速度で運動することになり，不合理である．よって，境界面の両側で音圧は等しくなければならない．これより，式 (2.19) に $x=0$ を代入して

$$P_i + P_r = P_t \tag{2.20}$$

の関係が得られる．

また，境界の両側で粒子速度が異なるとすると，両側の媒質が重なるか，境界にすき間を生じることになり不合理である．よって境界面の両側で粒子速度は等しくなければならない．これより

$$\frac{P_i}{\rho_1 c_1} - \frac{P_r}{\rho_1 c_1} = \frac{P_t}{\rho_2 c_2} \tag{2.21}$$

の関係が得られる．

式 (2.20)，式 (2.21) を連立すると

$$\frac{P_r}{P_i} = \frac{\rho_2 c_2 - \rho_1 c_1}{\rho_1 c_1 + \rho_2 c_2} \tag{2.22}$$

$$\frac{P_t}{P_i} = \frac{2\rho_2 c_2}{\rho_1 c_1 + \rho_2 c_2} \tag{2.23}$$

が得られる．P_r/P_i を音圧反射係数，P_t/P_i を音圧透過係数といい，それぞれ音圧の**反射率**，**透過率**を表す．$\rho_1 c_1 = \rho_2 c_2$ であれば反射が起こらず，反射係数：0，透過係数：1 となる．音波の反射は，固有音響インピーダンス Z_0 が異なる 2 媒質の境界面で生じる．

媒質 1 が水，媒質 2 が空気の例を考えると，表 2.1 の Z_0 値から，音圧反射係数がほぼ -1 となる．したがって，式 (2.19) の第 1 式から，水中の音圧は

$$P = P_i \exp(-jk_1 x) - P_i \exp(jk_1 x) = 2jP_i \sin k_1 x \tag{2.24}$$

と表され，振幅分布が $\sin k_1 x$ の振動の形をとる．この音圧はもはや $x \pm c_0 t$ の関数でなく，波動ではないように見える．このように，二つの進行波が重なることによって，移動しないように見える波動を**定在波**という．

音圧分布が式 (2.24) で表されるとき，粒子速度は

$$U = \frac{P_i}{\rho_0 c_0} \exp(-jk_1 x) + \frac{P_i}{\rho_0 c_0} \exp(jk_1 x) = \frac{2P_i}{\rho_0 c_0} \cos k_1 x \tag{2.25}$$

となり，音圧分布と異なる。位置 x における単位体積の音響エネルギー密度は，弾性エネルギー $p^2/2K$ と運動エネルギー $\rho_0 u^2/2$ の和の時間平均をとると

$$W = \frac{P_i^2}{K} \sin^2 k_1 x + \frac{P_i^2}{\rho_0 c_0^2} \cos^2 k_1 x = \frac{P_i^2}{K} \tag{2.26}$$

となる。往復の二つの波が重なっているので，式 (2.18)，$W=|P|^2/2K$ の 2 倍になっている。

2.1.6 非線形伝搬

x 方向に伝搬する大振幅音波を考える。大きな ρ では，弾性的な非線形性を考慮して式 (2.4) の状態方程式を，テーラー展開により

$$p = A\frac{\rho}{\rho_0} + \frac{B}{2}\left(\frac{\rho}{\rho_0}\right)^2 \tag{2.27}$$

とする。A は式 (2.4) の K と同一である。式 (2.27) の両辺を ρ/ρ_0 で微分すると，見かけの体積弾性率 K' が

$$K' = A + B\frac{\rho}{\rho_0} \approx A + \frac{B}{A}p \tag{2.28}$$

と得られ，K' は圧力の瞬時値によって変わることがわかる。よって，音速 c は，式 (2.7) と同様にして

$$c = \sqrt{\frac{K'}{\rho_0}} = \sqrt{\frac{A + Bp/A}{\rho_0}} \approx c_0 + \frac{Bu}{2A} \tag{2.29}$$

となる。係数 B/A は弾性的非線形性の強さを表し，**音響非線形パラメータ**と呼ばれる。一方，$p = \rho_0 cu$ を運動方程式 (2.2) の右辺に代入すると，

$$\left[\frac{\partial}{\partial t} + (c+u)\frac{\partial}{\partial x}\right]u = 0 \tag{2.30}$$

となる。式 (2.30) は，速度 $c+u$ で移動する観測者から見て，量 u が不変であることを表している。このことから，音波の粒子速度 u の部分が

$$c + u = c_0 + \left(1 + \frac{B}{2A}\right)u$$

$$= c_0 + \beta u \tag{2.31}$$

の位相速度で伝搬することがわかる。式 (2.2) の左辺第 2 項 (移流項あるいは対流項と呼ぶ) による運動的な非線形性も加わった係数 β を**音響非線形係数**という。

非線形パラメータ B/A は物質によって異なる。理想気体では $B/A = \gamma - 1$ である。水では室温で $B/A = 5.0$ である。これから，水中の音圧 10^5 Pa での音速 $c + u$ の c_0 との差異を概算すると，$\beta u \approx \beta p/\rho_0 c_0 \approx 3.5 \times 10^5 / 1.5 \times 10^6 = 0.23$ 〔m/s〕であるから，差異はわずか 0.015% である。しかし周波数が高いと無視できなくなる。例えば，2 MHz で 50 cm 伝搬したとき，$0.5 \times 0.00015 / 1500 = 5 \times 10^{-8}$ より，ピーク音圧は微小振幅時よりも相対的に 0.05 μs 早く到達する。2 MHz の 1 周期は 0.5 μs なので，**図 2.5** のような波形ひずみが生じることになる。ひずみ波形に，**第 2 高調波**が最も顕著に表れることは，図 2.5 のひずむ前の点線の正弦波とひずんだ後の実線との差異を見れば明らかである。

上記のような音速の音圧依存性を考慮した波動方程式は次のように表される。

$$\frac{\partial^2 p}{\partial x^2} - \frac{1}{c_0^2}\frac{\partial^2 p}{\partial t^2} = -\frac{\beta}{\rho_0 c_0^4}\frac{\partial^2 p^2}{\partial t^2} \tag{2.32}$$

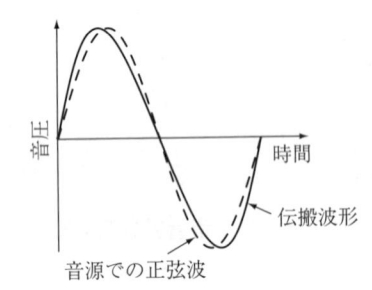

図 2.5 音圧ピーク位置が 1 周期の 1/10 だけ進んだ波形

2.1.7 点音源からの音波の放射

音源は，その振動面を細かく分割し，多数の微小音源の集合として取り扱われる。ひとつひとつを点音源という。**図 2.6** は，その微小音源のモデルとなる呼吸球である。極座標の原点で半径 R の球の表面が一様に膨張・収縮運動をしている。

2.1 音波の基礎

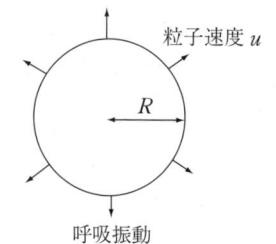

図2.6 呼吸球からの音の放射

呼吸球が放射する球面波を，式 (2.8) の解

$$\Phi = \frac{C}{r} \exp(-jkr) \tag{2.33}$$

とする。球面 $r=R$ での速度 U は，式 (2.1)，式 (2.33) から

$$U = -\left.\frac{\partial \Phi}{\partial r}\right|_{r=R} = \frac{C}{R^2}(1+jkR)\exp(-jkR)$$

$$\approx \frac{C}{R^2}\exp(-jkR) \quad (kR \ll 1) \tag{2.34}$$

音源の振動振幅を U_0 としたとき，式 (2.34) より $C \approx R^2 U_0$ だから放射音圧は

$$P = j\omega\rho_0 \Phi = j\frac{\omega\rho_0 Q_0}{4\pi r}\exp(-jkr) \tag{2.35}$$

と表される。ただし，$Q_0 = 4\pi R^2 U_0$ は，呼吸球の全表面で単位時間に押し出している体積（体積速度）を表す。Q_0 を音源の強さという。

点音源は必ずしも球形である必要はない。立方体の音源でも，小さければ，体積速度 Q_0 によって，式 (2.35) の音圧が放射される。したがって，例えば **図2.7** のように，任意の平板の音源を小さな正方形に細分して取り扱うことができ，その各々の面積が dS で振動速度が U_0 であれば，この平板は $Q_0 = U_0 dS$ の点音源が多数集合したものと考えることができる。

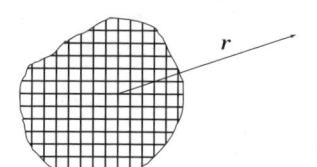

図2.7 正方形に細分した平板音源

2.1.8 音波の散乱

水中にある微小物体により音波が散乱される。それは，2.1.5項で述べたのと同じ固有音響インピーダンスの異なる物体との境界条件に起因するが，広い境界面での反射と異なり，音波は四方八方に散らばる。

図2.8のように強さ $I=P^2/2\rho_0 c_0$〔W/m^2〕の平面波が入射したとする。物体からの散乱音波のパワーをすべての方向で加算した値 S_0〔W〕は I に比例する。Iで正規化した $\sigma_s=S_0/I$ は面積の次元を有し，散乱の大きさを表す。σ_s を**散乱断面積**という。散乱強度は方向によって異なるので，各方向の単位立体角†当りの散乱音波のパワーで表した値を微分断面積 σ_d という。特に，音波が入射した方向に戻る強さ I_b の散乱波の微分断面積を後方微分断面積 σ_{db}，$\sigma_{bs}=4\pi\sigma_{db}$ を後方散乱断面積という。これらの断面積は，物体の大きさ，形状，固有音響インピーダンスに依存する。σ_s，σ_{bs} は，散乱体に当たった音波を全部散乱するときの幾何学的断面積 $\sigma_g=\pi R^2$ と比較される。

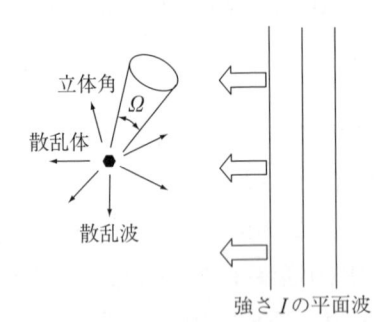

図2.8 微小物体による音波の散乱

一例として，$kR\ll 1$ の微小剛体球（半径：R）による散乱を取り上げる。剛体とは，ρ_0，c_0 がともに非常に大きく，伸縮せず，動かない物質をさす。そのような球が水中にあると，音波が到来してもその球は振動しない。音波の通過に伴って，水は前後運動したり，膨張・収縮したりするが，それがない。したがって，この剛体球は，入射音圧 P_i による水の前後運動と逆位相で振動して

---

† 立体角は図2.8の Ω のように，一点から立体角を見込んだ角度を，半径1の球の中心から見込む面積で表す。一例として，全方向を見込むとき，$\Omega=4\pi$〔sr：ステラジアン〕である。

これを打ち消す一対の異符号の音源からなる双極子音源と，P_i による水の膨張・収縮を打ち消す逆位相の呼吸振動をする点音源という，二つの音源に置き換えられる．その音源からの放射音圧が，散乱音圧となる．微小剛体から距離 r での散乱音圧は，二つの音源からの放射音圧として表され

$$P_s = \frac{k^2 R^3}{3r}\left(1 + \frac{3}{2}\cos\theta\right)P_i \tag{2.36}$$

となる．双極子音源のため音波の入射方向との角度 θ の関数となる．また，散乱断面積 σ_s は

$$\sigma_s = \frac{2\pi r^2}{P_i^2}\int_0^\pi P_s^2 \sin\theta d\theta = \frac{7\pi}{9}k^4 R^6 \tag{2.37}$$

後方散乱断面積 σ_{bs} は

$$\sigma_{bs} = \frac{4\pi r^2}{P_i^2}(P_s|_{\theta=0})^2 = \frac{25\pi}{9}k^4 R^6 \tag{2.38}$$

となる．$kR \ll 1$ のため，σ_s, σ_{bs} は幾何学的断面積 $\sigma_g = \pi R^2$ よりずっと小さい．周波数の4乗に比例する．実際の微小物体は剛体ではないので，よく伸縮し，動く．そのため，散乱はかなり弱くなり，σ_s, σ_{bs} は式 (2.37), 式 (2.38) の値より，ずっと小さくなる．

2.1.9 音波の減衰

音波が伝搬するとき，拡散以外に距離とともに音圧が小さくなる現象がある．拡散を無視するため平面波で考える．微小距離 Δx を伝搬したときの音圧振幅の変化率 $\Delta P/P$ の式で表すと

$$\frac{\Delta P}{P} = -\alpha \Delta x \tag{2.39}$$

となる．$\Delta x \to 0$ として，式 (2.39) を微分方程式にすると

$$\frac{dP}{dx} = -\alpha P \tag{2.40}$$

式 (2.40) の解は

$$P = P(0)\exp(-\alpha x) \tag{2.41}$$

$P(0)$ は $x=0$ での振幅である。α を**減衰係数**といい，単位を Np（ネーパー）/m あるいは単に m^{-1} で表す。振動時の内部摩擦（粘性）や，液体の圧縮時に上昇する温度を逃がす作用をする熱伝導による吸収を古典吸収という。それとは異なる，物質の圧力と内部ひずみの間のわずかな時間遅れで生じる緩和吸収のほうが通常，より大きい。水では，kHz，MHz 帯では，α は周波数の 2 乗に比例する。α は温度にも依存する。α の測定例を**表 2.2** に示す。不均一液体では散乱も減衰の原因となる。また，音波の通れる幅が半波長以下というように狭すぎると，音波が遮断され，実効的な減衰が非常に大きくなる現象もある。

表 2.2 各種媒質における減衰係数

媒質	α/f^2 [10^{-15} s/m]	測定温度〔℃〕
水	25	20
メタノール	21	20
エタノール	52	20
グリセリン	493	22
トルエン	93	20
アセトン	26	24
オリーブ油	1 350	21.7

$P\exp(-jkx)$ において，波数 k を $k-j\alpha$ と複素数に置き換えると，減衰が表現できる。音速の逆数 $1/c_0$ を $1/c_0 - j\alpha/\omega$ と置き換えてもよい。

2.2 気泡性液体中の音波伝搬

2.1 節では純粋な液体の中の音の伝搬について学んだ。この液体に気泡が混ざることがある。例えば，海水中には表層で 1 m^3 あたり，大小合わせて 10^6 個以上の気泡が混入している。本節では，気泡の混ざった液体の音波に対する性質を学ぶ[4]。

2.2.1 気泡性液体の基礎方程式

体積 v_0 の気泡が単位体積あたり N 個含まれる液体を考える。2.1.1 項の ρ_0

や ρ を，気泡を含んだ媒質の密度とすると，式 (2.2)′，式 (2.3) は前と同様に成り立つが，状態方程式 (2.4) は変形される．

媒質の密度が ρ_0 から $\rho_0+\rho$ に変化したとき，同時に気泡の体積が v_0 から v_0+v に変化したとする．気体の密度を 0 とすると，質量 ρ_0 の液体の体積が $1-Nv_0$ から $\rho_0/(\rho_0+\rho)-N(v_0+v)$ になる．したがって，この液体の体積変化率は $-[\rho/(\rho_0+\rho)-Nv]/(1-Nv_0) \approx -(\rho/\rho_0+Nv)$ であり，状態方程式は

$$p = K\left(\frac{\rho}{\rho_0} + Nv\right) \tag{2.42}$$

式 (2.2)′，式 (2.3)，式 (2.42) を連立して，下の非同次の波動方程式が得られる．

$$\frac{\partial^2 p}{\partial x^2} - \frac{1}{c_0^2}\frac{\partial^2 p}{\partial t^2} = -\rho_0 N \frac{\partial^2 v}{\partial t^2} \tag{2.43}$$

式 (2.43) を解くのには，音圧 p と気泡の体積変化 v の関係が必要である．

2.2.2 気泡の振動の式

図 2.9 のように，水中に超音波の波長より十分に小さい半径 R の気泡球が，振動速度 $dR/dt=w$ で呼吸振動している場合を考える．気泡の中心から距離 r ($>R$) での液体の粒子速度を u とする．液体を非圧縮性と考えると，半径 r の仮想球の体積速度 $4\pi r^2 u$ は気泡の体積速度 $4\pi R^2 w$ と等しいから

$$u = \frac{R^2}{r^2}w \tag{2.44}$$

となる．ここで，式 (2.2) を球面振動を表すように書き直した $\rho_0(\partial u/\partial t + u\partial u/\partial r) = -\partial p/\partial r$ に式 (2.44) を代入すると

$$\frac{1}{r^2}\frac{\partial}{\partial t}(R^2 w) - \frac{2R^4}{r^5}w^2 = -\frac{1}{\rho_0}\frac{\partial p}{\partial r} \tag{2.45}$$

が得られる．上式の両辺を r について R から ∞ まで積分すると

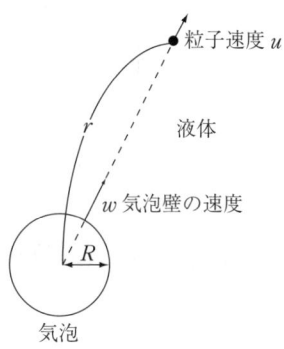

図 2.9 気泡と周囲液体の運動

$$R\frac{d^2R}{dt^2} + \frac{3}{2}\left(\frac{dR}{dt}\right)^2 + \frac{1}{\rho_0}[p_\infty - p(R)] = 0 \tag{2.46}$$

となる。ここでp_∞は$r \to \infty$での圧力,すなわち外から加わる圧力で,$p_\infty =$静圧P_0+入射音圧p_aであり,$p(R)$は気泡直外の圧力である。気泡内の圧力と等しいとすると,断熱気体の式,(圧力)×(体積)$^\gamma =$一定から,$p(R) = P_0(R_0/R)^{3\gamma}$となる。ただし,$R_0$は平衡時の気泡半径である。さらに,気泡振動に対して粘性などによる抵抗力$\rho_0\omega_0 R_0^2(\delta/R)dR/dt$が働くので,式(2.46)は次のように書き換えられる。

$$R\frac{d^2R}{dt^2} + \frac{3}{2}\left(\frac{dR}{dt}\right)^2 + \frac{\omega_0 R_0^2 \delta}{R}\frac{dR}{dt} + \frac{1}{\rho_0}\left[P_0 + p_a - P_0\left(\frac{R_0}{R}\right)^{3\gamma}\right] = 0 \tag{2.47}$$

気泡の体積変化vとp_aの関係を求めるため,$v_0 + v = 4\pi R^3/3$すなわち$R = [3(v_0 + v)/4\pi]^{1/3}$を式(2.47)に代入する。$(v_0+v)^n \approx v_0^n + nv_0^{n-1}v + n(n-1)v_0^{n-2}v^2/2$と近似し,$v$,$dv/dt$,$d^2v/dt^2$の3次以上($\delta$を係数にもつ項は2次以上)の項を無視して整理すると

$$\frac{d^2v}{dt^2} + \delta\omega_0\frac{dv}{dt} + \omega_0^2 v + \frac{4\pi R_0}{\rho_0}p_a = \frac{\omega_0^2(\gamma+1)}{2v_0}v^2 + \frac{1}{6v_0}\left[2v\frac{d^2v}{dt^2} + \left(\frac{dv}{dt}\right)^2\right] \tag{2.48}$$

が得られる。ただし

$$\omega_0 = \frac{1}{R_0}\sqrt{\frac{3\gamma P_0}{\rho_0}} \tag{2.49}$$

である。複数の気泡が相互に作用せずに振動するならば,式(2.48)の非線形方程式が式(2.43)でのpとvの関係を与える。後述の気泡振動の共振周波数を与える式(2.49)は,**ミンナルト(Minnaert)の式**としてよく知られる。

2.2.3 気泡の振動特性

式(2.48)の右辺の非線形項を無視すると,入射音圧による気泡体積の線形強制振動の式が次のように得られる。

$$\frac{d^2v}{dt^2} + \delta\omega_0\frac{dv}{dt} + \omega_0^2 v + \frac{4\pi R_0}{\rho_0}p_a = 0 \tag{2.50}$$

体積速度 $q_0 = dv/dt$ の方程式に直すと，式（2.10）と類似な

$$\frac{dq_0}{dt} + \delta\omega_0 q_0 + \omega_0^2 \int q_0 dt = -\frac{4\pi R_0}{\rho_0} p_a \tag{2.51}$$

となり，体積速度振幅

$$Q_0 = \frac{4\pi R_0 P_a/\rho_0 \omega_0}{\delta\left[1 + j\frac{1}{\delta}\left(\frac{\omega}{\omega_0} - \frac{\omega_0}{\omega}\right)\right]} \tag{2.52}$$

が得られる。気泡は共振角周波数 ω_0，機械的 $Q = 1/\delta$ の共振系である。δ をダンピング係数という。静水圧下での空気の泡を想定し，$P_0 = 10^5$ Pa, $\rho_0 = 10^3$ kg/m³, $c_0 = 1\,500$ m/s，$\gamma = 1.4$ として，ミンナルトの式から共振周波数 $f_0 = \omega_0/2\pi$ を計算した結果を**図 2.10** に示す。例えば $R_0 = 0.1$ mm の気泡の共振周波数 33 kHz での水中波長は $\lambda = c/f = 4.5$ cm なので，気泡は波長よりずっと小さい。

δ は種々の原因で生じる機械抵抗を総合したもので，ω，R_0 に依存する。水中気泡の共振周波数での δ 値を，図 2.10 の範囲の R_0 について**図 2.11** に示す。

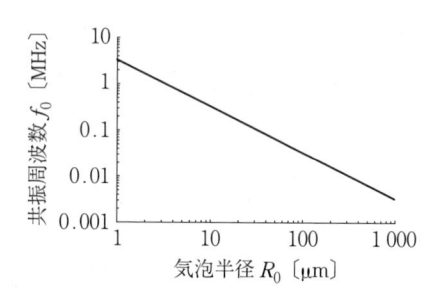

図 2.10 水中気泡の共振周波数

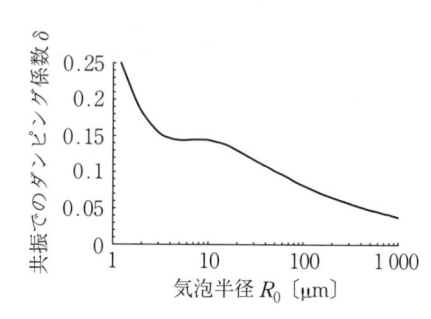

図 2.11 共振周波数における水中気泡のダンピング係数

気泡は式（2.52）で表される音源の強さで音波を再放射する。それが音の散乱である。$\omega = \omega_0$ での式（2.52）の Q_0 を式（2.35）に代入して，共振周波数での気泡の散乱断面積 σ_s，後方散乱断面積 σ_{bs} を求めると，$\sigma_s = \sigma_{bs} = (\omega_0\rho_0 Q_0)^2/4\pi P_a^2 = 4\pi R_0^2/\delta^2$ となる。$R_0 = 0.1$ mm で $\delta = 0.081$ だから，幾何学的断面積 πR_0^2 の $4/\delta^2 \approx 600$ 倍もあり，気泡が非常に強い散乱体であることがわかる。気泡に当たる音響パワー以上の音波が散乱されるのは，気泡周囲の液体が散乱に

大きく寄与するためである。

2.2.4 気泡性液体の速度分散と吸収

単位体積当り N 個の気泡を含む液体での音波伝搬を考える。気泡間の相互作用は考えず，$p_a = P\exp(j\omega t)$，$v = V\exp(j\omega t)$ を式 (2.43)，式 (2.50) に代入すると

$$\left. \begin{aligned} \frac{d^2 P}{dx^2} + \frac{\omega^2}{c_0^2} P &= \rho_0 N \omega^2 V \\ (\omega_0^2 - \omega^2 + j\delta\omega_0\omega) V &= -\frac{4\pi R_0}{\rho_0} P \end{aligned} \right\} \tag{2.53}$$

V を消去して

$$\frac{d^2 P}{dx^2} + \frac{\omega^2}{\tilde{c}^2} P = 0 \tag{2.54}$$

ただし

$$\frac{1}{\tilde{c}^2} = \frac{1}{c_0^2} + \frac{4\pi N R_0}{\omega_0^2 - \omega^2 + j\delta\omega_0\omega} \tag{2.55}$$

式 (2.55) より，気泡を含む液体中の音速 $\tilde{c}$ は角周波数 ω によって変わる。また複素数であることから減衰を生じることもわかる。減衰の中には，前述の散乱も含まれる。

図 2.10 と同じ P_0，ρ_0，c_0，γ を仮定して，$N = 10^6$，$R_0 = 0.1$ mm (33 kHz で共振) の場合に音速 $1/\mathrm{Re}(1/\tilde{c})$，減衰係数 $-\omega\,\mathrm{Im}(1/\tilde{c})$ を計算し，その周波数依存性を**図 2.12** に示す。音速が周波数に依存する性質を**速度分散**という。図 2.12 から気泡を含む液体に分散性があることがわかる。周波数が気泡の共振周波数より低いときは，気泡は単純に，水より軟らかいばねにしか見えず，液体の体積弾性率が小さくなるので，音速が c_0 より低くなる。共振周波数近傍では，気泡はよく振動し，速度が大きく変化する。また，振動によるエネルギー散逸や散乱により減衰が大きくなる。共振より高い周波数では，音速は c_0 より高くなる。

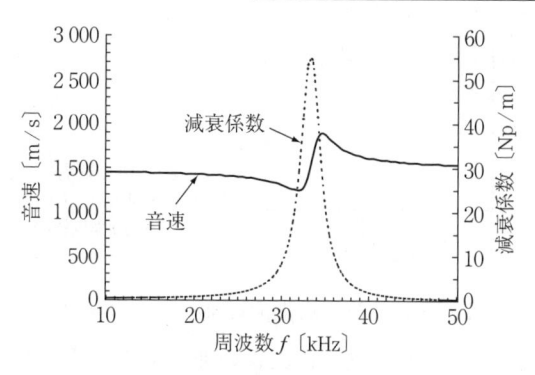

図 2.12 水中の音速と減衰係数の気泡による周波数依存性

2.2.5 気泡性液体の非線形性

式(2.48)右辺の非線形効果により,角周波数 ω の音波が入射すると角周波数 2ω の第2高調波が発生する。$p_a = P_1 \exp(j\omega t)$,$p = P_1 \exp(j\omega t) + P_2 \exp(j2\omega t)$,$v = V_1 \exp(j\omega t) + V_2 \exp(j2\omega t)$ を式(2.43),式(2.48)に代入し,$\exp(j\omega t)$,$\exp(j2\omega t)$ の項ごとに整理すると

$$\left.\begin{array}{l} \dfrac{d^2 P_2}{dx^2} + \dfrac{4\omega^2}{c_0^2} P_2 = 4\rho_0 N\omega^2 V_2 \\[2mm] (\omega_0^2 - \omega^2 + j\delta\omega_0\omega) V_1 = -\dfrac{4\pi R_0}{\rho_0} P_1 \\[2mm] (\omega_0^2 - 4\omega^2 + j2\delta\omega_0\omega) V_2 = -\dfrac{4\pi R_0}{\rho_0} P_2 + \dfrac{1}{2}\left[\dfrac{\omega_0^2(\gamma+1)}{2v_0} - \dfrac{\omega^2}{2v_0}\right] V_1^2 \end{array}\right\} \quad (2.56)$$

式(2.56)から V_1,V_2 を消去する。式(2.32)を第2高調波発生の式に直した場合と同形にすると

$$\frac{\partial^2 P_2}{\partial x^2} + \frac{4\omega^2}{\bar{c}^2} P_2 = \frac{2\beta_2 \omega^2}{\rho_0 c_0^4} P_1^2 \qquad (2.57)$$

となる。ここで

$$\beta_2 = N c_0^4 \frac{\omega_0^2(\gamma+1)/2v_0 - \omega^2/2v_0}{4(\omega_0^2 - 4\omega^2 + j2\delta\omega_0\omega)} \left(\frac{4\pi R_0}{\omega_0^2 - \omega^2 + j\delta\omega_0\omega}\right)^2 \qquad (2.58)$$

図2.12の計算と同じ媒質での実効的な非線形係数 $|\beta_2|$ の計算値を**図2.13**に示

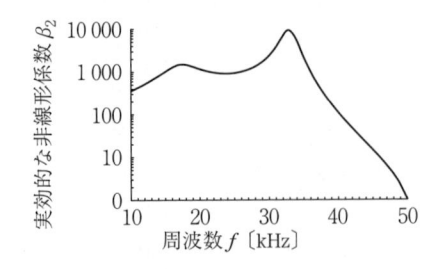

図2.13 気泡を含む水中の第2高調波生成における等価非線形係数

す。気泡が共振する $\omega=\omega_0$, 第2高調波周波数で気泡が共振する $\omega=\omega_0/2$ の周辺で水の $\beta=3.5$ よりも桁違いに大きい非線形性が得られる。一方, $\omega\approx\sqrt{\gamma+1}\omega_0$ では,気体の弾性的非線形性と液体の運動的非線形性が相殺して,非線形性が小さくなる。

種々の径の気泡が含まれるときの特性は,以上述べた結果を径分布に従って重み付け加算すればよい。すなわち,半径が $R_0 \sim R_0+dR_0$ の気泡密度が $N(R_0)$ であるとすると,式 (2.42) を

$$p = K\left[\frac{\rho}{\rho_0} + \int_0^\infty N(R_0)v(R_0)dR_0\right] \tag{2.59}$$

と改めて解析できる。

引用・参考文献

音場については
1) A. D. Pierce : Acoustics : An Introduction to Its Physical Principles and Applications, Mc Graw-Hill (1981)
2) 鎌倉友男:非線形音響学の基礎,愛智出版 (1966)
3) D. T. Blackstock : Fundamentals of Physical Acoustics, Wiley-Interscience (2000)
4) M. F. Hamilton, Yu. A. Il'ijskii, and E. A. Zabolotskaya : Dispersion, in Nonlinear Acoustics, edited by M. F. Hamilton and D. T. Blackstock, Academic Press (1997)

音速・減衰のデータは
5) 能本乙彦:資料,超音波技術便覧,実吉純一,菊池喜充,能本乙彦監修,日刊工業新聞社, pp. 1165-1376 (1968)
6) 崔博坤:資料編,超音波便覧,超音波便覧編集委員会編, pp. 709-733,丸善 (1999)

第3章
音響バブルのダイナミクス

3.1 音響キャビテーションとは

3.1.1 キャビテーションとは

　船のスクリューのまわりに，多くの気泡が発生する様子は，実際に見たことがなくとも，テレビや映画の一場面では見たことがあるだろう。スクリューは，水面より下に完全に沈んでいて，外の空気を巻き込めない状態であっても，多数の気泡が発生する。これは，高速で回転するスクリューの羽根の後ろで，局所的に圧力が下がり，もともと水に溶けていた空気が，溶けきれない状態となって，気泡として現れるためである。

　溶解度に関するヘンリーの法則（Henry's law）によれば，液体に溶ける気体の量（濃度）は，気体の圧力に比例する。したがって，スクリューの羽根の後ろで圧力が下がると，そこで水中に溶解できる空気の濃度が下がる。その結果，過剰になった空気が，水に溶けきれなくなって，気泡となって現れる。

　圧力が低下するのは，スクリューの羽根の後ろだけで，そこから離れると，圧力の低下は解消される。発生した気泡が圧力の高いところへ流れると，そこで気泡は激しくつぶれる（3.2.2項参照）。気泡が激しくつぶれた際，気泡からは衝撃波が放射される（3.4.3項参照）。また，気泡がスクリューの羽根のような固体表面の近くでつぶれるときは，固体表面に向かって，気泡を貫通する液体ジェットが打ち付ける（3.4.2項参照）。これは，スクリューの羽根の腐食（エロージョン）を引き起こす。

液体の圧力低下に伴う気泡の発生と，それに引き続く気泡の激しい収縮現象を，キャビテーション（cavitation）という[1)~5)]。スクリューの場合のように，流体の運動に伴う圧力低下でキャビテーションが起こるとき，これを流体力学的キャビテーション（hydrodynamic cavitation）と呼ぶ。一方，音波（超音波）は圧力の変動が伝播する波動だが，それによっても局所的な圧力低下が生じ，キャビテーションが起こる。これを**音響キャビテーション**（acoustic cavitation）と呼ぶ。また，発生した気泡を音響バブルあるいは音響キャビテーション気泡と呼ぶ。**図3.1**には，周波数100 kHzの超音波を照射した場合の音響キャビテーションの写真を示す。

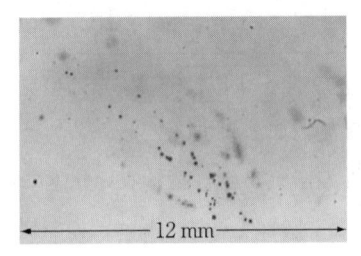

図3.1 音響キャビテーションによる気泡（周波数100 kHz）

3.1.2 キャビテーションが起こる条件

流体力学的キャビテーションが起こるとき，肉眼で容易に見られる大きさの気泡が多数生成することが多い。そのような大きな気泡が生まれるためには，液体の局所的な圧力が，飽和蒸気圧より低くなる必要がある[5)]。これは，液体の沸騰条件と同一である。沸騰とキャビテーションの違いは，前者では発生した気泡が激しくつぶれない点である。

音響キャビテーションの場合は，局所的な圧力が液体の飽和蒸気圧にまで低下しても，なかなか気泡は発生しない。多くの場合，圧力がゼロ気圧以下の負にならないと音響キャビテーションは起こらない。これは，音波の場合，減圧の持続時間が短いためである。加圧状態に変わったときに，せっかくできた気泡核が消滅してしまう。

ここで，負の圧力とはどのような圧力であるかを考えよう。負の圧力は，液

体や固体でのみ実現可能で，気体中ではありえない（ただし「負圧」という呼び名は，1気圧以下の大気状態をいう場合もあるので注意）。図3.2のようにピストンにおもりをぶら下げて，密閉されたシリンダ内の冷水（温度0°C）に働く圧力を考えよう。おもりが軽いときは，大気圧が働いているため水中の圧力は正のままだが，重くしていくと，あるところで負になる（冷水でないと，その前に沸騰する可能性がある）。負の圧力は，水中で引っ張り引き裂く力である。すると，気泡が大量に発生して，ピストンがスポンと抜け落ちてしまう。これは，気泡が発生するという意味では，キャビテーションと同類の現象である。

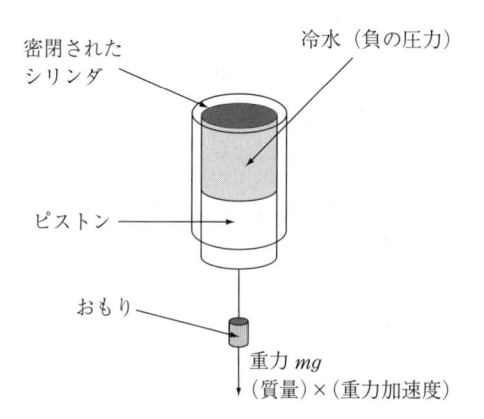

図3.2 密閉されたシリンダ内のピストンを引っ張ることで生じる負の圧力

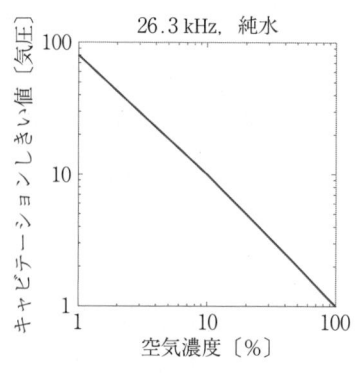

図3.3 純水中の空気の濃度（飽和度）とキャビテーションしきい値の関係（超音波の周波数は26.3 kHz）

再び，音響キャビテーションに話を戻そう。音波（多くの場合，超音波）の周波数が高いほど圧力振動の周期は短いので，減圧の持続時間は短くなる。したがって，気泡の発生がより難しくなる。いい換えれば，音響キャビテーションが起こるためには，減圧の大きさ（音圧振幅）を，より大きくしなければならない。

音響キャビテーションが起こるための最小の音圧振幅を，**キャビテーションしきい値**（cavitation threshold）という。図3.3に，超音波の周波数が26.3

kHz の場合のキャビテーションしきい値を，純水に溶解している空気の量（飽和を 100 % とする）の関数として示した[6]。キャビテーションしきい値は，液体中の不純物の量や容器の壁の状態に依存するため，図 3.3 の実験データは一つの目安でしかない。

図 3.3 より，脱気した水ではキャビテーションしきい値が著しく高くなることがわかる。このことから，キャビテーションでは溶解している気体が重要な働きをしているといえる。次項では，キャビテーションしきい値に関係した理論を考えよう。

3.1.3　気泡が膨らむ条件（Blake しきい値）

まず，気泡内部と周囲の液体の圧力の関係を考えよう（**図 3.4**）。ここでは，気液界面における表面張力が重要な働きをする[7]。**表面張力** σ とは，単位面積当りの表面エネルギーのことで，純水の場合，20°C で 7.275×10^{-2} [N/m]（= [J/m²]）である。気泡の半径が R のとき，表面積は $4\pi R^2$ であるから，全表面エネルギーは $4\pi\sigma R^2$ となる。

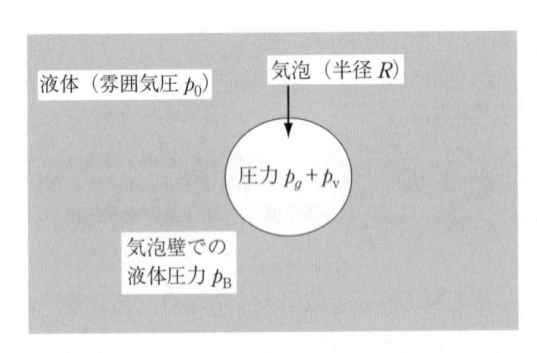

図 3.4　気泡内部と周囲の液体の圧力の関係

ここで，気泡の半径を dR だけ引き伸ばして表面積を $4\pi(R+dR)^2$ にすると，そのときの仕事は $(dR)^2$ を微小量として無視すれば，$8\pi\sigma R dR$ となる。仕事は力×距離であるから，加えた力は $8\pi\sigma R$ である。ここで気泡内部の圧力を p_{in}，気泡壁近傍での液体の圧力を p_B とすると，力のつりあいより，$4\pi R^2 p_{in} = 4\pi R^2 p_B + 8\pi\sigma R$ となる。すなわち，次の関係が得られる。

$$p_{\text{in}} = p_{\text{B}} + \frac{2\sigma}{R} \tag{3.1}$$

式 (3.1) の右辺第 2 項を，**ラプラス圧力**（Laplace pressure）という。気泡内部の圧力は，ラプラス圧力の分だけ周囲の液体の圧力よりも高くなる。

気泡内部の圧力 p_{in} は，気泡内部の気体の圧力 p_g と水蒸気の圧力 p_v の和に等しい。ここで，気体の圧力は気泡の膨張，収縮によって大きく変化するが，水蒸気の圧力は，気泡壁での蒸発，凝縮によっていつも飽和蒸気圧に保たれると仮定する。気泡の体積を V とすると，気泡内部の気体の圧力 p_g は，次式で計算できる。

$$p_g V^\kappa = \text{一定} \tag{3.2}$$

気泡と周囲の液体との間の熱の出入りが無視できる場合は，**断熱変化**となり，$\kappa = \gamma = C_{\text{p}}/C_{\text{v}}$ となる。ここで，γ は比熱比と呼ばれる量で，定圧モル比熱 C_{p} と定積モル比熱 C_{v} の比である（空気の場合，$\gamma = 1.4$ である）。また，気泡の膨張，収縮が緩やかな場合は，等温過程になり，$\kappa = 1$ となる。実際の過程は，**等温変化**と断熱変化の間にあり，κ は 1 と γ の間の値をとる。

超音波が照射されておらず，気泡が静止した平衡状態を考えよう。気泡の半径（平衡半径）を R_0 とすれば，気泡内部の気体の圧力 $p_{g,\text{e}}$（添字の g は gas, e は平衡状態 equilibrium を表す）は，式 (3.1) において平衡状態での p_{B} が 1 気圧 (p_0) に等しいことから，$p_{\text{in}} = p_{g,\text{e}} + p_v$ を用いて

$$p_{g,\text{e}} = p_0 + \frac{2\sigma}{R_0} - p_v \tag{3.3}$$

となる。ここで p_0 は，通常は 1 気圧である静圧（雰囲気圧と呼ばれる）である。

それでは，気泡が膨張，または収縮をして半径が R に変わったときを考えよう。このときの気泡内部の気体の圧力 p_g は式 (3.2) より

$$p_g = p_{g,\text{e}} \left(\frac{R_0}{R}\right)^{3\kappa} = \left(p_0 + \frac{2\sigma}{R_0} - p_v\right)\left(\frac{R_0}{R}\right)^{3\kappa} \tag{3.4}$$

となる。このとき，気泡壁近傍での液体の圧力 p_{B} は次式で与えられる。

$$p_{\text{B}} = \left(p_0 + \frac{2\sigma}{R_0} - p_v\right)\left(\frac{R_0}{R}\right)^{3\kappa} + p_v - \frac{2\sigma}{R} \tag{3.5}$$

20℃水中の空気気泡に対して，$R_0 = 10$ μm の場合，式 (3.5) を計算した結果を**図 3.5** に示す。$R = 30$ μm のときに最小値 -0.014 bar[†] をとることがわかる。超音波の減圧時に液体の圧力がこの値を下回れば，気泡は大きく膨張できる。

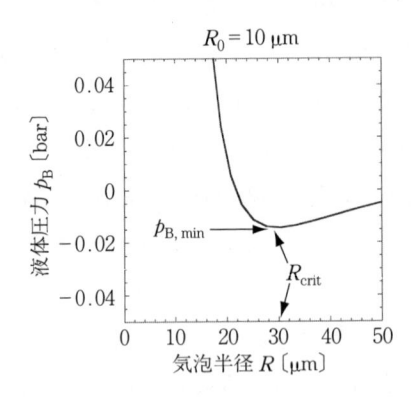

図 3.5 気泡半径 R と気泡壁近傍での液体圧力 p_B の関係（式 (3.5)）（$R_0 = 10$ μm の場合）

それでは，気泡が膨張するのに必要な音圧を知るため p_B の最小値を求めてみる。まず，式 (3.5) で p_B を R で微分する。

$$\frac{\partial p_B}{\partial R} = -3\kappa \left(p_0 + \frac{2\sigma}{R_0} - p_v \right) R_0^{3\kappa} R^{-(3\kappa+1)} + \frac{2\sigma}{R^2} \tag{3.6}$$

p_B を最小にする R を R_{crit} と書くと，$R = R_{crit}$ のとき，$\partial p_B / \partial R = 0$ となる。したがって，式 (3.6) より

$$(R_{crit})^{3\kappa-1} = \frac{3\kappa}{2\sigma} \left(p_0 + \frac{2\sigma}{R_0} - p_v \right) R_0^{3\kappa} \tag{3.7}$$

ここで，気泡の膨張を考える。p_B の最小値は，気泡の膨張時に見られるからである。周囲の液体を圧縮する過程である気泡の膨張は，比較的ゆっくりと進行する。そのため多くの場合，気泡内部の温度は周囲の液体の温度と等しくなる（等温過程）。したがって，ここでは $\kappa = 1$ と近似できる。

$$R_{crit} = \sqrt{\frac{3R_0^3}{2\sigma} \left(p_0 + \frac{2\sigma}{R_0} - p_v \right)} \tag{3.8}$$

これを，式 (3.5) に代入すれば，p_B の最小値（$p_{B,min}$）が求められる。

[†] 1 bar = 10^5 Pa = 10^5 N/m^2 = 0.986 92 atm，1 気圧 = 1 atm = 1.013 25 × 10^5 Pa

3.1 音響キャビテーションとは

$$p_{\text{B,min}} = p_v - \frac{4\sigma}{3}\sqrt{\frac{2\sigma}{3R_0^3\left(p_0 + \frac{2\sigma}{R_0} - p_v\right)}} \tag{3.9}$$

液体に超音波が照射されているとき,気泡壁から十分はなれた液体の圧力は,$p_0 + p_s(t)$ で表される。ここで,p_0 は雰囲気圧,$p_s(t)$ は時間 t における超音波の音圧である。これが気泡壁近傍における液体圧力より低ければ,気泡は膨張する。式 (3.9) の最小値よりも低ければ,際限なく膨張することになる。超音波の音圧振幅を A,角振動数を ω とすると,$p_s(t) = A\sin\omega t$ と表される。したがって,$p_s(t)$ の最小値は $-A$ であり,$p_0 - A$ が式 (3.9) より小さいときに気泡が大きく膨張する。この条件を式で表すと

$$A_{\text{Blake}} = p_0 - p_{\text{B,min}} = p_0 - p_v + \frac{4\sigma}{3}\sqrt{\frac{2\sigma}{3R_0^3\left(p_0 + \frac{2\sigma}{R_0} - p_v\right)}} \tag{3.10}$$

となる。気泡が表面張力(ラプラス圧力)に打ち勝って,大きく膨張するための条件は $A \geqq A_{\text{Blake}}$ であり,A_{Blake} を Blake しきい値(Blake threshold)という。

図 3.6 に,気泡の平衡半径 R_0 と Blake しきい値の関係(式 (3.10))を示す。平衡半径が 1 μm より大きいと,Blake しきい値はほぼ 1 気圧(雰囲気圧)に等しいが,1 μm より小さい場合は,かなり大きな音圧振幅が必要になる。ただし,式 (3.10) が有効なのは周波数が低い場合(20 kHz 程度)に限られ,周波数が高くなるとそれ以上の音圧が必要となる。式 (3.10) に周波数の効果を取り入れることは,今後の研究課題である。

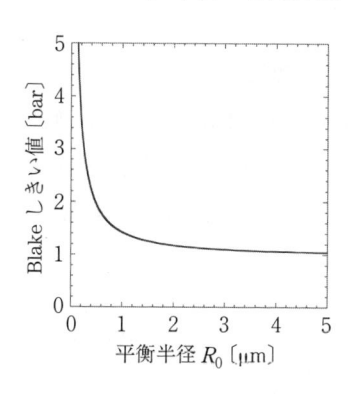

図 3.6 気泡の平衡半径 R_0 と Blake しきい値の関係(式 (3.10))

3.2 気泡のダイナミクス

3.2.1 Rayleigh-Plesset 方程式

　気泡が激しくつぶれる過程を考えよう。はじめに，気泡の膨張，収縮を記述する Rayleigh-Plesset 方程式を，2 章よりも直感的な方法で導出する[2),4)]。そこで，気泡よりは十分大きいが，超音波の波長よりは十分小さい半径 R_L の液体領域を考える（**図 3.7**）。この液体領域のもつ運動エネルギー（E_K）を計算しよう。気泡中心から半径 r で厚さ dr の球殻がもつ運動エネルギーは，1/2×質量（$\rho 4\pi r^2 dr$）×速度の 2 乗（$\dot{r}^2$）で，液体領域全体では r に関して積分すればよい。ただし，ρ は液体密度，ドットは時間微分（d/dt）を表す。

$$E_K = \frac{1}{2}\rho \int_R^{R_L} \dot{r}^2 4\pi r^2 dr = 2\pi\rho R^3 \dot{R}^2 \tag{3.11}$$

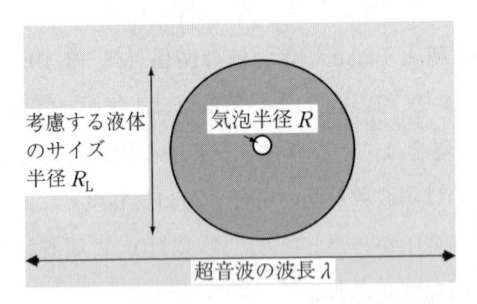

図 3.7 Rayleigh-Plesset 方程式の導出

　ここで，R は気泡半径を表す。式（3.11）の積分の計算においては，液体の非圧縮性の条件（$4\pi r^2 \dot{r} = 4\pi R^2 \dot{R}$）と，$R \ll R_L$ の関係を用いた。

　気泡が膨張するとき，気泡は周囲の液体に対して仕事をする。逆に，気泡が収縮するとき，周囲の液体が気泡に対して仕事をする（気泡が負の仕事をする）。気泡が周囲の液体にする仕事（W_{bubble}）は，次式で与えられる。

$$W_{\text{bubble}} = \int_{R_0}^{R} 4\pi r^2 p_B dr \tag{3.12}$$

　ここで，R_0 は気泡の初期（平衡）半径，そして，p_B は気泡壁での液体の圧力である。

気泡が膨張するとき，半径 R_L の液体領域も，わずかにその外側の液体領域へ押し出される。すなわち，外側に対して仕事をする。逆に気泡が収縮するときは，液体領域も内側へわずかに引っ込む。すなわち，外側から仕事をされる（液体領域が，負の仕事をする）。半径 R_L の液体領域がその外側にする仕事（W_{liquid}）は，次式で与えられる。

$$W_{liquid} = p_\infty \Delta V = p_\infty \int_{R_0}^{R} 4\pi r^2 dr \tag{3.13}$$

ここで，p_∞ は液体領域の外側表面における圧力（雰囲気圧＋音圧），ΔV は液体領域が外側に動いた体積（内側に動いた場合は，負），最後の等式では，液体領域が非圧縮（全体積が不変）であるとした。

エネルギー保存則より，次の関係が得られる。

$$W_{bubble} = E_K + W_{liquid} \tag{3.14}$$

上式を R で微分すると，式 (3.15) になる。ここで，式 (3.16) の関係を使った。

$$\frac{p_B - p_\infty}{\rho} = \frac{3\dot{R}^2}{2} + R\ddot{R} \tag{3.15}$$

$$\frac{\partial (\dot{R}^2)}{\partial R} = \frac{1}{\dot{R}} \frac{\partial (\dot{R}^2)}{\partial t} = 2\ddot{R} \tag{3.16}$$

気泡が高速に膨張，収縮をするとき，液体の粘性が無視できなくなる。そこで，p_B の計算において液体の粘性を考慮する。気泡壁での粘性による抵抗力（圧力）は，$2\mu \frac{\partial \dot{r}}{\partial r}\big|_{r=R}$ で与えられる[2]。ただし，μ は液体の粘性率，$\dot{r} = dr/dt$ は液体の速度で，気泡壁（$r = R$）におけるその変化率を計算する。すると，粘性を考慮したときの式 (3.1) は次式のように書ける。

$$p_B = p_g + p_v - \frac{2\sigma}{R} + 2\mu \frac{\partial \dot{r}}{\partial r}\bigg|_{r=R} = p_g + p_v - \frac{2\sigma}{R} - \frac{4\mu \dot{R}}{R} \tag{3.17}$$

ここで，p_g は気泡内気体の圧力，そして p_v は気泡内蒸気（水蒸気）の圧力である。最後の等式において，液体の非圧縮性の条件（$4\pi r^2 \dot{r} = 4\pi R^2 \dot{R}$）を用いた。

式 (3.17) を式 (3.15) に代入すれば，次のような **Rayleigh-Plesset 方程式** が得られる。

$$R\ddot{R} + \frac{3\dot{R}^2}{2} = \frac{1}{\rho}\left(p_g + p_v - \frac{2\sigma}{R} - \frac{4\mu\dot{R}}{R} - p_0 - p_s(t)\right) \quad (3.18)$$

ここで，p_0 は雰囲気圧，$p_s(t)$ は時間 t における音圧である（$p_\infty = p_0 + p_s(t)$）。式の導出過程で，液体の非圧縮性を仮定している（式 (3.11)，式 (3.13)，式 (3.17)）ので，気泡が激しく収縮する際，すなわち，気泡壁の速度 $\dot{R}$ の大きさが液体中の音速程度になると，式 (3.18) は正確ではない。

そこで，液体の圧縮性を取り入れた方程式がいくつか導出されている[8]。

$$\left(1 - (\Lambda + 1)\frac{\dot{R}}{c_\infty}\right)R\ddot{R} + \frac{3\dot{R}^2}{2}\left(1 - \frac{1}{3}(3\Lambda + 1)\frac{\dot{R}}{c_\infty}\right)$$
$$= \frac{1}{\rho}\left(1 + (1 - \Lambda)\frac{\dot{R}}{c_\infty}\right)\left[p_B - p_s\left(t + \frac{R}{c_\infty}\right) - p_0\right] + \frac{R}{c_\infty \rho}\frac{dp_B}{dt} \quad (3.19)$$

ここで，c_∞ は気泡から十分離れた液体中の音速（純水で約 1 500 m/s），$p_s(t + R/c_\infty)$ は時間 $t + R/c_\infty$ における音圧を表す。Λ は絶対値が $c_\infty/|\dot{R}|$ より小さい定数なら何でもよいが，$\Lambda = 0$ の場合が Keller 方程式，$\Lambda = 1$ の場合が Herring 方程式と呼ばれている。その中で最も実験と一致するのが，Keller 方程式だといわれている。しかしながら，それらの方程式は $\dot{R}/c_\infty$ が 1 より小さいときに成立し，1 より大きい場合に成り立つ式は現在までのところ知られていない。そのような方程式の導出は，今後の課題である。ただし，流体力学の基礎方程式を直接数値シミュレーションすることは試みられている。

3.2.2 Rayleigh 収縮

Rayleigh-Plesset 方程式（式 (3.18)）を使って，気泡の収縮過程を考察しよう。そこで，式 (3.18) から気泡壁の加速度（$\ddot{R}$）を求める。

$$\ddot{R} = -\frac{3\dot{R}^2}{2R} + \frac{1}{\rho R}\left(p_g + p_v - \frac{2\sigma}{R} - \frac{4\mu\dot{R}}{R} - p_0 - p_s(t)\right) \quad (3.20)$$

気泡が激しい収縮をするとき（$\dot{R}^2$ が大きくなるとき），右辺第 1 項が効いて，第 2 項は無視できる。

$$\ddot{R} \approx -\frac{3\dot{R}^2}{2R} \quad (3.21)$$

すなわち，気泡壁の加速度（$\ddot{R}$）はつねに負である．加速度が負であることは，速度（$\dot{R}$）が減少することを意味する．気泡が収縮しているとき，$\dot{R}<0$ であり，速度が減少するということは，$\dot{R}$ の大きさが増加することを意味する．すると，式（3.21）の右辺は大きさが増加（負の値がより減少）する．したがって，加速度の大きさが増加し，速度はさらに大きく減少（大きさが増加）する．気泡収縮は，自動的に加速して，ますます速くなってゆく．これを，Rayleigh（レイリー）収縮（Rayleigh collapse）という．

気泡収縮が加速を続けていくと，最後はどのようなことが起こるだろうか？気泡内部には，気体と蒸気（水蒸気）の分子が入っている．気泡が収縮して気泡内部の圧力が上昇すると，気泡内の気体の一部は気泡周囲の液体に溶解する．また，蒸気の一部は，気泡壁で凝縮して液体に戻る．しかしながら，気泡収縮のスピードが速いため，多くの気体分子と蒸気は気泡内部に取り残される．したがって，気泡内部の圧力は上昇を続ける．加えて，気泡収縮のスピードが速いことは，収縮で温まった気泡内部から周囲の液体に流れ出る熱の総量を抑制し，気泡内部の熱エネルギーが増加する．いわゆる断熱圧縮に近い，準断熱過程となる（"準"は，いくらかの熱伝導があることを表す）．これにより，気泡内部の温度は上昇し，圧力 p_g がさらに増加する．特に，気泡内部の密度が，液体密度程度になるまで圧縮されたとき，圧力 p_g は 100 気圧から 1 000 気圧以上へと急上昇する．その結果，式（3.20）の右辺第 2 項が大きくなり，気泡壁の加速度（$\ddot{R}$）が大きな正の値をとって，気泡収縮がストップする（$\dot{R}<0$ である気泡壁の速度が増加する（速さが減じる））．このとき，気泡内部の温度は，数千 K 以上に達する[4]．

3.2.3 気泡振動の数値シミュレーション

気泡の膨張や収縮の様子を，定量的に議論するためには，Rayleigh-Plesset 方程式（3.18），または，Keller 方程式や Herring 方程式（3.19）を，コンピュータを用いて数値的に解く必要がある．

一番簡単な方法は，以下のオイラー（Euler）法である[9]．

$$R(t+\Delta t) = R(t) + \dot{R}(t)\Delta t \tag{3.22}$$

数値計算では,連続的な時間を,微小ステップ Δt ずつ増加するように,離散的に取り扱う。式(3.22)は,時間 t のときの気泡半径 R と気泡壁の速度 $\dot{R}=dR/dt$ から,時間 $t+\Delta t$ のときの気泡半径を求めるための関係である。計算の最初($t=0$)では,初期条件($\dot{R}(t=0)$ の値)が必要である。式(3.22)が近似的に成り立つ理由は,$\dot{R}(t)$ の定義に基づく。

$$\dot{R}(t) = \lim_{\Delta t \to 0} \frac{R(t+\Delta t)-R(t)}{\Delta t} \tag{3.23}$$

次の微小時間ステップ後の計算では,時間 $t+\Delta t$ のときの気泡壁速度が必要になる。

$$R(t+2\Delta t) = R(t+\Delta t) + \dot{R}(t+\Delta t)\Delta t \tag{3.24}$$

もちろん,時間 $t+\Delta t$ のときの気泡半径は,式(3.22)で求めてある。気泡壁の速度は,次式で求める。

$$\dot{R}(t+\Delta t) = \dot{R}(t) + \ddot{R}(t)\Delta t \tag{3.25}$$

ここで,気泡壁の加速度 $\ddot{R}=d^2R/dt^2$ は,Rayleigh-Plesset 方程式の場合は式(3.20)によって,Keller 方程式や Herring 方程式の場合は,式(3.19)を変形して,それぞれ計算する。これを繰り返すことで,気泡半径の時間変化が,数値的に求められる。なお,時間ステップ Δt の大きさは,それ以上小さくしても,計算結果が変わらない程度に,小さくしなければならない。

Keller 方程式を用いた数値シミュレーションの一例を,**図 3.8** と**図 3.9** に示す[10]。この数値シミュレーションは,単一気泡ソノルミネセンスの条件に対して行った。単一気泡ソノルミネセンスとは,純水の入った容器に超音波を照射して定在波を作り,圧力の腹に気泡を一つトラップして,その気泡が超音波の周期と同一の周期で,発光を繰り返す現象のことである(第4章参照)。超音波の減圧時に気泡が膨張し,加圧時に収縮する様子が,図 3.8(a)よりわかる。収縮後に,弱い膨張,収縮が減衰しながら繰り返される。その後,超音波の圧力が再び減じると,気泡は再び膨張する。これが時計のように正確に繰り返される。気泡の膨張時には水が蒸発して気泡内の水蒸気(H_2O)量が増え,

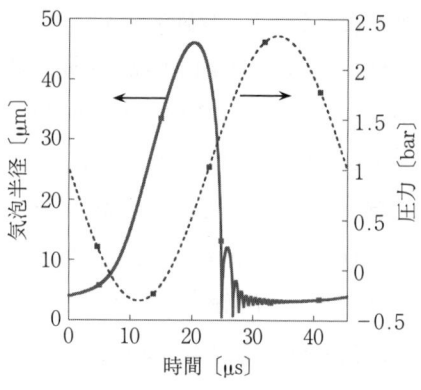

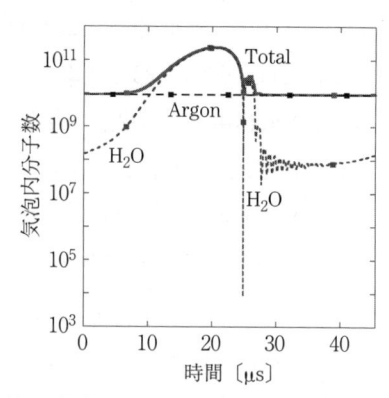

(a) 気泡半径（実線）と圧力（$p_\infty = p_0 + p_S(t)$）（点線）の時間変化

(b) 気泡内分子数の時間変化

図 3.8 超音波照射下の液体中の気泡の膨張，収縮に関する数値シミュレーションの結果[10]（超音波1周期分）。周波数 22 kHz，音圧振幅 1.32 bar，気泡の初期（平衡）半径 4 μm，20℃ 水中のアルゴン気泡

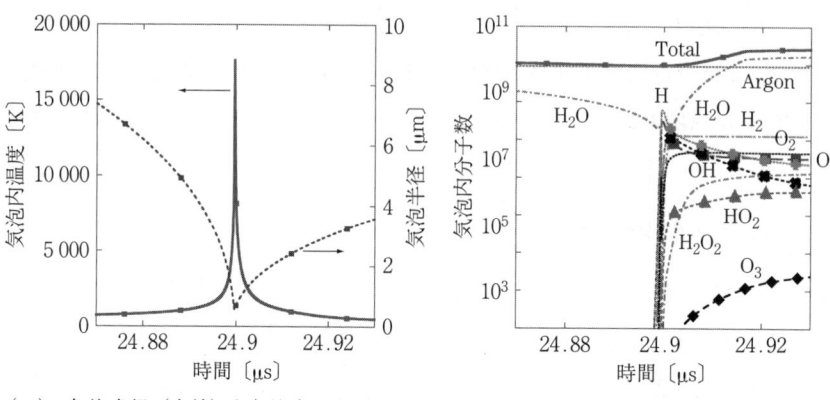

(a) 気泡半径（点線）と気泡内温度（実線）

(b) 気泡内分子数

図 3.9 気泡収縮時の数値シミュレーションの結果[10]（条件は図 3.8 と同じ）（収縮前後 0.06 μs）

収縮時には凝縮して減る（図 3.8(b)）。

気泡の強い収縮時には，図 3.9(a) に見られるように，気泡内部の温度が約 18 000 K にまで上昇し，気泡が発光する。このときの高温高圧によって，気泡内部の水蒸気は熱分解し，水素（H_2），酸素（O_2），そして反応性の高い OH ラジカル等が生成する（図 3.9(b)）。この OH ラジカルが，超音波照射に伴う化学

反応（ソノケミカル反応）において，重要な役割を担う。数値シミュレーションによれば，気泡内部で酸素原子（O）もOHラジカル以上に生成するが，気泡外部の液体中でどの程度の寿命をもつかについて，今後の研究が待たれる[11]。

図3.8と3.9の数値シミュレーションにおいては，気泡内部のガスは，アルゴンであると仮定している。これは，単一気泡ソノルミネセンスにおいては，気泡内で空気中の窒素が繰り返し燃焼し，NOxや亜硝酸等となって，周囲の水に溶け出し，空気中に1%含まれているアルゴン（不活性ガス）だけが燃えずに，気泡内部にとどまるためである。これを，**アルゴン精留**（argon rectification）といい，多くの実験と数値シミュレーションによって確認されている[12]。

最後に，気泡内部の温度の計算方法を考える。気泡内部の気体と蒸気は，温度に応じた熱エネルギー（E）をもっている。

$$E = nC_v T \tag{3.26}$$

ここで，nは気泡内部の気体と蒸気のモル数，C_vは気体と蒸気のモル比熱，そしてTは温度である。この熱エネルギーは，気泡の膨張，収縮に伴い変化する。

$$\Delta E = -p\Delta V + 4\pi R^2 \kappa_T \left.\frac{\partial T}{\partial r}\right|_{r=R} \Delta t + \Delta H \tag{3.27}$$

ここで，ΔEが熱エネルギーの変化量，pは気泡内気体と蒸気の圧力，ΔVは気泡の体積変化，Rは気泡半径，κ_Tは気体と蒸気の熱伝導率，$\partial T/\partial r|_{r=R}$は気泡壁での温度勾配，$\Delta t$は数値計算における時間ステップ，そして$\Delta H$は化学反応熱である。右辺第1項は，周囲の液体が気泡に対してする仕事，第2項は熱伝導，そして第3項は化学反応熱である。式（3.27）により気泡の熱エネルギーの変化がわかると，式（3.26）より新しい温度が計算できる。ただし，気泡内の蒸気のモル数は，気泡壁での蒸発，凝縮によって変化する。

一般的に，気泡の膨張時は，熱伝導が重要で，気泡内の温度はほぼ一定に保たれる（等温変化）。収縮時は，液体による仕事が重要で，気泡内の温度は上昇するが，収縮の最終段階では，水蒸気の熱分解（吸熱反応）に伴う化学反応

熱と熱伝導によって，気泡内温度の上昇は抑制される。そのため，気泡内の温度は数千K以上になることが多いが，数万Kを超えることはないと考えられている。

3.2.4 収縮する気泡内部での衝撃波生成

今まで仮定してきたように，気泡内部の温度や圧力が，空間的に一様だということは，いつでも正しいわけではない。条件によっては，収縮する気泡内部に衝撃波が生成することが知られている[13]。しかし，気泡内部のガスの運動を，流体力学の基礎方程式（連続の式，運動量の式，エネルギーの式）で数値シミュレーションすると，単一気泡ソノルミネセンスの多くの条件下では，気泡内部の温度や圧力は，気泡壁周囲を除いて，空間的にほぼ一様である（衝撃波は生成しない）。気泡内部に衝撃波が生成する条件等については，実験による研究も含めて今後の課題である。

3.2.5 過渡的および安定キャビテーション

音響キャビテーションを，**過渡的キャビテーション**（transient cavitation）と**安定キャビテーション**（stable cavitation）に分類することは，以前から広く行われてきた。しかし，その定義には2種類あり，注意が必要である[4]。一つ目の定義は，発生する気泡の安定性（寿命）によるものである。過渡的キャビテーションでは，気泡は激しい収縮によって1周期または数周期で分裂してしまう。分裂後にできた小気泡（daughter bubble）は，ラプラス圧力のために液体に溶解し消滅するか，合体によって再び活性な気泡になる（それほど小さくないときは，合体しなくても，それ自身が活性な気泡になる）。一方，安定キャビテーションでは，気泡はいつまでも膨張，収縮を安定に繰り返す。特に，肉眼で見える気泡（数百μm以上）は，ほとんど膨張，収縮せず安定である。

次に二つ目の定義では，気泡が活性であれば過渡的キャビテーション，活性でなければ安定キャビテーションと呼ぶ。ここで，「活性」の意味するところは，気泡が激しく収縮して，ソノルミネセンスや化学反応（ソノケミカル反

応)が起こることである。

3.2.3項で述べた単一気泡ソノルミネセンスにおいては，気泡は活性であるが，安定で寿命が長い。したがって，どちらの定義に基づくかによって，過渡的または安定キャビテーションになる。気泡の安定性で定義する場合は，高エネルギー安定キャビテーション（high-energy stable cavitation）と呼ばれ，気泡の活性で定義する場合は，反復性過渡的キャビテーション（repetitive transient cavitation）と呼ばれる[2),4)]。このように，過渡的および安定キャビテーションという言葉を用いる場合は，気泡の安定性と活性のどちらで定義しているかを明記する必要がある。

3.2.6 活性な気泡のサイズ

まず，気泡の共鳴周波数（第2章のミンナルトの式（2.49））の意味を考えよう。そこで，気泡半径の時間変化を，次の形に表す。

$$R(t) = R_0(1 + x(t)) \tag{3.28}$$

R_0 は気泡の平衡半径である。共鳴半径を求めるためには，式（3.28）を，Rayleigh-Plesset 方程式に代入し，$x(t)$ の2次以上（2乗，3乗，…）を微小量として無視する。これは，$x(t)$ が1よりも十分小さいことを仮定している。これを線形近似という。式（3.28）に戻れば，$R(t)$ が R_0 を中心に変動し，つねに0よりは十分大きく，$2R_0$ よりは十分小さいことを意味している。Rayleigh-Plesset 方程式は，次の形に変形される。

$$\ddot{x} + \alpha \dot{x} + \omega_0^2 x + \beta = A \sin \omega t \tag{3.29}$$

ここで，α, ω_0, β, A は定数を表し，ω は駆動超音波の角振動数を表す。ω_0 が共鳴周波数（角振動数）を表し，近似的に次式（第2章ミンナルトの式（2.49））で与えられる。

$$\omega_0 = \frac{1}{R_0}\sqrt{\frac{3\gamma p_0}{\rho}} \tag{3.30}$$

ここで，気泡の膨張，収縮は断熱過程と仮定し，次の関係式を用いた。

$$p_g = \left(p_0 + \frac{2\sigma}{R_0}\right)\left(\frac{R_0}{R}\right)^{3\gamma} \tag{3.31}$$

ここで，γ は気体の比熱比 $\gamma = C_p/C_v$ で，$C_p(C_v)$ は定圧（定積）モル比熱，σ は表面張力である．大気圧下の水中の空気気泡の場合，$\gamma = 1.4$，$p_0 = 10^5$ N/m^2，$\rho = 10^3$ kg/m^3 であるから，共鳴周波数 f_0 と共鳴半径 R_0（平衡半径）の間には近似的に次の簡単な関係がある[1]．

$$f_0 R_0 \approx 3 \tag{3.32}$$

例えば，平衡半径 $R_0 = 3$ μm の気泡の共鳴周波数は，およそ 1 MHz である．なお，共鳴周波数のより正確な式として，次式が使われることもある[4]．

$$\omega_0 = \frac{1}{R_0}\sqrt{\frac{1}{\rho}\left(3\gamma p_0 + \frac{2\sigma}{R_0}(3\gamma - 1)\right)} \tag{3.33}$$

以上からわかるように，共鳴周波数，あるいは共鳴半径は，$|x|<1$ を仮定して得られたものであり，気泡の膨張，収縮が弱いときにしか意味をなさない．一般に，気泡が Rayleigh 収縮を起こす場合には，気泡の膨張は大きく，この条件を満たさない．したがって，活性な気泡のサイズを，共鳴半径とみなすのは，（広く行われているが）誤りである．

気泡の膨張，収縮の線形近似（$|x|<1$）は，どれ位の音圧まで正しいのだろうか？ 図 3.10 に，気泡の平衡半径と膨張率（最大半径/平衡半径）の関係を，さまざまな音圧に対して示してある[14]．超音波の周波数 300 kHz のとき，

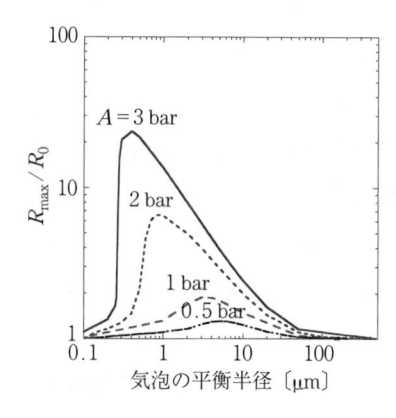

図 3.10 気泡の平衡半径と，膨張率の関係（数値シミュレーション）．周波数 300 kHz，音圧は図中に示す．文献 14）より引用．Copyright (2008) American Institute of Physics

ミンナルトの式によれば，共鳴半径はおよそ 10 μm である。気泡の膨張，収縮が小さければ，気泡の膨張率は，平衡半径 10 μm 付近で最大になるはずである。ところが，図 3.10 によれば，音圧 0.5 bar（約 0.5 気圧）のときに，すでにピークは，平衡半径 10 μm よりも少し小さいところにある。すなわち，この音圧ですでにミンナルトの式は意味をなさない。音圧が 1 bar，2 bar，3 bar と増加すると，そのずれは拡大し，音圧 3 bar では，膨張率のピークは平衡半径 0.4 μm のときである。これは，気泡の振動幅が大きいために起こる非線形効果であり，共鳴半径が小さくなるわけではない。

図 3.10 から，音圧が大きいとき，共鳴半径（10 μm）以上の半径では，気泡はあまり膨張せず，レイリー収縮を起こさないことがわかる。一方，その音圧を Blake しきい値とする気泡半径以下でも，気泡の膨張は小さい。一般に，レイリー収縮を起こすような活性な気泡の平衡半径は，Blake しきい値と共鳴半径の間にある[14]。

3.2.7 音響キャビテーション・ノイズ

音響キャビテーションが起きているとき，"シャー"という音が人間の耳にも聞こえることがある。この音の多くは，膨張，収縮する気泡から放射される音である。音楽を聴くためのスピーカは，膜の振動によって音波を放射するが，振動する気泡もそれと同じように小さな音源となる。音響キャビテーションに伴い放射される音を，**音響キャビテーション・ノイズ**という。

図 3.11 は，音響キャビテーション・ノイズの周波数スペクトルが，超音波の強度とともにどのように変化するかを調べた実験結果である[15]。音圧の低い条件から高い条件へ向けて並べた。1，2 番は，音響キャビテーションがほとんどなく，主に駆動超音波の周波数（515 kHz）だけで成り立っている。3 番は，ソノケミカル反応とソノルミネセンス（発光）のしきい値で，駆動周波数の整数倍（**高調波**（harmonics））に小さいピークが見える。4〜6 番においては，音響キャビテーションが激しく起きていて，高調波の他に，**分数調波**（subharmonic）（基本周波数の整数分の 1 の周波数成分で，分調波，分周音，低調

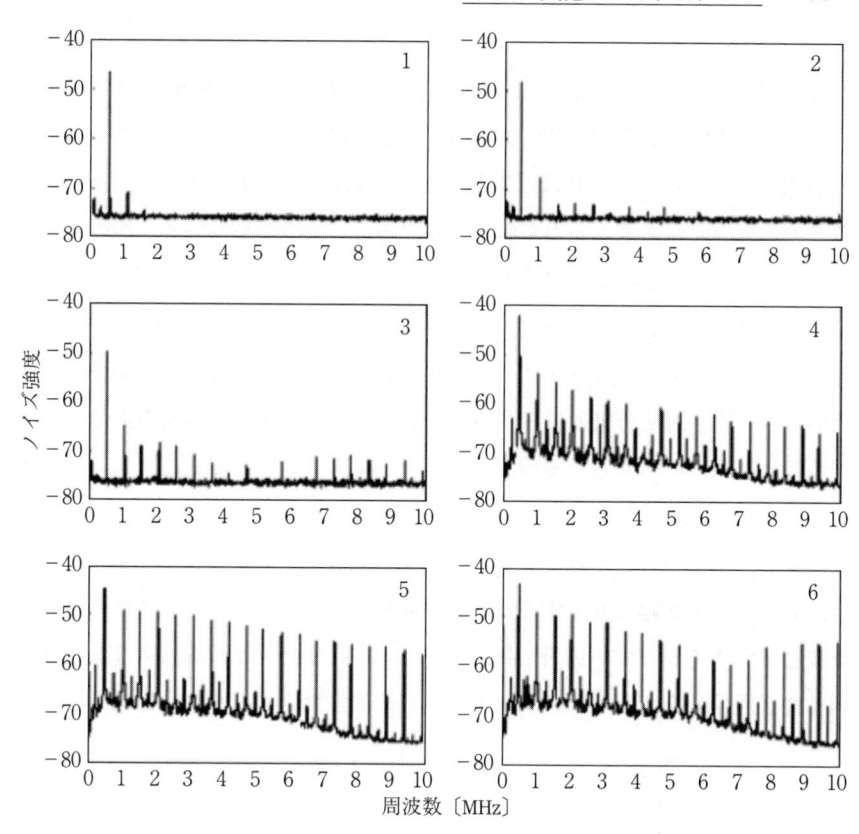

図 3.11 純水からの音響キャビテーション・ノイズ（周波数スペクトル）。超音波（容器の底面から照射），周波数 515 kHz，強度（液温上昇により測定）1：0.05 W/cm^2，2：0.08 W/cm^2，3：0.54 W/cm^2（ソノケミカル反応とソノルミネッセンス（気泡発光）のしきい値），4：0.7 W/cm^2，5：2.2 W/cm^2，6：6.8 W/cm^2，文献 15) より引用。Copyright (2007) American Chemical Society

波ともいう），**超高調波**（ultraharmonics）（分数調波の周波数の整数倍の周波数。ただし，基本周波数の整数倍は除く），そして，**広帯域雑音**（broad-band noise）（連続スペクトル部分）が見られる。

音響キャビテーション・ノイズは，水に界面活性剤を少量添加すると，驚くべきことに大きく変化する。例えば，水に硫酸ドデシルナトリウム（SDS）を添加した場合，濃度 0.5〜2 mM において，分数調波，超高調波と広帯域雑音が著しく弱くなる[15]。3 mM 以上の濃度では，純水の場合と同様の周波数スペ

クトルに戻る。

　この原因については，まだ論争が続いているが，少量のSDSには，気泡間の合体を阻害する働きがあり，気泡の成長が抑制されて，気泡が小さくなることが知られている[16]。これは，電離して負に帯電したSDSが気泡表面を覆うことで，気泡間に静電反発力が働くためである。気泡が小さいと，膨張，収縮に伴う非球形振動が起こりにくく，分裂しにくいために，気泡の寿命が長くなる。その結果，3.2.5項で述べた高エネルギー安定キャビテーションが起こり，音響キャビテーション・ノイズの時間的周期性がよくなり，高調波のみが放射される[17]。周期が駆動超音波の周波数に一致する任意の周期関数は，基本周波数と高調波のみからなる周波数スペクトルをもつからである（フーリエ級数）。一方，SDSの濃度が3 mM以上になると，過剰な正イオンが気泡の電荷を遮蔽し，気泡の合体が起こるようになり，気泡サイズが大きくなる。その結果，気泡の分裂が起こりやすくなり，音響キャビテーション・ノイズの時間的な変動が大きくなって，広帯域雑音が生じる[17]。また，比較的大きな気泡は，超音波2周期分をくり返しの単位とする周期的振動をするため，分数調波や超

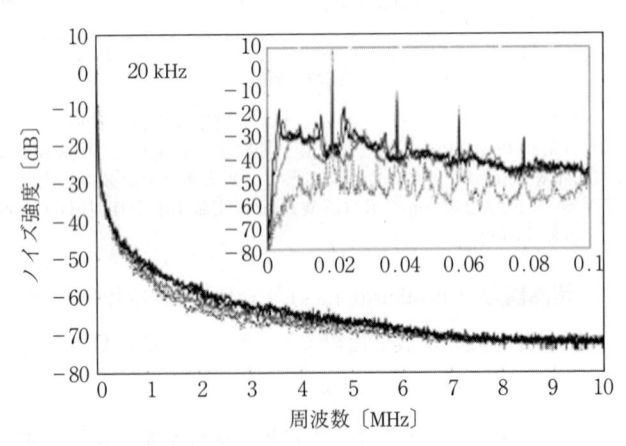

図3.12 超音波ホーンを用いた場合の純水からの音響キャビテーション・ノイズ（周波数スペクトル）。超音波，周波数20 kHz，強度（液温の上昇から測定）下から10 W/cm^2，24 W/cm^2，70 W/cm^2，120 W/cm^2（一番太い線）。挿入図は，100 kHzまでの拡大図。文献18) より引用。Copyright (2005) American Chemical Society

高調波が生じる。

　ただし，気泡が分布する液体中を超音波が非線形伝搬（式 (2.43)）することで，広帯域雑音が発生するという説や，気泡の非球形振動によって分数調波が発生するという説もあり，詳細は今後の研究が待たれる。ここでは最後に，超音波ホーンによって超音波を照射する場合は，音響キャビテーション・ノイズの周波数スペクトルが，著しく異なることを指摘しておく。図 3.12 のように，高調波は弱く，広帯域雑音が強い[18]。

3.3　気泡の成長と消滅

3.3.1　固体（粒子）表面からの気泡の発生

　キャビテーションしきい値は，溶存気体濃度（空気濃度）（図 3.3）だけでなく，液体中の不純物の量にも強く依存する。例えば，超音波の周波数 750 kHz でパルス照射（ただし条件は，デューティ比 1%，すなわち，オン：オフ ＝ 1：99）の場合，水のキャビテーションしきい値（音圧）は 22 bar 以上だが，シリカ粒子（SiO_2，直径 0.75 μm）を適量加えると，10 bar 以下まで下がる[19]。

　粒子の添加によりキャビテーションが起こりやすくなる理由の一つは，図 3.13 のような固体（粒子）表面上の割れ目が原因であると考えられている。割れ目の中では，気液界面は気体側に凸となり，表面張力によるラプラス圧力

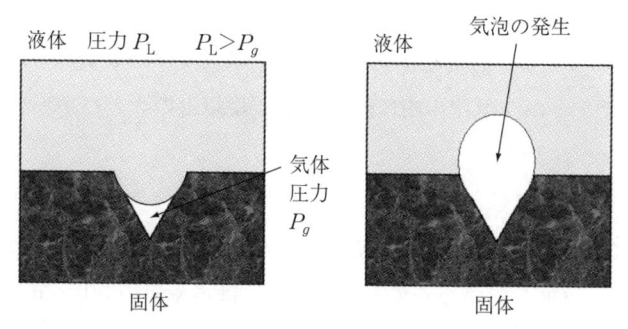

図 3.13　固体（粒子）表面から気泡が発生しやすい理由

は，気体の圧力を液体の圧力よりも下げる方向に働く．その結果，気体は液体に溶けにくくなる．濡れにくい疎水性の固体（粒子）のほうが，気液界面の曲率半径が小さくなり（ラプラス圧力が大きくなり），より溶けにくくなるといわれている．実際，疎水性の固体表面のほうが，親水性の固体表面より気泡が発生しやすいことが報告されている．

割れ目の上の液体の圧力が，超音波の圧力変動に伴って減じると，割れ目の中の気体部分は膨張し，圧力がさらに低下するため，液体に溶解している気体が拡散して割れ目内に流入する．その結果，気体部分の体積が徐々に増加する．そして最終的に，割れ目から気泡が一つ飛び出して行く（気泡の生成）．このように，固体の表面に割れ目があると，そこから次々と気泡が発生する．

3.3.2 気泡の消滅

液体に浮遊している気泡では，表面張力によるラプラス圧力だけ，内部の気体の圧力が周囲の液体の圧力よりも高い．その結果，気泡内部の気体は，周囲の液体へと溶解していく．半径 $10~\mu m$ の空気気泡は，空気飽和水の中で，6.6 s で完全に溶解し消滅する[2]．完全脱気水の中では，1.2 s で完全に消滅する．飽和の 50% 空気が溶解している水中では，2 s で完全に消滅する．

ただし，気泡の表面が界面活性剤等に覆われていると，気体が溶解できず気泡が安定化するといわれている．半径が $1~\mu m$ 以下と定義されるナノバブルは，その表面が界面活性剤で覆われた場合や固体表面に付着した場合に，安定化すると考えられている[20]．音圧が高い場合は，図 3.6 や図 3.10 からわかるように，キャビテーション気泡の中に，$0.1~\mu m$ 程度以上のナノバブルが存在する．

3.3.3 気泡核

粒子を添加していない場合は，気泡はどのように発生するか？ 第一に，粒子を人為的に添加していなくても，液体中には埃や塵の微片（mote）が多数存在する．これから図 3.13 の機構で気泡が発生する．また，容器の壁や，超音波ホーンの先端等にある微小な割れ目で，同様の発生が起こる．

次に，液体中には気泡核（bubble nucleus）と呼ばれる微小な気泡が多数存在する．これらは，表面が液体中の不純物（界面活性剤）に覆われているため安定化していると考えられている．これらの気泡核は，超音波照射によって，気泡へと成長する．液体中の気泡核の存在量は，光学的や音響的方法によって推定されていて，$10^{-3} \sim 10^2$ 個/cm^3 とされているが，当然どのような状態の液体（水道水，蒸留水，長時間静置水など）を使用するかによって大きく異なる[21]．また，超音波照射中のキャビテーション気泡の数は，超音波ホーン直下で 10^6 個/cm^3 以上になることは知られているが，詳細は今後の研究課題である[22]．

また，あらかじめ液体中に気泡核が存在しなくても，液体の減圧によって，気体分子の集合体（クラスター），すなわち気泡核が発生し，合体を繰り返すことで，気泡へと成長できる[23]．

3.3.4 気泡の成長（整流拡散）

超音波照射下の気泡の成長には，気泡の合体以外に，**整流拡散**（rectified diffusion）と呼ばれる気泡内への気体の拡散現象がある．そのメカニズムには，面積効果（area effect）と殻効果（shell effect）がある[2]．気泡の膨張時には，気泡内の圧力が低下し，液体に溶解している気体が気泡内へ流入する．一方，気泡の収縮時には，気泡内部の圧力が増加し，液体中へ気体が流出する．気泡が成長するか消滅するかは，膨張時に流入する量と，収縮時に流出する量の大小関係で決まる．

面積効果は，気体の流入（流出）量が気液界面の面積に比例することに基づく効果で，気泡の膨張時のほうが，収縮時よりも気液界面の面積が大きくなるために流入量のほうが多くなる．殻効果は，気体の流入（流出）量が気泡壁における液体中での気体の濃度勾配に比例することに基づく効果である．気泡を取り囲む一定体積の液体の殻の厚さが膨張時のほうが薄くなり，気体の濃度勾配が大きくなるために流入量のほうが多くなる．

整流拡散による気泡の成長速度は，具体的にどの程度であろうか？　これは，音圧（超音波の圧力振幅）や周波数に強く依存する．例えば，20 kHz で

音圧 0.2 bar の場合，初期半径 35 μm の気泡が整流拡散で成長する速度は，100 s で数 μm 程度である．ところが超音波を強くすると，例えば 30 kHz で音圧 2 bar では，気泡の初期半径に応じて，毎秒 10 μm から数百 μm もの速度で成長する．

3.3.5 気泡の成長（気泡の合体）

気泡が多数存在する場合は，気泡の合体により気泡が成長するが，それは気泡間には引力が働くことが多いからである．気泡間に働く力は，**第 2 ビヤークネス力**（secondary Bjerknes force）と呼ばれ次式で与えられる[24]（第 1 ビヤークネス力は，超音波の定在波中で気泡に働く超音波の放射力で，3.4.1 項参照）．

$$\vec{F}_{1\to 2} = -\langle V_2 \nabla p_1 \rangle \tag{3.34}$$

ここで，$\vec{F}_{1\to 2}$ は気泡 1 から気泡 2 に働く力，V_2 は気泡 2 の体積，p_1 は気泡 1 が放射する音波の圧力，$\nabla = (\partial/\partial x, \partial/\partial y, \partial/\partial z)$，$\langle \ \rangle$ は時間平均を表す．

つぎに，気泡が放射する音波の圧力を表す式を求めよう．そのために，流体の運動を表すオイラーの運動方程式（Euler's equation of motion）を考えよう．

$$\frac{\partial \vec{v}}{\partial t} + (\vec{v} \cdot \nabla)\vec{v} = -\frac{1}{\rho}\nabla p \tag{3.35}$$

ここで，$\vec{v} = (v_x, v_y, v_z)$ は流体の速度ベクトル，$\vec{v} \cdot \nabla = v_x \frac{\partial}{\partial x} + v_y \frac{\partial}{\partial y} + v_z \frac{\partial}{\partial z}$，$\rho$ は液体密度，p は流体の局所的な圧力である．膨張，収縮する気泡の周囲の液体の速度（$\vec{v}$）は，液体の非圧縮性の条件（式（3.11）の下）より，次式で与えられる．

$$\vec{v} = \frac{R^2 \dot{R}}{r^2} \vec{e}_r \tag{3.36}$$

ここで，R は気泡の半径，r は気泡からの距離，$\vec{e}_r$ は気泡から観測点に向かう単位ベクトルである．このとき，オイラーの運動方程式（3.35）左辺第 2 項は，r^{-5} に比例することになり，左辺第 1 項に比べて無視できる．したがって，式（3.36）を式（3.35）に代入すると，次式が得られる．

3.3 気泡の成長と消滅

$$\frac{\partial p}{\partial r} = -\frac{\rho}{r^2}\frac{d}{dt}(R^2\dot{R}) \tag{3.37}$$

ここで，p は気泡から放射される音波の圧力である．式（3.37）の両辺を r で積分すれば，p の表式が得られる．

$$p = \frac{\rho}{r}\frac{d}{dt}(R^2\dot{R}) = \frac{\rho}{4\pi r}\frac{d^2 V}{dt^2} \tag{3.38}$$

ここで，$V = 4\pi R^3/3$ は気泡の体積である．

つぎに，p_1 として式（3.38）を式（3.34）に代入すると，第2ビヤークネス力の表式が得られる．

$$\vec{F}_{1\to 2} = \frac{\rho}{4\pi d^2}\langle \ddot{V}_1 V_2\rangle \vec{e}_{1\to 2} \tag{3.39}$$

ここで，ρ は液体密度，d は気泡間の距離，$V_1(V_2)$ は気泡1（気泡2）の体積，$\ddot{V}_1 = d^2V_1/dt^2$，$\vec{e}_{1\to 2}$ は気泡1から気泡2に向かう単位ベクトルを表す．$\vec{e}_{1\to 2}$ の係数が負（正）の場合が引力（斥力）を表す．

気泡の膨張，収縮を Keller 方程式で数値シミュレーションし，式（3.39）で第2ビヤークネス力を計算した結果を，**図3.14**に示す[25]．横軸が気泡1の平衡半径，縦軸が気泡2の平衡半径で，両者に引力が働く場合が黒で，斥力の場合は白で表してある．ほとんどの場合，気泡間には引力が働くが，片方の気泡だけが小さいとき，斥力になることがある．

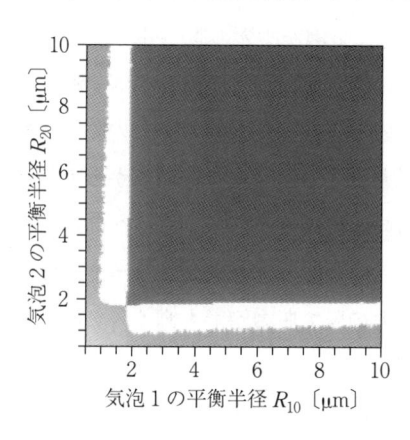

図3.14 気泡1の平衡半径（横軸），気泡2の平衡半径（縦軸）と，第2ビヤークネス力の関係．白が斥力，黒が引力．黒が濃いほど，引力が強い．超音波の周波数 20 kHz，音圧 1.32 bar，気泡間距離 1 mm の場合．文献25）より引用．Copyright (1997) American Physical Society

3.4 周囲との相互作用

3.4.1 第1ビヤークネス力

第1ビヤークネス力（primary Bjerknes force）は，超音波の定在波中で気泡に働く超音波の放射力のことで，次式で与えられる[24]。

$$\vec{F}_B = -\langle \vec{F}_p \rangle = -\langle V\nabla p \rangle \tag{3.40}$$

ここで，$\vec{F}_p$ は気泡に働く放射力の瞬時値，$\langle\ \rangle$ は時間平均を表し，V は気泡の体積である。超音波（定在波）の圧力 p が次式で与えられる場合を考える。

$$p(z,t) = -A\cos(kz)\sin(\omega t) \tag{3.41}$$

ここで，A は超音波の圧力振幅，$k=2\pi/\lambda$ は波数，$\omega=2\pi f$ は角振動数，そして f は周波数である。これは，液体が入った容器の底面 $z=0$ に超音波振動子の振動面があり，$z=(2n+1)\pi/2k$（n は自然数）に液面がある場合に見られる定在波である（z 軸は容器の高さ方向）。このとき，気泡に働く放射力の瞬時値 $\vec{F}_p$ は，次式で与えられる。

$$\vec{F}_p = (-4\pi/3)R^3 kA\sin(kz)\sin(\omega t)\vec{e}_z \tag{3.42}$$

ここで，R は気泡半径の瞬時値，$\vec{e}_z$ は z 方向の単位ベクトルである。

図 3.15（a）に，周波数 20 kHz の場合の気泡半径の時間変化と，図（b）に気泡に働く放射力の瞬時値を示す[26]。ここでは，気泡が圧力の腹（$\cos(kz)=\pm 1$）から少しずれた場所に在る。図の時間軸の前半周期（0～25 μs）では，超音波の圧力は減じていて，気泡は膨張する。このときは，定在波の圧力の腹で最も圧力が低く，気泡は圧力の腹に向かう放射力を受ける（式（3.40）からもわかるように，放射力は，気泡表面上で，圧力の高いほうから低いほうへ向かって働く）。一方，後半周期（25～50 μs）では，超音波の圧力は高くなっていて，気泡は収縮する。このときは，定在波の圧力の腹で圧力が最も高く，気泡は腹から反発する放射力を受ける。

式（3.40）からわかるように，放射力は気泡の体積に比例するので，気泡が膨張しているときの放射力が強い。したがって放射力の時間平均を取ると，前

3.4 周囲との相互作用   59

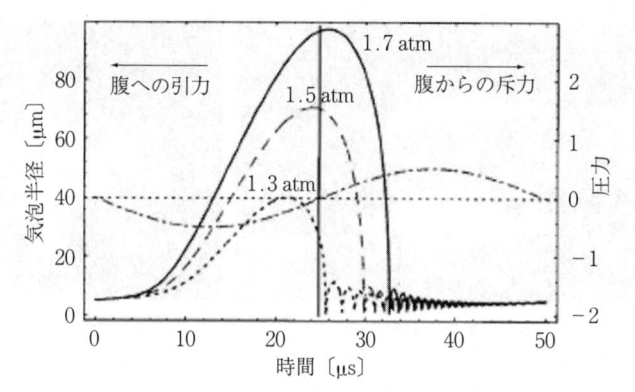

(a) 気泡半径の時間変化の計算結果（超音波1周期分）。周波数 20 kHz，音圧は下から，1.3 atm，1.5 atm，1.7 atm。

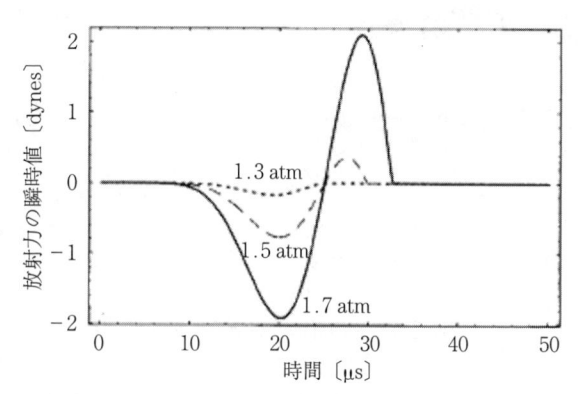

(b) 気泡に働く放射力の瞬時値の時間変化（マイナスが音圧の腹に向かう力）

図 3.15 第1ビヤークネスカ。文献 26）より引用。
Copyright (1997) Acoustical Society of America

半周期の寄与が勝って，気泡は圧力の腹へ向かう放射力を受ける。ところが，超音波の音圧振幅をさらに高くして，1.8 atm 以上にすると，気泡の膨張が後半周期に入っても止まらず，後半周期の寄与が勝ってしまう。すなわち，1.8 atm 以上では，気泡は圧力の腹から反発する放射力を受ける。

このことは，周波数 20 kHz においては，気泡は音圧 1.8 atm 以上の領域へは接近できないことを意味する。実際，**図 3.16** に見られるように，腹での音圧が 1.8 atm 以上の場合は，腹から離れた場所（腹と節の間）に，気泡が密集

(a) 横から見た写真

(b) 上から見た写真

(c) 図(a)の数値シミュレーションの結果

(d) 図(b)の数値シミュレーションの結果

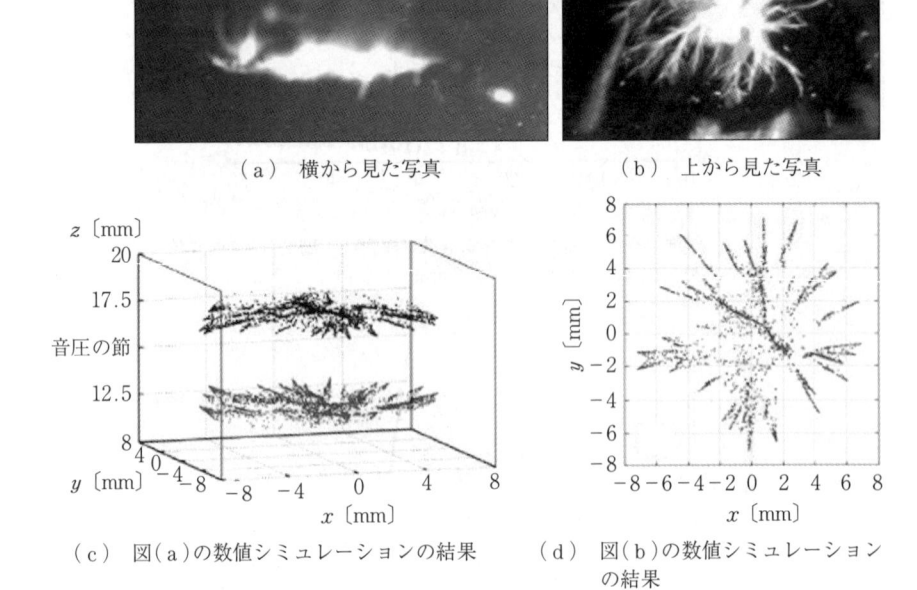

図 3.16 超音波の定在波中に形成された気泡群の 2 層構造（クラゲ状構造）。周波数 25 kHz。定在波の腹での音圧約 2 atm。文献 27）より引用。Copyright (2005) Research Signpost

する[27]。図のような気泡群の構造を，"クラゲ状構造"（jellyfish）と呼ぶことがある。

一方，平衡半径が共鳴半径よりも大きい場合は，気泡の膨張，収縮の位相が，超音波に対して π ずれるため，気泡の膨張時には腹から反発する力を受け，時間平均をとると腹から反発する。この場合は，気泡は節にトラップされることになる。

3.4.2 固体壁近傍での気泡収縮

気泡が固体壁の近くにあるとき，気泡にとっての流体力学的環境は，非対称である。すなわち，気泡の収縮時に，固体壁側では液体の運動が制限されて，気泡

に向かう流れが弱く，壁と反対側では制限がないので気泡に向かって流体が強く流れ込む．この非対称性のために，図3.17に見られるように，液体ジェットが固体に向かって打ち付ける[28]．これは，図3.18の数値シミュレーションからわかるように，液体ジェットが気泡内を貫通することにより発生する[29]．

この液体ジェットは，超音波洗浄や，キャビテーションに伴う固体の**エロージョン**（腐食）において，重要な働きをする．図3.19に見られるように，液体ジェットが打ち付けた跡が，小さな丸いスポット状に観測される[30]．

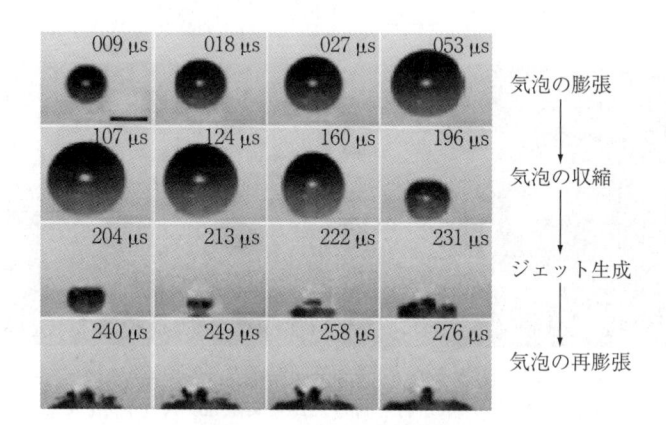

（a） 高速度カメラによる画像（時間は，レーザ光照射による気泡生成時から測定）．

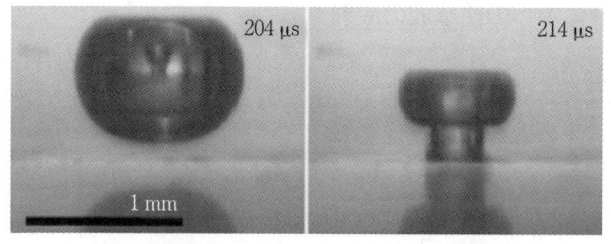

（b） ストロボ光照射による画像．気泡内部を貫通するジェット（左図）と，固体表面を打ちつけるジェット（右図）が見られる．

図3.17　固体近傍で気泡がつぶれる様子．文献28）より引用．
Copyright（2006）American Institute of Physics

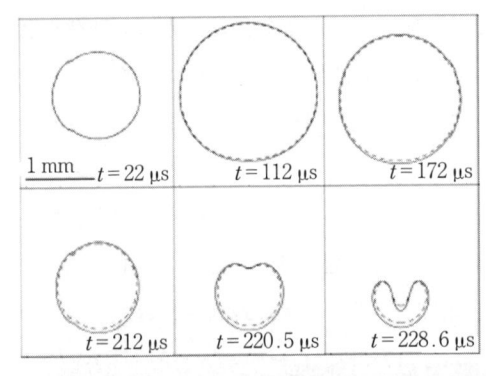

1 mm $t = 22\,\mu s$	$t = 112\,\mu s$	$t = 172\,\mu s$
$t = 212\,\mu s$	$t = 220.5\,\mu s$	$t = 228.6\,\mu s$

図 3.18 固体近傍で収縮する気泡の数値シミュレーション（各図の底辺に固体表面がある）。実線は水，点線は油の場合。文献 29) より引用。Copyright (2009) American Institute of Physics

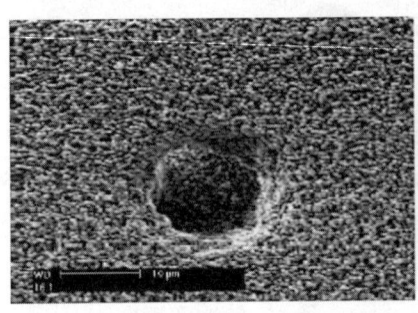

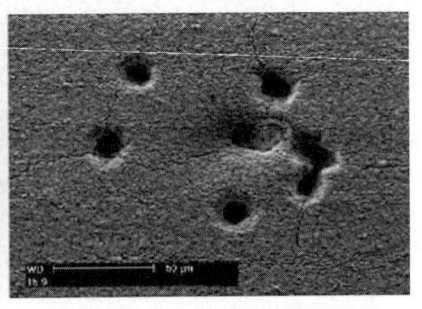

図 3.19 ポリスチレン粒子（平均直径 0.53 μm）が堆積したセラミック膜に，超音波を照射した際に，気泡からのジェットが打ち付けた跡。文献 30) より引用。Copyright (2004) Elsevier B. V.

3.4.3 液体中への衝撃波の放射

液体中で気泡がつぶれたとき，気泡から液体中に衝撃波が放射されることがある。図 3.20 には，気泡から放射された球面波状の衝撃波が，リング状に見えている[31)]。

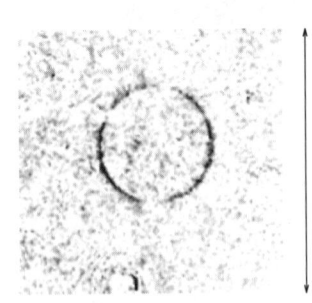

図 3.20 気泡から放射された衝撃波。リングの中心で一つの気泡がつぶれて，480 ns 後の画像。文献 31) より引用。Copyright (1998) American Physical Society

ここで，衝撃波放射の理由を考えてみよう[32]。衝撃波の形成は，気泡壁から液体中に放射された圧力波が，それ以前に放射された前方の圧力波に追いつくことによる。気泡収縮直後の膨張時には，気泡壁付近の液体の速度が最も外向きに大きく，そこから徐々に減少し，気泡から遠いところでは気泡に向かう流れが残っている。さらに，気泡の膨張速度は時間とともに増加していく。圧力波の伝搬速度は，液体速度＋音速なので，つぎつぎと前に放射された圧力波に追いつくことになり，衝撃波が形成される。

3.4.4 音響流とマイクロストリーミング

超音波が照射された液体（または気体）中では，流れが生じることがある。その理由には大きく分けて二つある。一つは，超音波の進行波で見られる現象で，超音波が流体の粘性等によって減衰する場合に起こる[33]。減衰がない場合は，ある地点で流体を押す力と引く力は時間平均をとると0になるが，減衰があると押す力が勝り，流体が超音波の進行方向に押されていく。その結果，速度が徐々に速くなる加速流となる。もう一つは，容器の壁や気泡といった境界の存在による効果で，境界層での摩擦によって，流体に流動が生じる。この場合は，超音波は進行波でも定在波でもよい。

後者の1例として，液体中の気泡（あるいは小物体）のまわりに生じる流れがあり，これを**マイクロストリーミング**（microstreaming）という。一方，前者と，後者の中で定在波で見られる大きな渦流などは，**音響流**（acoustic streaming）と呼ばれる。言葉の通り，マイクロストリーミングは気泡（あるいは小物体）の周囲に限られた流れ（通常1 mm以下）であるが，音響流は超音波の波長程度（定在波の場合）またはそれより大きなスケールの流れである。

マイクロストリーミングは，剛体球のようにまったく伸縮しない物体のまわりでも見られるが，気泡のように膨張，収縮する物体のまわりでは，その物体の表面の振動速度の2乗に比例して流速が大きくなるため，より顕著な流れが見られる。マイクロストリーミングの流速は，$U^2/\omega a$ 程度（オーダー）である[34]。ここで，U は物体表面の振動速度（振動していない場合は，超音波によ

る液体の振動速度），ω は超音波の角振動数，そして a はその物体の半径である．気泡の場合は，剛体球に比べて 100〜100 万倍の流速になる．そのため，マイクロストリーミングという呼称は，特に気泡のまわりの流れに対して使われることが多い．図 3.21 に気泡のまわりのマイクロストリーミングに関して知られている，いくつかの流れのパターンを示す[35]．

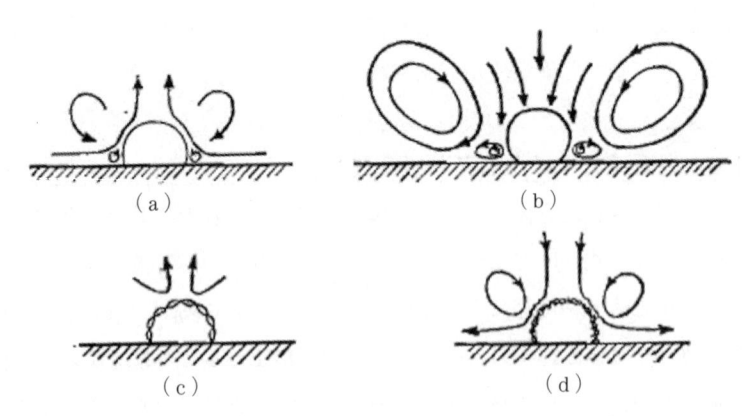

図 3.21　マイクロストリーミングの四つのパターン。文献 35) より引用。
Copyright (1959) Acoustical Society of America

　超音波照射下の液体中に気泡が多数存在する場合，液体の流れはかなり複雑になる．まず，液体の粘性と気泡の存在により超音波が減衰し，音響流が発生する．加えて，気泡は超音波の放射力を受けて運動する（気泡間にも放射力が働く）．この気泡の運動が，液体を引きずって液体の流れを生む．これらが絡み合った液体と気泡の流れが生じる．図 3.22 に超音波ホーン直下における気泡の様子を示す[36]．多くの気泡は，超音波ホーンから遠ざかるように下方に流れているが，超音波ホーン近傍では，上方へ向かう気泡もある[22]．液体の流れは全体として下方に向かっていて，速さはホーン近傍では 2 m/s 程度で，ホーンから離れるにしたがい小さくなる[37]．超音波ホーン直下の気泡の運動に関しては，その振る舞いが複雑で，いまだよくわかっていない．

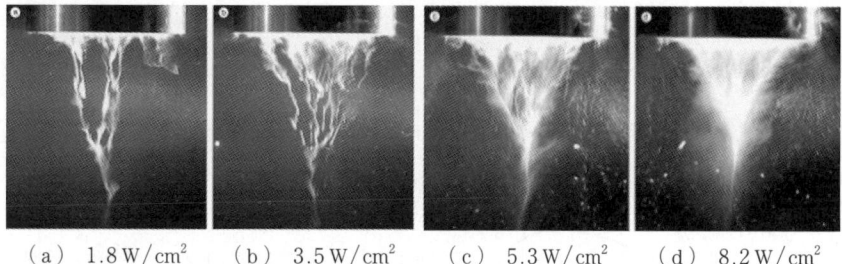

(a) 1.8 W/cm² (b) 3.5 W/cm² (c) 5.3 W/cm² (d) 8.2 W/cm²

図3.22 超音波強度別の超音波ホーン直下の気泡群の様子（超音波ホーン直径 120 mm，周波数 20.7 kHz）。Copyright (2003) Elsevier B. V.

3.4.5 周囲の気泡の影響

周囲の気泡が，気泡の膨張，収縮に大きく影響することがある。まず第1に，周囲に気泡があると，超音波がそれらの気泡によって反射，散乱され，音圧が減少する。これを気泡による超音波の遮蔽（screening）という。

第2に，周囲に気泡が存在すると，固体壁が存在したときと同様に，気泡にとって流体力学的環境の対称性が破れる。例えば二つの気泡があるとき，気泡側とその反対側で液体の流動に差異が生じ，相手の気泡に向かって，液体ジェットが発生する（**図3.23**）[38]。

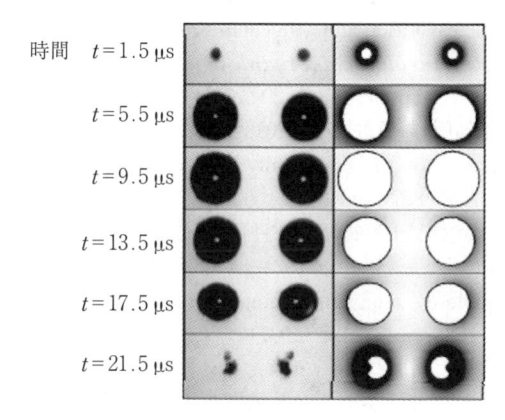

時間 $t = 1.5\,\mu s$
$t = 5.5\,\mu s$
$t = 9.5\,\mu s$
$t = 13.5\,\mu s$
$t = 17.5\,\mu s$
$t = 21.5\,\mu s$

図3.23 二つの接近した気泡がつぶれる様子。左が実験，右が数値シミュレーション。初期の気泡間距離は 400 μm。最初に，−1.4 MPa の減圧パルス（パルス幅 4 μs 程度）を加えた。文献38) より引用。Copyright (2006) American Institute of Physics

液体ジェットの発生は，超音波（外部からの圧力波）が非常に強い場合に見られる。それほど強くない場合は，第3のケースとして，**図3.24** のように，

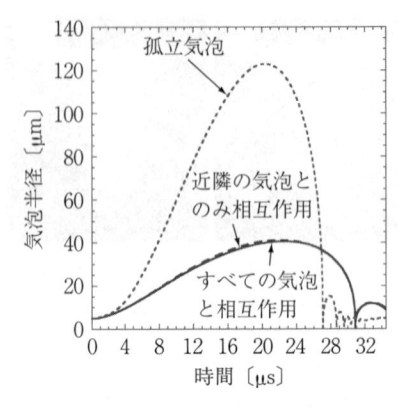

図 3.24 気泡半径の時間変化（超音波1周期分）（数値シミュレーション）。周波数 29 kHz, 音圧 2.36 bar。文献 22）より引用。Copyright (2008) American Physical Society

周囲の気泡が膨張，収縮に伴って圧力波を放射することに伴い，気泡の膨張が著しく抑制される[22]。それだけでなく，周囲の気泡が放射する衝撃波によって，気泡の収縮が加速されることもある[39]。

引用・参考文献

1) F. R.Young : Cavitation, Imperial College (2000)
2) T. G. Leighton : The Acoustic Bubble, Academic Press (1994)
3) E. A. Neppiras : Acoustic cavitation, Phys. Rep., **61**, pp. 159-251 (1980)
4) K. Yasui : Fundamentals of acoustic cavitation and sonochemistry, in *Theoretical and Experimnetal Sonochemistry Involving Inorganic Systems*, edited by Pankaj and M.Ashokkumar, Springer, Chapter 1, pp. 1-29 (2011)
5) 加藤洋治：キャビテーション（増補版），槙書店 (1990)
6) W. J. Galloway : An experimental study of acoustically induced cavitation in liquids, J. Acoust. Soc. Am., **26**, pp. 849-857 (1954)
7) P. W. Atkins：物理化学　上（第2版）（千原秀昭，中村亘男訳），p. 228，東京化学同人 (1984)
8) A. Prosperetti and A. Lezzi : Bubble dynamics in a compressible liquid. Part I. First-order theory, J. Fluid Mech., **168**, pp. 457-478 (1986)
9) 長嶋秀世：数値計算法（改訂第3版），朝倉書店 (2008)
10) 安井久一，小塚晃透，飯田康夫：ソノルミネセンスと気泡ダイナミクス，信学論 A, **J89-A**, pp. 686-694 (2006)
11) K. Yasui, T. Tuziuti, T. Kozuka, A. Towata, and Y. Iida : Relationship between the bubble temperature and main oxidants created inside an air bubble under

ultrasound, J. Chem. Phys., **127**, 154502 (2007)
12) M. P. Brenner, S. Hilgenfeldt, and D. Lohse : Single-bubble sonoluminescence, Rev. Mod. Phys., **74**, pp. 425-484 (2002)
13) Y. An : Mechanism of single-bubble sonoluminescence, Phys. Rev., **E 74**, 026304 (2006)
14) K. Yasui, T. Tuziuti, J. Lee, T. Kozuka, A. Towata, and Y. Iida : The range of ambient radius for an active bubble in sonoluminescence and sonochemical reactions, J. Chem. Phys., **128**, 184705 (2008)
15) M. Ashokkumar, M. Hodnett, B. Zeqiri, F. Grieser, and G. J. Price : Acoustic emission spectra from 515 kHz cavitation in aqueous solutions containing surface-active solutes, J. Am. Chem. Soc., **129**, pp. 2250-2258 (2007)
16) J. Lee, M. Ashokkuar, S. Kentish, and F. Grieser : Determination of the size distribution of sonoluminescence bubbles in a pulsed acoustic field, J. Am. Chem. Soc., **127**, pp. 16810-16811 (2005)
17) K. Yasui, T. Tuziuti, J. Lee, T. Kozuka, A. Towata, and Y. Iida : Numerical simulations of acoustic cavitation noise with the temporal fluctuation in the number of bubbles, Ultrason.Sonochem., **17**, pp. 460-472 (2010)
18) G. J. Price, M. Ashokkumar, M. Hodnett, B. Zequiri, and F. Grieser : Acoustic emission from cavitating solutions : implicationds for the mechanism of sono-chemical reactions, J. Phys. Chem., **B 109**, pp. 17799-17801 (2005)
19) S. I. Madanshetty and R. E. Apfel : Acoustic microcavitation : Enhancement and applications, J. Acoust. Soc. Am., **90**, pp. 1508-1514 (1991)
20) V.S.J.Craig: "Very small bubbles at surfaces-the nanobubble puzzle", Soft Matter, **7**, pp.40-48 (2011) .
21) M. G. Sirotyuk : Cavitation strength of water and its distribution of cavitation nuclei, Sov. Phys. Acoust., **11**, pp. 318-322 (1966)
22) K. Yasui, Y. Iida, T. Tuziuti, T. Kozuka, and A. Towata : Strongly interacting bubbles under an ultrasonic horn, Phys. Rev., **E 77**, 016609 (2008)
23) 津田伸一，高木　周，松本洋一郎：不凝縮ガスを考慮した気泡核成長の分子動力学解析（第1報，成長形態の比較解析），機論（B編），**73**, 734, pp. 173-180 (2007)
24) R. Mettin : From a single bubble to bubble structures in acoustic cavitation, in Oscillations, Waves, and Interactions, edited by T. Kurz, U. Parlitz, and U. Kaatze, Universitaetsverlag Goettingen, pp. 171-198 (2007)
25) R. Mettin, I. Akhatov, U. Parlitz, C. D. Ohl, and W. Lauterborn : Bjerknes forces between small cavitation bubbles in a strong acoustic field, Phys. Rev., **E 56**, pp. 2924-2931 (1997)
26) T. J. Matula, S. M. Cordry, R. A. Roy, and L. A. Crum : Bjerknes force and bubble levitation under single-bubble sonoluminescence conditions, J. Acoust. Soc. Am.

102, pp. 1522-1527 (1997)
27) R. Mettin : Bubble structures in acoustic cavitation, in Bubble and Particle Dynamics in Acoustic Fields : Modern Trends and Applications, edited by A.A.Doinikov, Research Signpost, pp. 1-36 (2005)
28) C. D. Ohl, M. Arora, R. Dijkink, V. Janve, and D. Lohse : Surface cleaning from laser-induced cavitation bubbles, Appl. Phys. Lett., **89**, 074102 (2006)
29) V. Minsier, J. De Wilde, and J. Proost : Simulation of the effect of viscosity on jet penetration into a single cavitating bubble, J. Appl. Phys., **106**, 084906 (2009)
30) M. O. Lamminen, H. W. Walker, and L. K. Weavers : Mechanisms and factors influencing the ultrasonic cleaning of particle-fouled ceramic membranes, J. Membrane Sci., **237**, pp. 213-223 (2004)
31) J. Holzfuss, M. Ruggeberg, and A. Billo : Shock wave emissions of a sono-luminescing bubble, Phys. Rev. Lett., **81**, pp. 5434-5437 (1998)
32) R. Hickling and M. S. Plesset : Collapse and rebound of a spherical bubble in water, Phys. Fluids, **7**, pp. 7-14 (1964)
33) 三留秀人：音響流，超音波便覧，pp. 200-202，丸善 (1999)
34) W. L. Nyborg : Acoustic streaming near a boundary, J. Acoust. Soc. Am., **30**, pp. 329-339 (1958)
35) S. A. Elder : Cavitation microstreaming, J. Acoust. Soc. Am., **31**, pp. 54-64 (1959)
36) A. Moussatov, C. Granger, and B. Dubus : Cone-like bubble formation in ultrasonic cavitation field, Ultrason. Sonochem., **10**, pp. 191-195 (2003)
37) H. Mitome, S. Hatanaka, and T. Tuziuti : Observation of spatial nonuniformity in a sonochemical reaction field, Nonlinear Acoustics at the Turn of the Millennium, edited by W. Lauterborn and T. Kurz (Proc. ISNA 15, AIP Conf. Proc.), **524**, pp. 473-476 (2000)
38) N. Bremond, M. Arora, S. M. Dammer, and D. Lohse : Interaction of cavitation bubbles on a wall, Phys. Fluids, **18**, 121505 (2006)
39) K. Yasui, A. Towata, T. Tuziuti, T. Kozuka, and K. Kato : Effect of static pressure on acoustic energy radiated by cavitation bubbles in viscous liquids under ultrasound, J. Acoust. Soc. Am., **130**, pp. 3233-3242 (2011)

第4章
ソノルミネセンス

4.1 ソノルミネセンスとは

　液体に強い超音波を照射すると発光する現象のことをソノルミネセンスと呼ぶ。その歴史は意外と古く，初めて発見されたのは1930年代である。液体中のキャビテーションによって発生する気泡，すなわち音響バブルから発光することが古くからわかっている。3章で述べたように，音響バブル内は高温・高圧の状態になるので，水蒸気や空気など気泡内に入った分子の間で種々の化学反応が起こり，極限状態では発光をも引き起こすことになる。発光は音響バブル内で起こる種々の現象を反映しているため，発光機構を解明することはキャビテーション現象そのものを解明することにつながる。また，それはソノケミストリーの効率化や新しい応用にも役立つことになろう。

　音波から光へのエネルギー変換という観点からソノルミネセンスを考えてみよう。光は原子・分子のミクロなレベルから発生するものである。例えば，ナトリウムランプのオレンジ色の光（波長589 nm）は，Na原子が電子的励起状態から基底状態に戻るときに放出され，その状態の差である $h\nu$（hはプランク定数，νは光振動数）のエネルギーをもつ。このエネルギーは $h\nu = kT$（kはボルツマン定数）の関係を使って温度 T に換算すると2万K以上に相当する。一方，波長数cmというマクロな量である音波を使ってこのように大きいエネルギーが得られるのは，一見不思議なことである。音波から光へエネルギーを変換する際に重要な役割を担っているのが気泡である。液体中のマクロ

な音波エネルギーが気泡を生成して膨張・収縮させ,最終的に1ミクロン以下の空間,数百ピコ秒の時間にそのエネルギーが集中される。その結果,数千度・数百気圧以上の極限状態が生まれるのである。

ソノルミネセンスには,古くから知られているマルチバブル(多数気泡)ソノルミネセンス(multi-bubble sonoluminescence : **MBSL**)と,1990年頃から研究されてきたシングルバブル(単一気泡)ソノルミネセンス(single-bubble sonoluminescence : **SBSL**)がある。MBSLとSBSLは本質的に異なるものではないが,気泡間相互作用の有無や実験条件の違いから区別されている。MBSLでは,同時に数百,数千以上の気泡が生成,消滅,合体などをくり返し,移動しながら発光する。水中では発光強度も弱く,暗室中でかすかな光が確認できる程度である。一方,SBSLでは1個の気泡が長時間にわたって安定に光り続け,うす暗い中でも容易に確認できる程度の明るさである。発光が空間的にも時間的にも安定しているので,気泡径の時間変化や発光スペクトルなどを比較的簡単に観測することができ,解明が進んでいる。SBSLが発見されて以来,音響バブルの動力学も研究が深まり,ソノケミストリーなどの応用もさらに進展することになった。対象も水だけでなく,種々の有機液体でも研究されており,最近では強い発光強度をもつ硫酸が注目されている。歴史的にはMBSLが先であるが,SBSLの説明から始める。

4.2 シングルバブルソノルミネセンス

球形のガラスフラスコに脱気水を満たし,周波数約30 kHzの超音波をフラスコ外側からかける。注射器などで小さい気泡をフラスコ内に入れ,音波周波数をフラスコの共鳴周波数に合わせると定在波が立ち,フラスコ中心部で1個の気泡を光らせることができる。これがシングルバブルソノルミネセンス[1),2)]である。1962年に日本で観測した例があるが,1990年にGaitanらが実験に成功して以来,幅広く調べられてきた。Gaitanら[3)]は安定に発光する条件を詳しく調べ,誰でもが実験できるようになったからである。シングルバブルが安定

に光るために必要な条件は，以下の四つである．

(1) 気泡が膨張・収縮する際，最大径/最小径の比が大きくなること．つまり，気泡内が十分に高温になること．

(2) 気泡が球形振動をし，細かな気泡に分裂しないこと．表面張力や粘性率が小さいと気泡振動が非球形になりやすく，分裂しやすい傾向がある．

(3) 気泡内に出入りするガス量が，音波周期で平均して変わらないこと．この平衡が破れると気泡は大きくなって浮き上がったり，あるいは小さくなって表面張力のためつぶれてしまう．

(4) フラスコ容器中で空間的に安定にトラップされること．フラスコ中心部が音圧の腹になるような定在波モードができると，気泡が中心部にトラップされるようになる．

これらの条件が満たされると数十分程度，フラスコ内の温度変化を解消するための制御を行えばそれ以上の時間，発光させることができる．

4.2.1 ソノルミネセンスの実験

シングルバブルソノルミネセンスを観測する実験装置の一例を図4.1に示す．球形フラスコは容量100〜300 mLのものがよい．円筒形のフラスコでも可能である．振動子は共振周波数20〜30 kHz程度で呼吸振動（半径が変化）する円環状セラミック（PZT）がよい．これをフラスコ外壁に接着する．発信

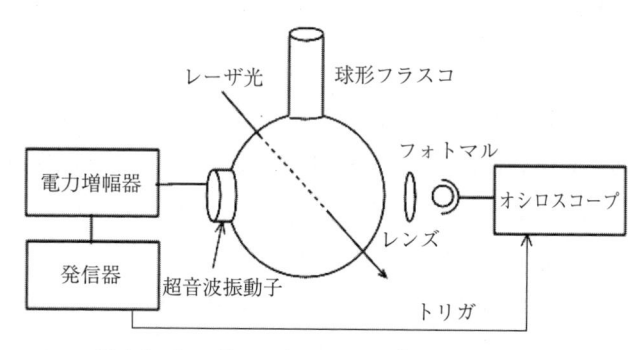

図4.1 シングルバブルソノルミネセンスの装置図

器の信号は小さいので20 dB（10倍）程度増幅する必要がある。振動子の入力インピーダンスは50 Ωより小さいのでオーディオ用のパワーアンプ（出力インピーダンス8 Ω）で代用できる。場合によってはインピーダンス整合器を用いる必要がある。上で述べた条件(4)を満たすため，球形フラスコ内でラジアルモードの定在波（音圧の節が同心円状になる）が共鳴するよう超音波周波数を細かく調整する。半径40 mmのフラスコの場合，約27 kHzが共鳴周波数となる[4]。（半径と共鳴周波数は逆比例する）これらと超音波振動子の共振周波数がほぼ一致しているときに強い定在波が立つ。超音波を加え続けると，試料温度が上がり音速が変化するので，定在波の共鳴周波数も変わる。それに対処するには，試料温度を一定に制御するか，あるいは定在波の振幅を別の圧電センサで検出し，その信号がつねに最大になるよう，発信周波数をフィードバック制御する方法がある。

　試料の水を脱気し，溶存空気量を飽和量の20〜40%にする必要がある。脱気度は溶存酸素計を使って測定する。溶存空気量が多すぎたり，少なすぎたりすると，気泡内に入るガス量が条件(3)を満たさなくなる。気泡核を作るため，注射器などで小さい気泡を導入してもよいが，細いニクロム線をフラスコ内に入れておき，それを加熱して気泡を発生させるほうが容器を密閉しやすいため長時間発光には有利である。超音波音圧は1.2〜1.5気圧が適当とされる。はじめ大きな電圧を振動子に加えるとキャビテーションが起こるので，そこから電圧を下げてキャビテーション発生しなくなったあたりが，ほぼこの音圧範囲に入る。気泡を安定して光らせるには条件(1)と条件(3)の要請から，溶存空気量と音圧が図4.2で示す範囲に入っている必要がある。灰色で示した安定SLの範囲がそれである。不安定SLとは，光ってはいるが気泡がふらふら動いている領域である。図では溶存空気量で示したが，後述のように空気中に1%含まれているArの量がじつは重要である。

　気泡径の時間変化を測定するには，気泡からの光散乱を利用すればよい。図4.1のように数mWのレーザ光を気泡に照射し，その散乱光を光検出器（フォトマル，またはフォトダイオード）で検出する。その強度は気泡断面積に比例

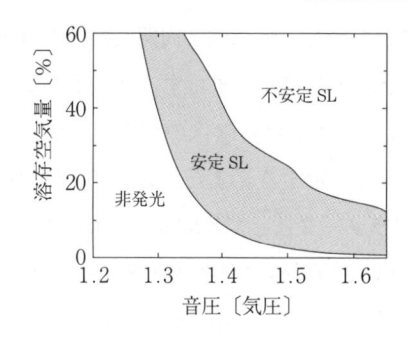

図 4.2 シングルバブルソノルミネセンスの発光領域。音圧と溶存空気量が灰色の領域でのみ，安定に発光する。

するので，その平方根から気泡半径に比例した信号が得られる。そのように測定した気泡半径信号と発光の例を**図 4.3**に示す[5]。気泡はゆっくり膨張し，急激に収縮する。図(b)は最も収縮する付近の時間軸を拡大したもので，気泡径が最も小さいときに発光していることがわかる。最小径を過ぎた後，再び小さく膨張収縮することをリバウンドと呼ぶ。

また，気泡の画像を直接観測することで半径を求めることもできる。気泡の

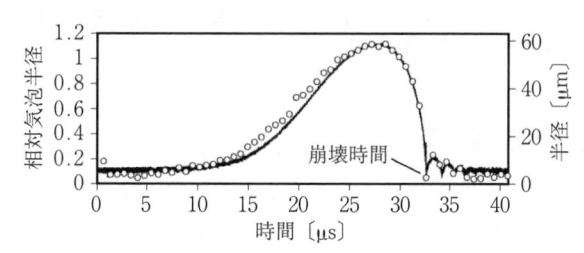

（a）レーザ散乱光の測定から得られた気泡半径に比例する信号（実線）と，図 4.4 のストロボ映像観測から得た気泡半径（○印）。

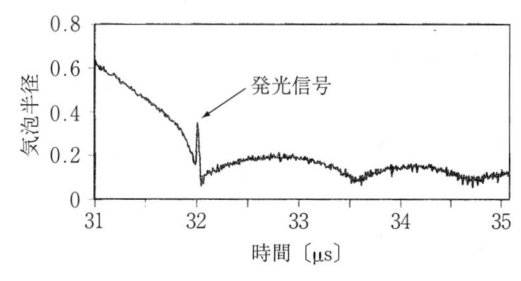

（b）図(a)の収縮する付近の時間軸の拡大図

図 4.3 シングルバブルの半径変化，超音波周波数は 25 kHz。文献 5) より引用。Copyright (2002) The Japan Society of Applied Physics

膨張収縮は超音波周期とつねに同期しているので，超音波と同期したストロボ光（発光時間 90 ns）を使い，わずかにその同期時間をずらすことにより気泡径変化を追うことができる．図 4.4 は気泡のストロボ映像の実例を示す．図 4.3(a) に示すように二つの実験結果はよく一致する．また，気泡径変化の理論式 (3.18) に音圧や気泡平衡径 R_0 をパラメータとして実験値に合わせると，R_0 の値は 2～10 μm の範囲に入る．30 kHz での理論共振半径（式 (3.32)）は約 100 μm であるから，R_0 の値は共振半径よりもずっと小さいことがわかる．

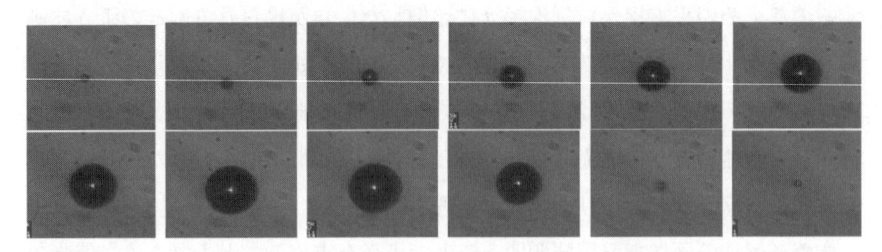

図 4.4 単一気泡の膨張収縮をストロボ映像で撮影した写真．上段左から右方向に時間が進む．最大径（下段左から 3 番目）まではゆっくり膨張し，収縮は急激に起こる．
（産業技術総合研究所・小塚晃透氏提供）

4.2.2 発光の機構

空気のみを溶解した水の場合を考えよう．第 3 章で述べたように，膨張収縮を繰り返す気泡内は，高温高圧の状態になる．初期半径 $R_0 = 5$ μm の気泡が最小 $R_{min} = 0.5$ μm まで小さくなったとすると，最小径になったときの最大温度，最大圧力は，断熱変化の式 $PV^\gamma = $ 一定（P は圧力，V は体積，γ は比熱比）を仮定すると以下の式で計算される．

$$T_{max} = T_0 \left(\frac{R_0}{R_{min}} \right)^{3(\gamma-1)} \tag{4.1}$$

$$P_{max} = P_g \left(\frac{R_0}{R_{min}} \right)^{3\gamma} \tag{4.2}$$

T_0，P_g ははじめの状態の気泡内温度，圧力である．上式を計算すると最大温度，最大圧力は 30 000 K，1 000 気圧以上にもなる．気泡径変化が断熱過程なのか等温過程なのかは，気泡の膨張収縮に要する時間と，気泡サイズでの熱伝

導時間（数 μm で 100 ns のオーダー）のどちらが短いかで決まる。図 4.3 からわかるように，気泡の膨張時はゆっくりであるため熱伝導のほうが早く起こり，等温過程とみなせる。気泡が収縮し，崩壊する（最小径になる）近くは急激に起こるので，この近くは断熱過程と考えてよい。式（4.1），式（4.2）は，つぶれる途中の R_0 から最小径までを断熱過程としているので，厳密に正確ではないがその計算結果はおよその目安になる。

　気泡内が高温状態になると，気泡内の空気ガス，水蒸気などが分解される。例えば水分子は

$$H_2O \rightleftarrows \cdot H + \cdot OH \tag{4.3}$$

のように分解される。・H と・OH はそれぞれ**水素ラジカル**，**ヒドロキシルラジカル**と呼ばれる。これらは不対電子をもち反応性が高いので，窒素や酸素ガスが分解してできる O や N などとも反応して種々の反応物を作る。例えば O_2，H_2，H_2O_2，HNO_3，HNO_2，NO などを生成する[6]。その化学反応の際，熱を吸収したり発生したりするので，それらは気泡内温度に影響する。したがって正確に気泡内温度を計算するには，気泡内への種々の分子の出入りや種々の化学反応の定数など多くの複雑な情報が必要になる。さらに，熱拡散も知る必要がある。これらを考慮して最高温度を計算した結果によると，6 000 K〜20 000 K までの範囲に広がっている。

　気泡内の水分子量は発光量に大きな影響を及ぼす。例えば，SBSL の発光量は水温を下げるほど増加する。この原因は，気泡内に入る水蒸気量が減少することによって水分子分解に費やす熱の必要がなくなり，気泡内がより高温になるからとされている。水にアルコールをわずかに混合すると，発光量が減少することも知られている。これも気泡内にアルコールが蒸発して入り込むためアルコール分子分解のために熱を消費し，気泡内温度が下がることが原因である。

　気泡内の化学反応によって生成された H_2O_2 などの分子は，NO を除いて水に溶けるので気泡内から出ていってしまう。気泡が膨張収縮を数百回繰り返した後に気泡内に残るのは，空気に約 1% 含まれる希ガスの Ar である。Ar は不活性な単原子分子であり，他分子とも反応しないので最後まで残る（アルゴン

精留,3.2.3項参照)。したがって式 (4.2),式 (4.3) の計算にあたって比熱比 γ には単原子分子に適用する5/3という値を用いる。ちなみに酸素,窒素など2原子分子では $\gamma=7/5$ である。

10 000 K程度の高温状態におかれたArでは,何が起こるのだろうか。Arから電子がとれてイオンになるためのエネルギーは,$E_{ion}=15.8$ eVである。10 000 Kは0.86 eV ($=k_B T$) に相当するので,イオン化エネルギーに比べて桁違いに小さいが,10 000 Kでも1%程度とわずかではあるが電離する(なお,もし気泡収縮時の密度が液体状態にまで大きくなるとイオン化エネルギーが小さくなる可能性もある)。イオンと電子が共存するのは**プラズマ状態**である。電子の加速度が減少(増加)すると電磁波を放射(吸収)することが知られていて,それを**制動放射**(Bremsstrahlung:brake radiationに相当するドイツ語。シンクロトロン放射光もこれを利用)という。電子がイオンや原子の場に影響を受けて減速する際に電磁波を放射する。もし初速度 v の電子が一定加速度で減速したとすると,$mv^2/2h$ を上限とする白色連続スペクトルが得られる。(m は電子質量,h はプランク定数)また,電子がイオンの励起状態に再結合する際も同様な放射をする(**図4.5**)。この場合はイオン数が少ないので,電子と原子との相互作用が主である。その場合の吸収係数は

$$\kappa[T] = 4\frac{e^2}{4\pi\varepsilon_0}\frac{(2k_B T)^{9/4} n^{3/2}}{h^{3/2} c^3 m_e^{3/4} \pi^{3/4}}\lambda^2\left(c_{tr}+\frac{d_{tr}}{3k_B T}\right)\exp\left(-\frac{E_{ion}}{2k_B T}\right) \quad (4.4)$$

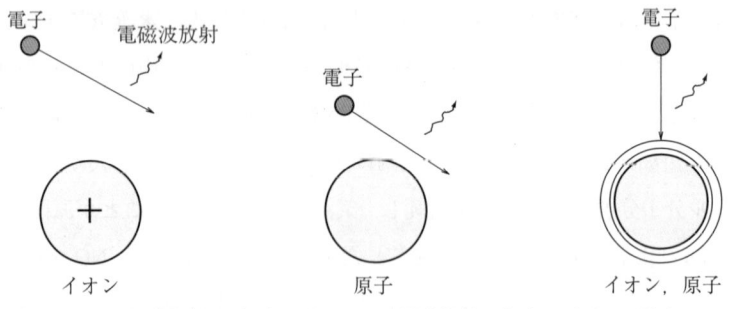

(a) 電子-イオン制動放射　(b) 電子-原子制動放射　(c) 電子の再結合による放射

図4.5 電子はイオン,原子の影響で減速すると光を放射する。また,電子がイオンの電子励起状態に結合することで余ったエネルギーを光として放射する。

という式で表される。m_e は電子質量，n は原子数，c_{tr}，d_{tr} は電子-原子間輸送散乱断面積（相互作用する大きさ）の係数である。放射は吸収の逆過程なので放射係数も同じになる。このプラズマ中の制動放射モデルを使うと，次に説明する発光スペクトルやパルス幅の実験値を説明することができる。

4.2.3 発光スペクトルとパルス幅

　水からのシングルバブルの発光は青白く，暗室中なら容易に眼で確認できる程度の明るさである。分光器でスペクトルを測定した例を**図 4.6** に示す[7]。この図のスペクトルは，水を脱気したのち種々の希ガスをわずかに溶解した場合のものである。空気の溶けた水ではアルゴン精留が起こるため，スペクトルは図の Ar の場合とほぼ同じである。どの場合も紫外域から赤外域にわたる広帯域のスペクトルになるのが特徴である。みかけはプランクが導いた**黒体放射**スペクトルと非常によく似ている。黒体とは，入射するすべての光を完全に吸収するもので，黒体から放射する光のスペクトルは温度のみで決まる。黒体放射のエネルギー式として，プランクは $h\nu$ というとびとびの光子エネルギーを導入して次式を得た。

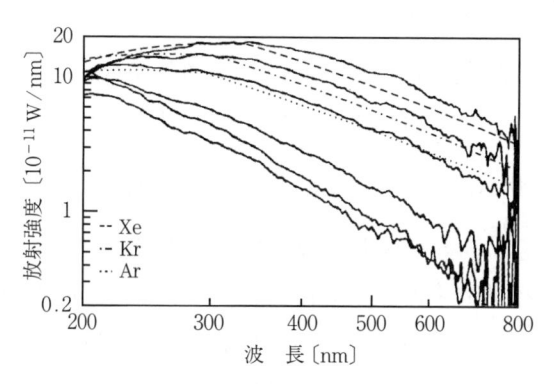

図 4.6 シングルバブルソノルミネセンスのスペクトル（室温）。種々の希ガスを 3 mmHg の下で水に溶解した。曲線は上から，Xe，Kr，Ar，Ne，He，^{3}He の場合。Xe (……)，Kr (----)，Ar (……) は制動放射モデルによる理論計算値。文献 7）より引用。Copyright (2000) American Physical Society.

$$I^{pl} = \frac{2hc^2}{\lambda^5} \frac{1}{\exp(hc/\lambda k_B T) - 1} \tag{4.5}$$

ここで h はプランク定数（6.626×10^{-34} Js），ν は光の振動数，λ は光の波長，c は光速，k_B はボルツマン定数（1.38×10^{-23} J/K），T は絶対温度である．式（4.5）を用いて種々の温度で計算したスペクトルが**図 4.7** である．温度上昇とともに最大値が紫外域側にシフトするのが特徴である．これを図 4.6 の実測スペクトルに当てはめると，Ar の場合 12 000 K 以上という非常に高い温度に相当する．しかし，このフィッティングで得られた温度が気泡内の温度を表すというわけではない．この黒体放射モデルは，後で述べるように発光パルス幅の実験と一致しない．しかし，みかけ上の一致から，目安として用いられる．

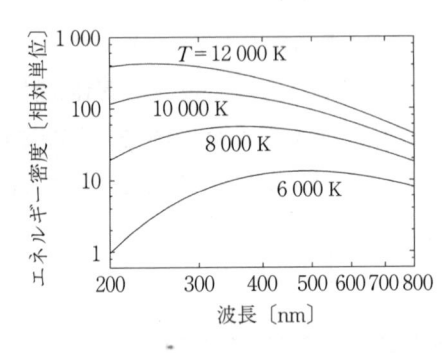

図 4.7 プランクの式(4.5)による，温度 6 000 K から 12 000 K までの黒体放射の計算例

4.2.2 項で出てきた制動放射モデルを使って発光エネルギーを計算することができる．スペクトル放射輝度は式（4.4），式（4.5）などを用いて

$$P(t)d\lambda = 4\pi^2 R^2 I^{pl}\left(1 + \frac{\exp(-2\kappa_\lambda R)}{\kappa_\lambda R} + \frac{\exp(-2\kappa_\lambda R) - 1}{2\kappa_\lambda^2 R^2}\right)d\lambda \tag{4.6}$$

で与えられる．ただし，κ_λ は電子-原子制動放射，電子-イオン制動放射，放射再結合の三つの過程を含んだ吸収係数である．ここで R は時間に依存する気泡径である．式（4.6）をもとに Xe, Kr, Ar の三つの場合に計算したスペクトルが図 4.6 中の破線である．実験値と計算値はよい一致を示している．しかし，He の場合，計算値は小さすぎる値を与える．He のイオン化エネルギーは 25 eV と非常に大きく，計算上では電子がほとんど生成されないからである．これに対する説明として，水蒸気が分解してできる O や H 原子のイオン

化エネルギーが 13.6 eV なので，He ではなくこれらから電子が供給される可能性が指摘されている。黒体モデルでは，入射する光はすべて吸収する，つまり吸収係数は無限大で，黒体から放射される光は表面温度のみで決まる。この状態を"optically thick"（光学的に厚い）と呼ぶ。式（4.6）で $\kappa R \to \infty$ とするとプランクの黒体放射と一致する。一方，制動放射モデルでは吸収係数は小さく，式（4.6）で $\kappa R \ll 1$ とおくと

$$P(t)d\lambda = 4\pi\kappa I^{pl}\frac{4\pi R^3}{3}d\lambda \tag{4.7}$$

になる。これは"optically thin"（光学的に薄い）という状態である。気泡体積全体から光が放射される。この場合は気泡内での温度分布はほぼ一様と考えられるので，**ホットスポット理論**といわれる。

図 4.3（b）で示したように，SBSL 光は気泡径が最小のときに放射されるので，超音波周期と完全に同期している。Gompf らが時間相関単一光子計数法で測定した結果によると，そのパルス幅は，音圧に依存して 60～350 ps である。これは黒体放射モデルから予想されるよりも小さく，制動放射モデルと一致する。**図 4.8** に光パルス波形の実験結果を示す[8]。

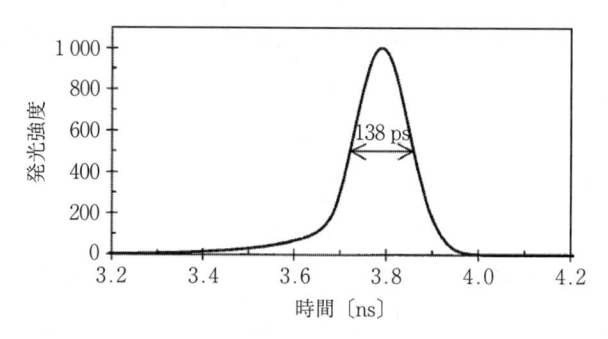

図 4.8 SBSL パルス波形の実験値。周波数 20 kHz，音圧 1.2 気圧のとき。文献 8）より引用。Copyright（1997）American Physical Society

制動放射モデルが正しいかどうかを試すもう一つのポイントは，パルス幅に波長依存性があるかどうかという点である。黒体放射モデルでは，図 4.7 で示したように放射する波長域は温度に強く依存する。気泡温度が低い場合も波

長の長い赤外域の放射があるはずなので，波長の長い領域で測ったパルス幅のほうが波長の短い領域のパルス幅より大きくなるはずである。しかし，実験値はどちらの波長域で測っても変化しなかった。このことは制動放射モデルを支持する結果である。

4.2.4　その他の液体からの SBSL

　純水からの SBSL スペクトルは紫外域から赤外域にわたる連続成分が大きな特徴であるが，音圧を小さくすると OH ラジカルからの発光（約 310 nm）を観測することも可能である。しかし，発光量は非常に弱い。一方，65%リン酸（H_3PO_4）の水溶液からは非常に明るい連続成分とともに強い OH 発光を伴う SBSL が観測されている[9]。リン酸溶液では蒸気圧が小さく，気泡中にわずかな水蒸気しか入っていないと予想される。そのため分子分解に要するエネルギーが少なくてすむので，気泡内が高温になりやすい。OH 基は種々の回転エネルギーをもつので，その間の遷移が細かいピークとして観測される。これらピークの大きさの相対値から温度を推定することができ，6 200 K から 9 500 K の値が得られた。この温度は SBSL の理論から予想されている値とほぼ一致する。

　濃硫酸からの SBSL は明るい室内でも確認できるくらいに明るい。水の SBSL とは発光機構が少し異なる可能性がある。85%濃硫酸の蒸気圧は室温で 0.04 Torr と非常に小さいので，Ar ガスを入れた気泡内は高温になりやすい。図 4.9 は SBSL スペクトルの測定例である[10]。広い連続波長成分とともに 800 nm 前後に Ar の電子励起遷移が観測されている。図（b）は Ar ピークの領域を拡大したものである。Ar の電子基底状態は 3 p であるが，そこから 4 p 状態（3 p より 13.1～13.5 eV 大きい）や 4 s 状態（3 p より 11.5 - 11.8 eV 大きい）に励起されて，4 p～4 s 間の遷移が観測されている。この結果を理論計算値と比較すると 15 200 K という温度が得られる。また，低波長領域を黒体放射モデルのプランクの式で合わせると 9 000～12 300 K という温度が得られる。これは一見矛盾しているようだが，気泡温度が時々刻々変化していると考えればよい。時間分解してスペクトルを測定した結果[11]によると，まず希ガスの励

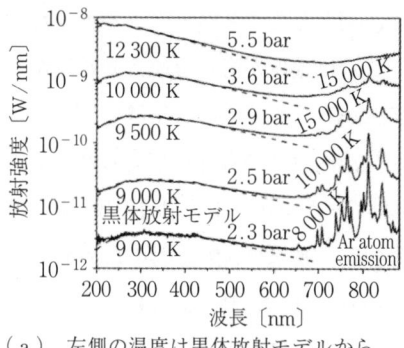

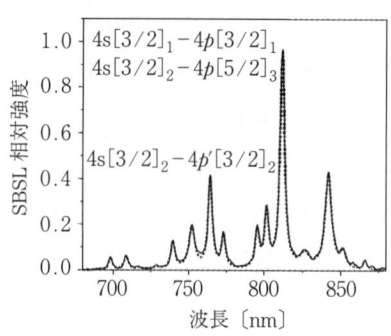

(a) 左側の温度は黒体放射モデルから，右側の温度は Ar の電子励起遷移から求めた

(b) 2.8 気圧での，Ar の電子励起状態 4p – 4s 間の遷移を表すスペクトル

図 4.9 音圧 2.3〜5.5 気圧に対する濃硫酸の SBSL スペクトル。文献 10) より引用。Copyright (2005) Macmillan Publishers (2005) Ltd.

起状態が 800 nm 付近に観測され，数 ns 後に連続成分が出現する。連続成分の最高温度は黒体放射モデルで 100 000 K にも達するという。また，発光パルス幅も水より 1 桁大きく，数 ns である。

水では観測されなかった Ar スペクトルが硫酸で見られた理由は，次のように説明される。気泡内は予測できないほどの高温のため電子が充満し，密度の高いプラズマ状態になる。その電子・イオンとの衝突によって Ar が電子励起，さらにはイオン化される。このようなプラズマは"光学的に厚い"状態で，発光体表面からの情報しかわからず，スペクトルは黒体放射モデルとよく合う。濃硫酸中の SBSL がなぜ水の場合と異なるのか，発光機構に関して未知の部分が多く，今後の研究が期待されている。

4.2.5 その他の SBSL 理論

〔1〕 **衝撃波説** これまでの研究から，SBSL の発光機構として最も確からしいのは，気泡内が断熱圧縮によって高温になり，そこで生成されるプラズマから制動放射が起こる，というものである。しかし，過去には種々の理論が提案されている。

まず，代表的なものとして衝撃波説[12]がある。衝撃波とは，物体が音速を

超えるときに発生する圧力波のことである。例として，スペースシャトルが大気圏に突入するとき炎に包まれているが，これは速度が音速を超え衝撃波ができたため波頭直後の温度が 6 500 K にまで上がるためである。気泡ではどうだろうか。気泡が収縮する際，気泡壁速度が気泡内ガスの音速を超えると気泡内で衝撃波が発生する。衝撃波背後はエネルギーが集中するため10万から100万 K の高温になり，Ar ガスがプラズマ化する。電子が制動放射のため発光するという点はホットスポット理論と同じである。非常に高い温度になった気泡中心で核融合が起こるのではないかと期待され，一時はそういう実験が報告されたこともあるが，その後検証はされていない。衝撃波説では，球形を保ったままどこまで小さくなれるか（球形がくずれるとエネルギーが一点に集中できない），気泡中心ほど高温になり音速が大きくなるはずなので本当に気泡壁が音速を超えられるか，などが問題点として指摘される。ただし，3.4.3項で示したように液体側には衝撃波が放射されるが，これと気泡内の衝撃波とは区別される。

以下は，マルチバブルソノルミネセンスについて提案された理論である。

〔2〕 **ミクロ放電説** 気泡界面になんらかの理由で電荷がたまり，気泡が非球形になるとそれが放電するというのがミクロ放電説[13),14)] である。電荷がたまる理由は種々提案されている。例として分極性分子の配向や不純物イオン吸着によって電気二重層が気泡周囲に形成され，小さい気泡が分裂する際に放電するというモデル。あるいは，気泡収縮時に液体ジェットが内部に侵入し，そこから電荷を帯びた 100 nm サイズの液滴が気泡内に放出され，蒸発によってプラズマができる，というモデルもある。

〔3〕 **化学発光説** Sehgalら[15)] が主張した発光機構で，水からの発光は以下の三つの機構の和として説明する。まず，OH ラジカルが電子励起状態から基底状態に遷移する際の発光（310 nm 付近）。これは確認されている。2番目は，270〜290 nm の波長域で水分子の励起状態 $^3B_1$ からの遷移。3番目は，

$$OH + H + M \rightarrow H_2O + M + h\nu$$ （M はなんらかの原子，分子）

のようなラジカル再結合の反応から 300〜600 nm の発光が起こるとした。

4.3 マルチバブルソノルミネセンス

　気泡が生まれてから発光に至るまでの，音響バブルの変遷を考えてみよう。液体中の壁やゴミなどに付着していた気泡核に溶解ガスが入り込み，小さい気泡が成長する。その一部はさらに成長して，激しく気泡振動する，崩壊気泡（collapsing bubble）になる。「崩壊」といってもつぶれてなくなってしまうわけではないことに注意してほしい。また成長気泡の一部は液体に溶解して消滅し，一部は気泡どうしで合体して崩壊気泡になる。崩壊気泡になっても振動が激しいため非球形の振動を引き起こしやすく，分裂して小さい気泡になるものもある。また，気泡同士で引力が働きクラスターを作ることもある。

　崩壊気泡の内部は高温になるので，気泡内水分子が分解されてOHラジカルができたり，発光を引き起こす。OHラジカルの一部は気泡内から液体側に溶け出し，気泡周囲に他の物質があると種々の化学作用を及ぼす。また，気泡壁の振動により液体周囲に圧力波を放射する。気泡の運動エネルギーの大部分はこの音響放射（acoustic emission）として消費される。

4.3.1　発　光　実　験

　マルチバブルソノルミネセンスを観測するには，試料セルとしては円筒型フラスコ（300 mL程度）が適している。その底にランジュバン型振動子（共振周波数28 kHz）を接着剤で貼り付ける。発光量は溶存ガスの影響を強く受け，Arなど希ガスを飽和したほうが発光は強い。脱気した水をしばらくArでバブリングし，さらにフラスコ上部をArで満たし，密閉しておくとよい。最適周波数は，振動子の共振周波数と容器内試料の共振周波数が合ったところである。円筒容器では半径方向，動径方向，軸（高さ）方向に節面をもつ3次元定在波モードが立つ。試料の軸方向共振周波数は液高さによって変化するので，シャーというキャビテーション音が最もよく聞こえるような液高さにする。液表面は自由端反射，底面は固定端反射と考えてよい。図4.10(a)に，水から

(a) 円筒ビーカーの中の MBSL (151 kHz)

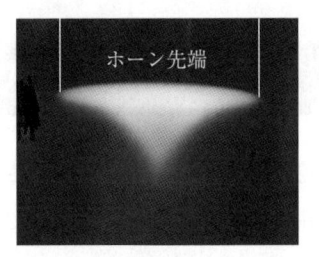

(b) ホーン型振動子を使った MBSL (24 kHz)

図 4.10 アルゴン飽和水からの MBSL (**口絵 1**) (林悠一氏, 山田恭旦氏撮影)

の MBSL をディジタルカメラで撮った例を示す. 横縞状に発光しているのは, 気泡が定在波の腹の位置にトラップされているためである. 音圧がさらに強くなると, 気泡が音圧の節のほうに押し出され, 発光領域が拡がるのが観察される (3.4.1 項参照). 図(b)は 24 kHz ホーン型振動子 (5.1.1 項参照) を使ったアルゴン飽和水の MBSL で, ホーン直下で発光している. 超音波強度が図(a)の場合よりもずっと強く, 多くの気泡が発生し音波を減衰させるため, くさび形の発光パターンを示す.

発光はレンズで集光し, 光電子増倍管で検出する. 強度のみが必要であれば, 出力を電流計で読めばよいし, 発光パルスを観察したいときは高速オシロスコープで記録する. 最高速の光電子倍増管・オシロスコープシステムでも測れるのはせいぜい 1 ns の幅のパルスである. 発光パルスの真の幅は数百 ps であるので, それを直接オシロスコープで精度よく測るのは困難である. なお, 硫酸からの発光パルス幅は数 ns なので, このシステムで十分測ることができる.

4.3.2 発光の周期性

4.2 節 SBSL の説明で, 発光は気泡が最小径のときに起こると述べた. MBSL でもそのことに変わりない. しかし, 多数気泡の場合は気泡径が分布しているし, また気泡の位置により音圧もわずかに異なるので, 崩壊のタイミングが気泡ごとに異なっている. したがって発光のタイミングも分布することになる. 発光パルスのタイミングと音波周期の関係の一例を **図 4.11** に示す. 発

光パルスは1周期に1回，数多くのパルスがタイミングに幅をもって観測されている。ただし，音圧を強くしていくと分布幅は広がり，1周期に2回発光したり，ついには周期性が確認できないくらいランダムになったりする。

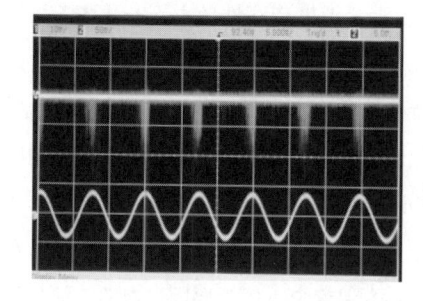

図4.11 MBSL発光パルス（図上）と音波周期（図下）のオシロスコープ記録画面。周波数は141kHz。

4.3.3 MBSLの溶存ガス・温度による影響

液体中に溶けている気体の種類は，発光量に大きな影響を与える。希ガスでは Xe, Kr, Ar, Ne, He の順に発光量が小さくなる。20 kHz の測定では Xe から He で約 1/100 になる[16]。すなわち分子量が小さいほど発光量も小さい。この傾向を説明する要因が三つある。まず，ガスの熱伝導度による要因について述べる。Xe から He まで順に熱伝導度が大きくなっていて，その順に発光量が減少している。He のように熱伝導度の大きいガスでは，気泡内高温が気泡壁側に逃げやすいので，より温度が低くなる。これは，断熱効果が減ることを意味する。次に，発光量の差を希ガスの溶解量と関連づけて考えることもできる。He よりも Xe のほうが水に溶解する量は多い。溶解量が多いとそれだけ活性な気泡数も増えるので，発光量も増える。気泡が多数の MBSL ではこの考え方は成り立つが，単一気泡の場合は図4.6の希ガスによる発光量差を説明できない。三つ目の要因は，4.2節で説明したプラズマ制動放射説による。希ガスのイオン化エネルギーが小さいほど電子が多く発生しやすいので，発光量も大きい。Xe のイオン化エネルギーは 12.1 eV である。これら三つの要因のどれかが正しいのか，あるいはそれぞれが関係しているのか結論は出ていない。

水の MBSL 発光量は液体の温度にも大きく依存する。**図 4.12** は，希ガスの Ne, Ar, Kr をそれぞれ飽和した水からの発光量を 10～70℃ の範囲で示したものである[17]。30℃ での発光量の相対値は Ne：Ar：Kr で 1：9：20 であるが，それぞれの場合の 30℃ の値で規格化すると，温度依存性はよく一致する。温度が上がるほど発光量が指数関数的に減少している。この温度依存性には，気泡内の水蒸気量が関係する。気泡膨張時には多くの水蒸気が気泡内を満たしている。気泡収縮時には，大部分の水蒸気は気泡壁に凝縮するが，一部は気泡内に残り，高温のため分解される。分解の際の反応熱は吸熱なので，分解にエネルギーをとられて気泡内温度が上がらなくなる。また，分解物などがたまるため崩壊時の気泡半径も小さくならず，これも温度を下げる要因になる。液体側の温度が高いほど水の蒸発量が多いため，気泡内は低温になるはずである。つまり，発光量は少なくなる。SBSL でも発光量の温度変化の実験値はほぼ同様で，同じ議論が適用できる（35℃ から 0℃ に下げると SBSL 発光量は 100 倍になるという例がある）。しかし，多数気泡の場合は発光する気泡数も一つの要因と考えられる。液体温度が高いと溶存空気量が減り，気泡ができにくい。また，水の蒸気圧が大きいため気泡生成前後の自由エネルギー差が大きくなるので気泡ができにくくなる，という指摘もある。MBSL の温度依存性は以上の二つの要因が関係しているであろう。

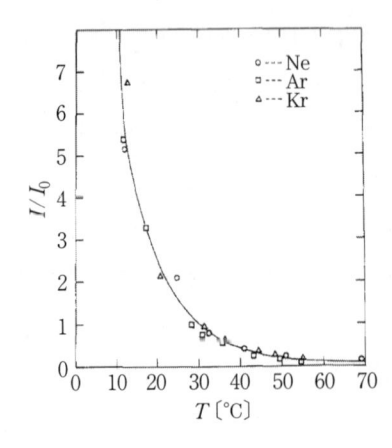

図 4.12 希ガスを飽和した水からの M BSL 強度の温度依存性。Ne, Ar, Kr を飽和した場合の強度をそれぞれ 30℃ の値で規格化した。文献 17) より引用。Copyright (1980) American Chemical Society

4.3.4 MBSL のスペクトル

Ar ガスを飽和した水からの MBSL のスペクトル例を**図 4.13**(a)に示す。周波数は 108 kHz である。広帯域の連続成分と 310 nm 付近の OH ラジカル発光から成っている。連続成分は SBSL のスペクトル（図 4.6）とよく似ている。挿入図は 310 nm 付近を拡大したもので，OH 基の振動エネルギーが関係した 3 本のスペクトルから成っている。

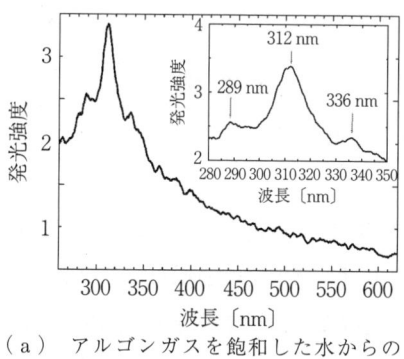

(a) アルゴンガスを飽和した水からの MBSL スペクトル（内挿図は OH ラジカル発光を表す）

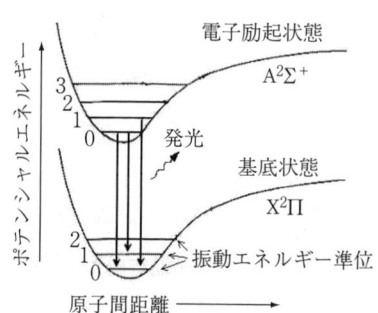

(b) OH ラジカルからの発光スペクトルを説明するエネルギー振電遷移

図 4.13 水から MBSL スペクトルと，OH ラジカルの振電遷移

図 4.13(b)は OH ラジカルの基底状態，電子励起状態を示すエネルギー図である。二つの状態にはそれぞれ OH 間振動エネルギー準位（図中で 0, 1, 2, 3 で示す）があり，振動が励起されていないときは $0^* \to 0$（0^*は電子励起状態を示す）という遷移で，波長 312 nm の光を放射する。この他，$0^* \to 1$，$1^* \to 0$ という遷移もありそれぞれ波長 289 nm，336 nm に相当している。これらは振動と電子遷移がともに関係するので振電遷移と呼ばれている。一方，連続成分の原因については結論が出ていない。SBSL の項で述べたプラズマからの制動放射，4.2.4 項で述べた化学発光説など，どちらか，あるいはともに関係しているかもしれない。じつは MBSL スペクトルの測定例は少ない。発光機構の解明には，種々の条件下でのより精度の高い実験が望まれる。

気泡崩壊時に温度がどこまで上がるかを知ることは，キャビテーションの最

も基本的な情報である。原子・分子の発光スペクトルを利用してその温度を知ることができる。Suslick らは，Cr，C_2，CH からの線スペクトルを使って 20 kHz での気泡崩壊時温度を求めている。例えば Cr が電子励起されると 360 nm と 430 nm に 2 本の線スペクトルが表れる。温度 T が高いほど高エネルギー（低波長）の準位がより多く励起されるので，それぞれの強度 I_1，I_2 の比がわかると以下の式から温度を求めることができる。

$$\frac{I_1}{I_2} = \frac{g_1 A_1 \lambda_2}{g_2 A_2 \lambda_1} \exp\left(\frac{E_1 - E_2}{kT}\right) \tag{4.8}$$

ここで，g は各準位の縮退度，A はアインシュタインの遷移確率，λ は波長，E はエネルギーである。**図 4.14** はドデカン溶液中に $Cr(CO)_6$ を溶解したときに観測された Cr 線を示す[18]。2 本の線スペクトルの比から，Xe を飽和した場合は 3 800 K，Ar では 3 200 K，He では 2 600 K と，希ガスの熱伝導率が大きい順に小さくなる温度が得られた。このことは，気泡圧壊過程が完全な断熱ではないことを示している。もし完全な断熱過程ならば単原子分子の比熱比 γ は種類によらず 5/3 で一定だからである。さらに，蒸気圧の大きい溶質を混ぜると温度が低下することも Cr 線から確かめられている。

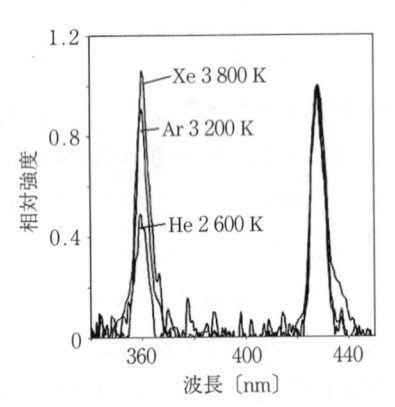

図 4.14 ドデカン中の $Cr(CO)_6$ から観測された Cr 線スペクトル。
強度は 430 nm 線で規格化してある。文献 18) より引用。Copyright (2000) American Physical Society

気泡内温度を考える際に注意すべき点は，温度は非常に短い時間の間に変化しているということである。上述した温度は Cr 線が発光する環境での値である。連続成分が発光している際の温度はもっと高いかもしれない。温度を評価

する方法は，ソノルミネセンスだけではない。超音波を加えた後に生成するエタンやエチレンなど反応分解物の量から評価する方法（methyl radical recombination 法）もあるが，この場合は瞬間的な温度ではなく平均的な温度が求められる。こちらのほうがソノルミネセンスの結果よりも低い温度が得られている。

4.3.5　アルカリ金属原子からのソノルミネセンス

　Li, Na, K などのアルカリ金属を含む水溶液は比較的詳しく調べられている[19)]。塩化ナトリウム（NaCl）水溶液を例にとると，図 4.13(a)で見られたような連続スペクトル成分の他に Na 原子からの発光も起きる。食塩の炎色反応でよく知られるように，Na 原子は熱などで電子励起されるとオレンジ色の発光をする。しかし，水中では Na^+ イオンとしてしか存在できないので，発光するためにはどこかで Na 原子に還元される必要がある。Na が気泡内のガス相で発光しているのか，あるいは気泡／液体界面の液体側（界面は液体とも気体ともいえないかもしれない）で発光しているのかが興味をもたれてきた。図 4.15(a)に塩化ナトリウム水溶液と図(b)に塩化リチウム水溶液からの発光写真を示す。青白い連続成分とオレンジ色（589 nm）の Na，あるいは赤色（671 nm）の Li 発光が見える。連続成分とアルカリ金属成分はおそらく別々の気泡で発光している。音圧が低いときはアルカリ金属成分のみが発光することから，連続成分は比較的音圧の高い領域で，アルカリ金属成分は音圧の低い領域で光る

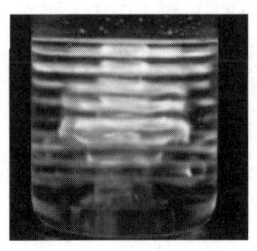

　（ a ）　濃度 1M の塩化ナトリウム水溶液　　　（ b ）　塩化リチウム水溶液

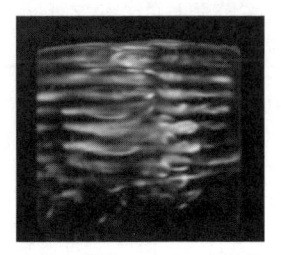

図 4.15　ソノルミネセンス写真（口絵 2）。定在波の腹に気泡がトラップされるため縞状に光る。露出時間 3 分。超音波周波数 138 kHz。

ことがわかる。つまり，連続成分は温度が高い気泡から，アルカリ金属成分は温度が低い気泡から発光している。

塩化カリウム水溶液からは K 線が観測される。図 4.16 は，Ar 飽和した溶液からの発光を分光器でスペクトル分析した結果である。K 原子の最も外殻の電子は 4S 軌道に 1 個存在しているが，熱その他の原因で 4P 状態に励起される。4P 状態には角運動量の違いで $P_{3/2}$，$P_{1/2}$ が存在するので $4P_{3/2} \to 4S_{1/2}$ (766.5 nm)，$4P_{1/2} \to 4S_{1/2}$ (769.9 nm) の 2 本の線が現れる（これを doublet と呼ぶ）。図 4.16 で注目する点は線幅の広がりである。点線の炎色反応スペクトルと比べて高波長側（赤側）にのみ広がっている。この非対称広がりの原因は，K 原子と異原子・分子との衝突で 4P－4S 間のエネルギー差がわずかに小さくなるため，と考えられている。K 原子がなんらかの原因で気泡内ガス相に入ったとしよう。気泡崩壊時には K 原子周囲が高温高圧状態（高密度状態）になるので，Ar など周囲ガスの影響を受ける。過去の分光研究から，一定密度の Ar ガスが K 線幅をどの程度広げるかはよく知られている。その研究結果と図 4.16 の実験結果を比較することによって，気泡内がどの位の密度になっているかを予想することができる。これまでの研究結果をまとめると，発光時の相対密度は 18～60 程度になる。相対密度とは，常温，1 気圧の標準状態の気体密度を 1 としたときの相対値である。液体では約 1 000 になるはずであるから，18～60 ではまだ気体といえよう。

以上ではアルカリ金属原子が気泡内に存在することを仮定した。では，液体中にあって蒸発しにくいアルカリ金属イオン（K^+）がどのようにして気泡内

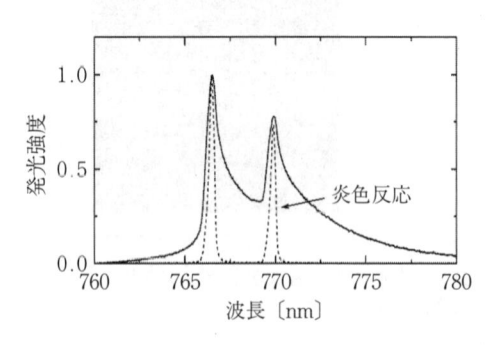

図 4.16　KCl 水溶液からの K 原子発光スペクトル。周波数は 115 kHz。長波長側にのみ幅が広がっている。

に入るのであろうか。この問題はまだ解決されていないが，**ドロプレット**（droplet）モデルが確からしい説明である。ドロプレットとはナノサイズの液滴を意味する。気泡が非球形に振動するとき，あるいは気泡の分裂・合体の際に気泡壁から内部にドロプレットが入り込む。気泡圧壊で気泡内温度が高くなると，ドロプレットの水は蒸発し，KClができる。熱のためKClはKとClに分解される。Kが電子励起されるにはさらにエネルギーが必要であるが，熱あるいはOHラジカルとの衝突で励起される可能性がある。また，もし気泡内でプラズマができていれば電子との相互作用で励起される。

アルカリ金属原子発光の機構が解明されれば，揮発性でない溶質をソノケミストリーで利用する際の有力な指針となるはずである。

4.3.6 種々の水溶液からのソノルミネセンス

水に種々の溶質をわずかに溶解した場合，ソノルミネセンスの発光量は増える場合と減る場合がある。

〔1〕 **アルコール水溶液**　水にアルコールなど揮発性の物質を混ぜると発光量は減少する。種々のアルコール，アミンを混ぜると濃度が大きいほど発光量は減少する。これらの溶質はアルキル基の長さ（炭素の数）によって疎水性が異なるので，気泡表面に吸着する分子数は同じ濃度でも異なる。そこで，**図4.17**では空気/水界面の単位面積当りの分子数を横軸にして，発光量の減少を示している[20]。そうすると物質によらず，ほぼ1本の曲線にまとまる。このことから，発光量の減少は次のように説明される。気泡膨張時にアルコールなどの分子が蒸発して気泡内部に入り込み，その分子は圧壊時の熱により分解する。分解したガスは気泡内部にたまっていき，余計に熱を消費するので気泡内温度を下げる。温度が下がると発光量も減少する。

アルコールを添加することで気泡内温度が減少するためMBSL発光量が減少する，と述べたが，反応分解物から評価した時間空間的に平均した温度はエタノール添加でもあまり変化していない。ソノケミストリーで重要なのは，こちらのほうの温度であろう。

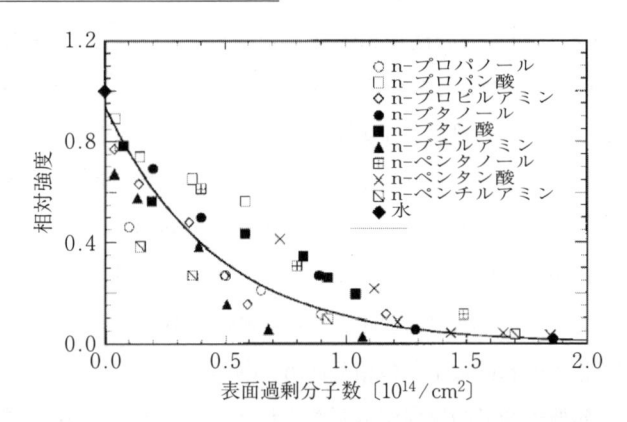

図 4.17 アルコール，アミンなどの添加による発光量の変化。測定周波数は 515 kHz。文献 20) より引用。Copyright (1999) American Chemical Society

〔2〕 **界面活性剤** 界面活性剤分子の両端は親水基と疎水基になっているものが多い。疎水基は気体に接しようとするので，気泡と液体との界面に吸着する性質をもつ。そのため，界面活性剤水溶液中では音響バブルに対して興味深い現象が起こる。特に典型的な陰イオン性界面活性剤であるドデシル硫酸ナトリウム（SDS，分子式は $NaC_{12}H_{25}SO_4$）は詳しく調べられている[21]。

界面活性剤分子が気液界面に吸着すると，気体の整流拡散に影響する。気泡収縮時には気泡内気体が液体側に透過しにくくなるため，全体として整流拡散量は増加し，純水に比べて気泡は膨張しやすくなる。しかし，界面活性剤の影響として最も大きいのは気泡合体を阻止しようとする性質である。SDS の一部であった Na は電離して Na^+ になり，SDS 分子は気泡に吸着する。そのため気泡はマイナス電荷を帯びるので，その近傍に Na^+ が集まるようになる。これを電気二重層という（図 4.18）。このように気泡が電荷を帯びるので，静電的な反発力が生じることになる。膨張収縮する気泡間には 2 次のビヤークネス力が働いて気泡合体を促すが，静電反発力のため合体が阻害される。SDS 濃度 1 mM 程度の水溶液では，キャビテーションが起きても目に見える気泡数が極端に少なくなる。これは気泡合体が阻害され，0.1 mm 以上の大きい気泡が減少した結果である。しかし，簡単に目で見えるほどのサイズの気泡は膨張収縮を

4.3 マルチバブルソノルミネセンス　93

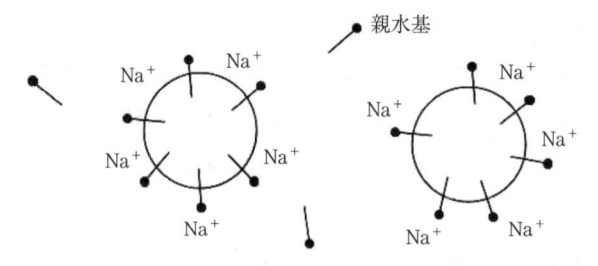

図 4.18　気泡への界面活性剤の吸着（黒丸は界面活性剤分子の親水基を表す）

しておらずキャビテーションには寄与しないことに注意してほしい。

図 4.19 は，SDS 水溶液中の MBSL 発光を濃度を変えて撮影した図（a）と，図（b）に発光量の濃度変化を示す[22]。周波数 442 kHz の超音波を容器下側から上部に向かって放射している。純水では自由表面付近でのみ発光しているが，SDS 濃度とともに発光域が試料全体に広がるようになる。気泡合体が阻害されて大きな気泡がなくなると音波吸収が減って，空間的に一様な定在波音場に近くなることが，発光域が広がる原因とされている。SDS 濃度 1 mM を過ぎると，過剰な SDS 分子は静電反発力をなくすように働き，再び気泡合体が増えるので，表面に発光が集中するようになる。図 4.19（b）は空間的に積分した発光量の濃度変化を示す。1 mM 近くで発光は最大になり，発光量は水の約 2

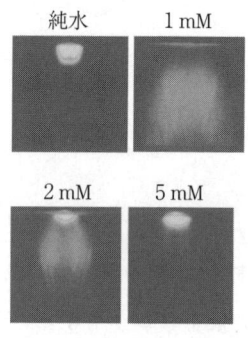

（a）　SDS 水溶液濃度 0〜5 mM での MBSL 発光写真（442 kHz，電気パワー 1 W/cm^2）

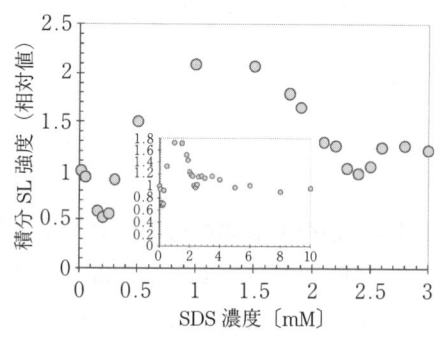

（b）　図（a）の発光を空間積分した量を示す

図 4.19　SDS 水溶液の MBSL 発光写真とその発光を空間積分した量。文献 22) より引用。Copyright（2010）American Chemical Society

倍となっている。これは発光気泡数が増加するためであろう。

　以上のような界面活性剤分子の気泡への効果は，音圧や周波数に依存するダイナミックなものである。界面活性剤分子が液体中を移動できる速度には限りがあり，早い速度で膨張収縮している気泡につねに吸着できるかどうかは，音圧や周波数に依存する。

〔3〕 **ルミノール溶液**　　ルミノールを溶解したアルカリ性の水溶液に超音波を照射すると青白く発光する。ソノルミネセンスとは発光原理が異なるが，発光しやすいのでキャビテーションの可視化によく用いられる（5.3.3項参照）。図 4.20 に示すように，ルミノールは溶液中でルミノール陰イオンになっている。音響バブル内で生成され溶液側に出てきた OH ラジカルや過酸化水素と反応し，過酸化物中間体を作る（過酸化水素でなく，スーパオキシドアニオンラジカルが関わるという説もある）。この過酸化物中間体は不安定なため分解して，励起一重項状態の 3-アミノフタル酸陰イオンになる。その励起エネルギーの一部が放出され発光する。このような，化学反応を経由した発光を**ソノケミルミネセンス**（sonochemiluminescence）という（**口絵 3**）。

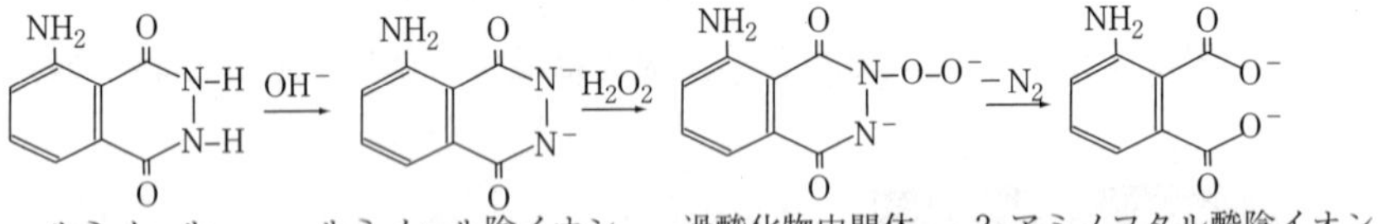

図 4.20　ルミノール発光の原理

4.3.7　種々の液体からのソノルミネセンス

　水など 15 種類の液体で発光強度を測って比較した例を図 4.21 に示す。Jarman は横軸を（表面張力）^{2}／蒸気圧として発光量をプロットすると最もよい相関が得られるとした[23]。図の発光量は水（番号 3）を基準として相対値をとってある。表面張力の値は液体によりせいぜい 2 倍しか差はないので，蒸気圧の違いが発光量の差に大きな影響を与える。水よりも発光量が多いのはジメ

図4.21 種々の液体の MBSL 発光強度。表面張力の2乗を蒸気圧で割った値に対してプロットすると一定の傾向になる。測定温度は40°C，周波数は16.5 kHz。文献23）のデータをもとに作成。

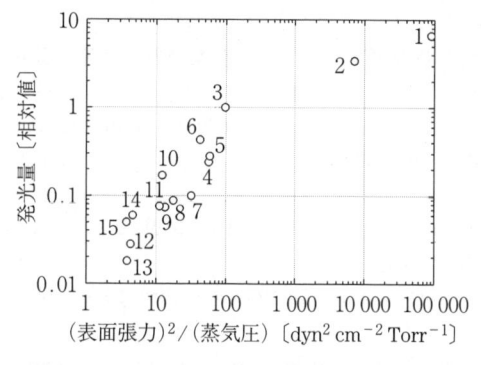

1：ジメチルフタレート，2：エチレングリコール，3：水，4：o-キシレン，5：イソアミルアルコール，6：塩化ベンゼン，7：n-ブチルアルコール，8：イソブチルアルコール，9：トルエン，10：第2級ブチルアルコール，11：n-プロピルアルコール，12：イソプロピルアルコール，13：エタノール，14：ベンゼン，15：tert-ブチルアルコール

チルフタレート，エチレングリコールであり，蒸気圧が水（24 Torr，25°C）よりそれぞれ3桁（0.02 Torr），2桁（0.2 Torr）小さい。このことが発光量の大きな理由であろう。明るい発光で知られる硫酸も濃度90%で蒸気圧が0.0076 Torr（25°C）と非常に小さい。4.3.3項で説明したように蒸気圧が小さいと分解される分子が少なく，崩壊温度が高くなるはずである。

引用・参考文献

4章全般に関わる文献
・F. R. Young : Sonoluminescence, CRC press（2005）
・K. Yasui, T. Tuziuti, M. Sivakumar and Y. Iida : Sonoluminescence, Appl. Spectro. Rev., **39**, pp. 399-436（2004）
・崔　博坤：ソノルミネセンス—音から光を生み出す—，信学誌，**93**，pp. 468-472（2010）

1） B. P. Barber, R. A. Hiller R. Lofstedt, S. Putterman and K. R. Weninger : Defining the unknowns of sonoluminescence, Phys. Rep., **281**, pp. 65-143（1997）
2） M. P. Brenner, S. Hilgenfeldt and D. Lohse : Single-bubble sonoluminescence, Rev. Mod. Phys., **74**, pp. 425-484（2002）
3） D. F. Gaitan, L. A. Crum, C. C. Church and R. A. Roy : Sonoluminescence and bubble dynamics for a single, stable, cavitation bubble, J. Acoust. Soc. Am., **91**,

pp. 3166-3183 (1992)
4) 森　栄司, 実吉純一：液体を充満せる球形フラスコの固有振動数の計算, 音響会誌, **9**, pp. 45-53 (1953)
5) T. Kozuka, S. Hatanaka, K. Yasui, T. Tujiuti and H. Mitome : Simultaneous observation of motion and size of a sonoluminescing bubble, Jpn. J. Appl. Phys., **41**, pp. 3248-3249 (2002)
6) K. Yasui, T. Tuziuti, M. Sivakumar and Y. Iida : Theoretical study of single-bubble sonochemistry, J. Chem. Phys., **122**, 224706 (2005)
7) D. Hammer and L. Frommhold : Spectra of sonoluminescent rare-gas bubbles, Phys. Rev. Lett., **85**, pp. 1326-1329 (2000)
8) B. Gompf, R. Gunther, G. Nick, R. Pecha and W. Eisenmenger : Resolving sonoluminescence pulse width with time-correlated single photon counting, Phys. Rev. Lett., **79**, pp. 1405-1408 (1997)
9) H. Xu and K. S. Suslick : Molecular emission and temperature measurements from single-bubble sonoluminescence, Phys. Rev. Lett., **104**, 244301 (2010)
10) D. L. Flannigan and K. S. Suslick : Plasma formation and temperature measurement during single-bubble cavitation, Nature, **434**, pp. 52-55 (2005)
11) W. Chen, W. Huang, Y. Liang, X. Gao and W. Cui : Time-resolved spectra of single-bubble sonoluminescence in sulfuric acid with a streak camera, Phys. Rev. E, **78**, 035301 (R) (2008)
12) W. C. Moss, D. B. Clarke and D. A. Young : Star in a jar, Sonochemistry and Sonoluminescence, L. A. Crum et al. (eds.) Kluwer, p. 159 (1999)
13) M. A. Margulis and I. M. Margulis : Current State of the Theory of Local Electrification of Cavitation Bubbles, Russ. J. Phys. Chem. A, **81**, pp. 136-147 (2007)
14) T. Lepoint et al. : Sonoluminescence: An alternative "electrohydrodynamic" hypothesis, J. Acoust. Soc. Am., **101**, pp. 2012-2030 (1997)
15) C. Sehgal, R. G. Sutherland and R. E. Verrall : Optical spectra of sonoluminescence from transient and stable cavitation in water saturated with various gases, J. Phys. Chem., **84**, pp. 388-395 (1980)
16) F. R. Young : Sonoluminescence from water containing dissolved gases, J. Acoust. Soc. Am., **60**, pp. 100-104 (1976)
17) C. Sehgal, R. G. Sutherland and R. E. Verrall : Sonoluminescence intensity as a function of bulk solution temperature, J. Phys. Chem., **84**, pp. 525-528 (1980)
18) Y. T. Didenko, W. B. McNamara III and K. S. Suslick : Effect of Noble Gases on Sonoluminescence Temperatures during Multibubble Cavitation, Phys. Rev. Lett., **84**, pp. 777-780 (2000)
19) P. -K. Choi : Sonoluminescence of inorganic ions in aqueous solutions, Pankaj and

M. Ashokkumar (eds), Theoretical and Experimental Sonochemistry Involving Inorganic Systems, Springer, pp. 337-355 (2011)
20) M. Ashokkumar, P. Mulvaney and F. Grieser : The effect of pH on multibubble sonoluminescence from aqueous solutions containing simple organic weak acids and bases, J. Am. Chem. Soc, **121**, pp. 7355-7359 (1999)
21) M. Ashokkumar and F. Grieser : The effect of surface active solutes on bubbles in an acoustic field, Phys. Chem. Chem. Phys., **9**, pp. 5631-5645 (2007)
22) J. Lee, I. U. Vakarelski, K. Yasui, T. Tuziuti, T. Kozuka, A. Towata and Y. Iida : Variations in the spatial distribution of sonoluminescence bubbles in the presence of an ionic surfactant and electrolyte, J. Phys. Chem. B, **114**, pp. 2572-2577 (2010)
23) P. Jarman : Measurements of sonoluminescence from pure liquids and some aqueous solutions, Proc. Phys. Soc., **73**, pp. 628-640 (1959)

第5章
ソノケミストリーのための実験技術

5.1 超音波発生装置,ソノリアクター

　ソノリアクター(sonochemical reactor)は,ソノケミストリーの実験を行うための超音波反応装置である。超音波を照射するソノケミストリーの実験は,水槽に取り付けた振動子を超音波振動させ,この振動を水槽内の水などの媒質に伝搬させて行われる。図5.1に示すように,ソノリアクターは振動子と,媒質を入れる水槽と,振動子を駆動するための発振器から構成される。水槽に振動子を取り付けた部分のみをソノリアクターと呼ぶ場合もある。

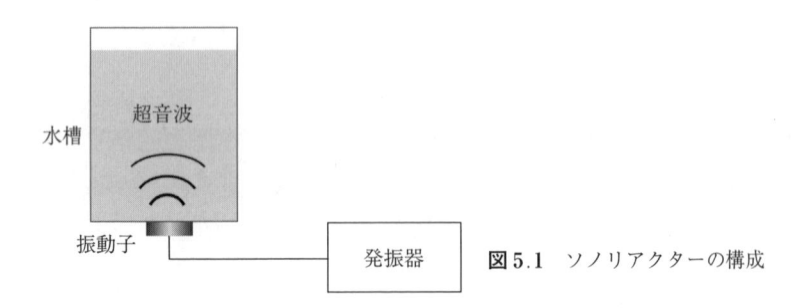

図5.1 ソノリアクターの構成

5.1.1 振　動　子

　振動子は電気信号を機械振動に変換して超音波を発生させる部品で,図5.2に示すように交流電界の印加により伸縮を繰り返し,機械振動を発生させる。周波数20 kHz以上の交流電界の印加により振動する振動子を媒質と接触させると,媒質中に超音波が伝搬する。液体中を伝搬する超音波には縦波と横波が

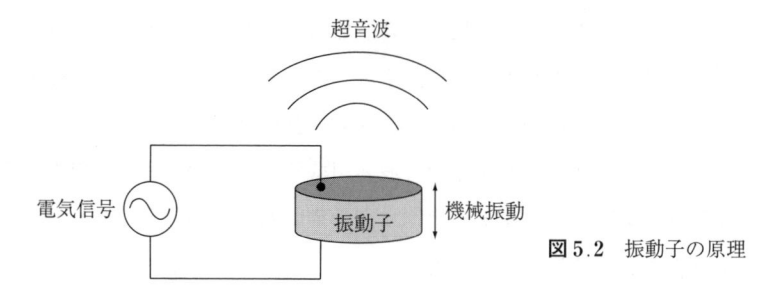

5.1 超音波発生装置，ソノリアクター

図 5.2 振動子の原理

あるが，横波は液体中での減衰が非常に大きいため，液体中を伝搬する超音波は縦波のみとなる。

振動子の主な材料は，**図 5.3** のように電界の変化でひずみを生じる圧電型と，磁界の変化でひずみが生じる磁歪型の 2 種類に分類されるが，現在は圧電型の振動子が多く使用されている。

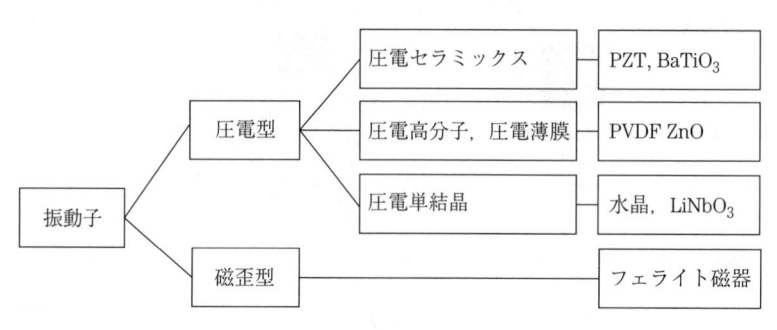

図 5.3 振動子の主な材料

圧電型の振動子はマイクロホンのように超音波を受けると電気信号を発生する**圧電効果**と，電気信号により超音波を発生する**逆圧電効果**の両方の可逆な特性をもっている。

縦効果の振動は，図 5.2 に示すように振動子に印加する電界と振動の向きが同じで，横効果の振動は電界と振動の向きが直交している。縦効果の振動は大きな振幅を得ることができるため，多くの超音波機器に使用されている。

振動子を大きな振幅で振動させるためには，機械的な共振を利用する。振動子を縦効果で使用する場合，振動子は厚さが 1/2 波長の寸法になる周波数で

共振する。この共振周波数に一致した周波数の交流電界を振動子に印加することにより，振動子は大きな振幅で振動する。振動子の共振を利用する場合，一般的に，一つの振動子は一つの周波数のみで振動する。

図5.4に種々の周波数に対する超音波応用機器の例と振動子の材料を示す。**圧電セラミックス**はフェライトに比べて高効率であるため，多くの超音波製品の振動子材料として使用されている。

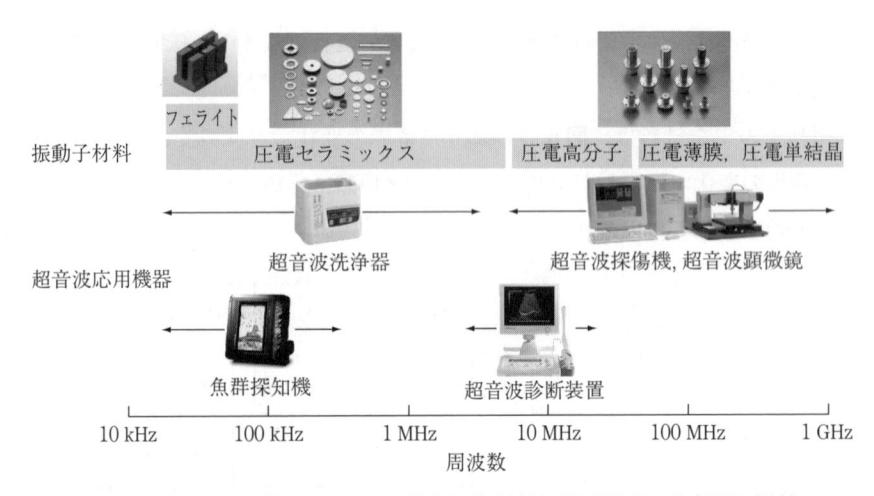

図5.4 超音波応用機器の使用周波数と振動子材料（資料提供：本多電子(株)）

圧電セラミックスを縦効果の振動で使用する場合，振動子の厚さは周波数が高いほど薄くなる。磁器である圧電セラミックスは，薄く作成することが困難なことと，薄くすると機械的強度が低下することにより，十数MHz以下の周波数で使用されている。これより高い周波数ではポリフッ化ビニリデン（poly vinylidene di fluoride：PVDF）等の圧電高分子やZnO等の圧電薄膜，水晶等の圧電単結晶が使用されている。高い周波数では1GHz程度までの周波数が超音波顕微鏡等で実用化されている[1]。

ソノケミストリーの実験の多くは20kHzから5MHzの周波数帯で行われ，振動子の材料として主に圧電セラミックスを使用して行われることが多い。

現在，圧電セラミックスの材料は高効率な**ジルコン酸チタン酸鉛**（lead

zirconate titanate, Pb(Zr, Ti)O$_3$, PZT) を主に使用しているが，環境に配慮した鉛フリーの圧電セラミックスも研究されている[2]。

数十 kHz 以下の低い周波数の超音波を利用する場合，共振させるために圧電セラミックスの厚さは 20 mm 以上と厚くなり，均質な焼成体を得ることが困難になる。圧電セラミックスを金属ではさむ構造にすると，圧電セラミックスと金属全体の長さが 1/2 波長になる寸法で共振する。このような構造の振動子は発明者の名からランジュバン型振動子と呼ばれ，薄い圧電セラミックスを用いながら低い周波数で共振させることができる（**口絵 4**）。

ボルト締めランジュバン型振動子（bolt-clamped Langevin type transducer：BLT 振動子）は，金属どうしをボルトで締め付ける構造で，圧電セラミックスを圧縮することにより，引張強度の低い圧電セラミックスを高振幅で振動できる。

ボルト締めランジュバン型振動子に 1/2 波長の整数倍の長さの金属をネジ止めで追加して連結させることで，振動子の形状を長くすることができる。特に連結させる金属棒を**図 5.5** のように超音波の放射面に向かって細くした形状の振動子をホーン型振動子と呼び，ランジュバン型振動子表面の振幅よりも大きな振幅を得ることができる特徴がある。ホーン型振動子を使用する場合はホーン先端部のみを媒質内に挿入する。

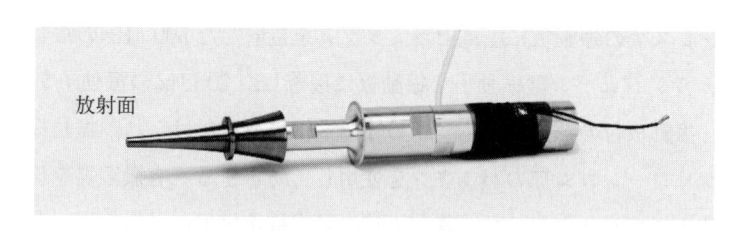

図 5.5 ホーン型振動子

ソノケミストリーの実験で使用されている振動子の例を**図 5.6** に示す。図（a）は 20 kHz のホーン型振動子である。周波数が 100 kHz 以上の場合，振動子はランジュバン型ではなく圧電セラミックス単体になる。図（b）に直径 50 mm，周波数 500 kHz の圧電セラミックスを示す。

(a) ホーン型振動子
(20 kHz)

(b) 圧電セラミックス
(500 kHz)

(c) 振動板付き振動子
(500 kHz)

(d) 振動板付き振動子
(20 kHz)

(e) 投げ込み型振動子
(500 kHz)

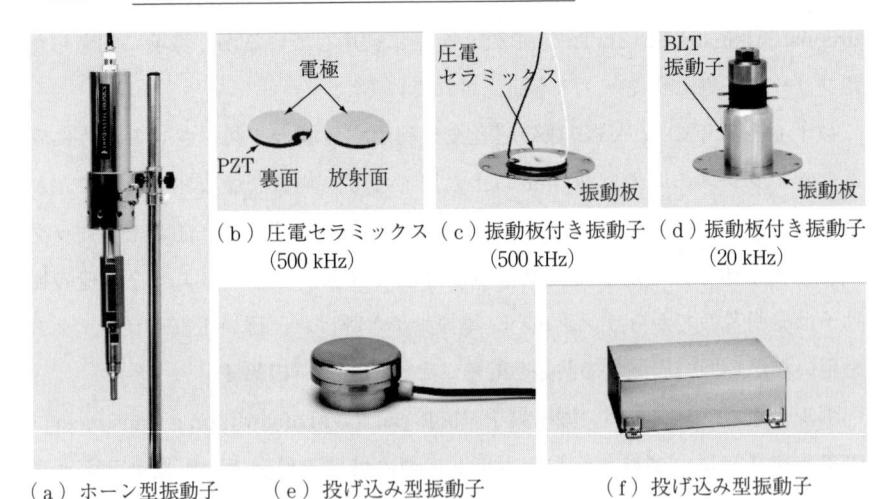

(f) 投げ込み型振動子
(28 kHz)

図5.6　ソノケミストリー用の振動子の例

　圧電セラミックスやランジュバン型振動子を単体で使用する場合，圧電セラミックスやランジュバン型振動子は直接媒質に接することはなく，振動子と媒質の間に金属や樹脂などの板を設ける構造にしている。この圧電セラミックスに接している板を振動板と呼んでいる。ソノケミストリーの実験に用いる振動子は，SUS304，SUS316等のステンレス等の振動板に圧電セラミックスをエポキシ系の接着剤等で接着する場合が多い。

　ステンレス製の振動板に圧電セラミックスを接着した500 kHzの振動子を図(c)に，ランジュバン型振動子を振動板に接着した20 kHzの振動子を図(d)に示す。振動板付の振動子はネジ止め等で水槽に取り付けられ，振動板と水槽の間にシリコーンゴム等のパッキンを使用して防水する。有機溶媒を使用する場合は防水用のパッキンはフッ素ゴム等の耐有機溶媒用の材料を用いる。

　図(e)と図(f)は投げ込み型振動子で，金属製の防水ケース内に圧電セラミックスまたはボルト締めランジュバン型振動子を取り付ける構造で溶液内に沈めて使用し，汎用的な水槽内に超音波を照射できる特徴がある。

5.1.2 ソノリアクター

媒質への超音波照射は，間接照射および直接照射の2種類がある。

間接照射は図5.7(a)に示すように，水槽内の溶液中に反応容器を浸し，間接的に反応容器内の溶液に超音波照射する方法である。振動子で発生した超音波は，水槽内の水等の溶液を伝搬し，反応容器の底を透過し，反応容器内の溶液に伝搬する。反応容器の材質はガラス製やステンレス等の金属製である。間接照射は，少量の溶液へ超音波照射することができ，また溶液の汚染を避けられる特徴がある。

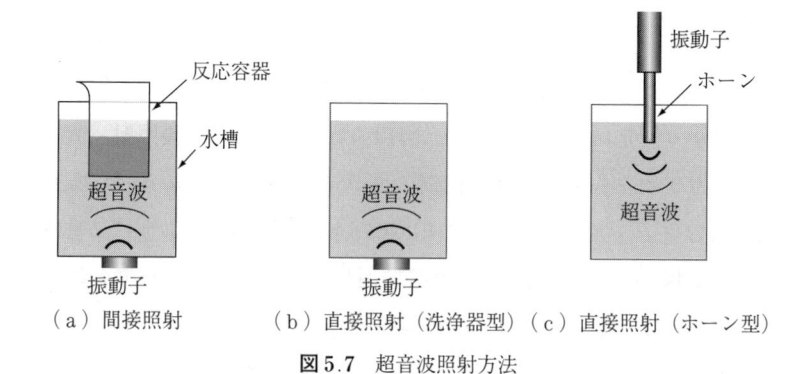

(a) 間接照射　　(b) 直接照射（洗浄器型）　(c) 直接照射（ホーン型）

図5.7　超音波照射方法

反応容器内に超音波を効率よく透過させるために，反応容器の底板の厚さは1/2波長の整数倍，または波長より十分薄い1/10波長以下がよい[3]。反応容器内に投入される超音波エネルギーは，振動子が放射する超音波の音場と，反応容器の位置および反応容器の形状に依存する[4),5)]。

図(b)と図(c)は直接照射で，水槽が反応容器になっている。図(b)に示す洗浄器型またはバス型は，振動子を水槽の下面または側面に取り付ける構造で，水面や水槽の壁で超音波が反射し定在波を生じる。

図(c)に示すホーン型は，溶液の上部からホーン型振動子を入れて超音波照射する方法で，数十kHz以下の低周波数で大きな振動振幅を得られる。

実際にソノケミストリーの実験に使用されているソノリアクターを図5.8に示す。図(a)は500 kHzの間接照射用のソノリアクターで，水槽内の水の温度

(a) 間接照射
(500 kHz)

(b) 間接照射，直接
照射兼用（500 kHz）

(c) 直接照射
(45 kHz)

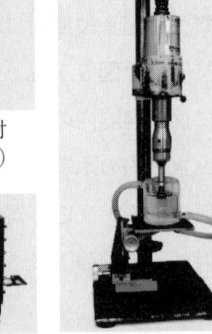

(d) 直接照射
(2.4 kHz)

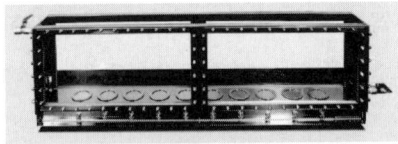

(f) 直接照射流通式
(500 kHz)

(e) 直接照射ホーン型
(20 kHz)

図5.8 ソノリアクター（(a)～(d)，(f)は本多電子(株)製，(e)はブランソン製)

は恒温槽により一定に保たれている。図(b)は500 kHzの間接照射，直接照射兼用のソノリアクターで，水槽は円筒のガラス製である。図(c)は45 kHzの直接照射用のソノリアクターで，水槽は冷却水を循環できるように二重構造になっている。図(d)は2.4 MHzの直接照射用のソノリアクターで，超音波霧化の実験用である。図(a)から図(d)は洗浄器型のソノリアクターであるが，図(e)は20 kHzのホーン型ソノリアクターである。図(a)から図(e)のソノリアクターはバッチ処理用であるが，図(f)のソノリアクターは500 kHzの直接照射のソノリアクターで，右側から左側へ流れる溶液に超音波を照射する流通式である。

5.1.3 振動子の駆動方法

ソノケミストリーの実験は，超音波洗浄器，超音波ホモジナイザー，超音波霧化器など市販されている超音波機器を用いて行われることが多い。しかし，洗浄器型のソノリアクターで実験する場合，市販の超音波機器は水槽や振動子の形状，振動子の取り付け方法，超音波の周波数等の制限があるため，ソノケミストリーの実験は特注のソノリアクターで行われる場合がある。ここでは，振動子付きのソノリアクターを独自に作製した場合の一般的な振動子の駆動方

法について述べる。

　ソノケミストリーの実験によく使われている振動子の駆動システムは図 5.9 に示すような構成である。信号発生器で発生した正弦波は，増幅器で増幅され，振動子に印加される。増幅器は定電圧出力のタイプが扱いやすいが，1 MHz 以上の高い周波数で数十 W 以上の大電力を増幅できるものは少なく，出力インピーダンスが 50 Ω の機種が多い。出力インピーダンス 50 Ω の増幅器で，50 Ω 以外のインピーダンスをもつ振動子を駆動する場合は，トランス等で構成されたインピーダンス変換器を増幅器と振動子の間に挿入して，増幅器から見た振動子側のインピーダンスを 50 Ω に整合する必要がある。

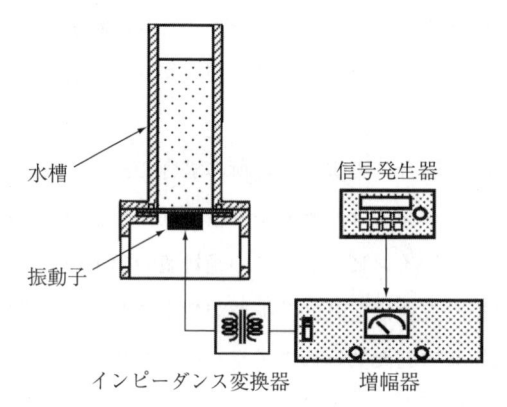

図 5.9　振動子の駆動方法

　振動子の駆動方法は，再現性あるソノケミストリーの実験を行うために重要であるため，ソノケミストリーで使用される振動子の電気的な特性について説明する。

　ソノケミストリーの実験で使用される振動子の材料は圧電セラミックスが多く使われる。圧電セラミックス製の振動子は共振周波数近傍で図 5.10 のような電気的な等価回路で表される。振動子の機械インピーダンスに相当する LCR 回路に，音響負荷に相当する回路が接続され，これに静電容量が並列に接続した形になっている。この LCR 回路に流れる電流が振動子の振動速度に比例する。LCR 回路が共振する周波数が機械的共振周波数で，この周波数で使用すると効率よく振動させることができる。

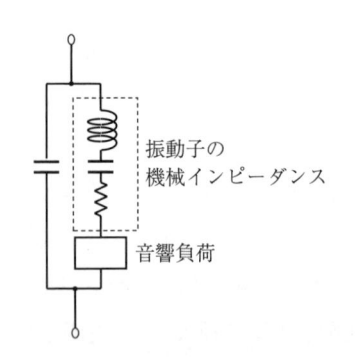

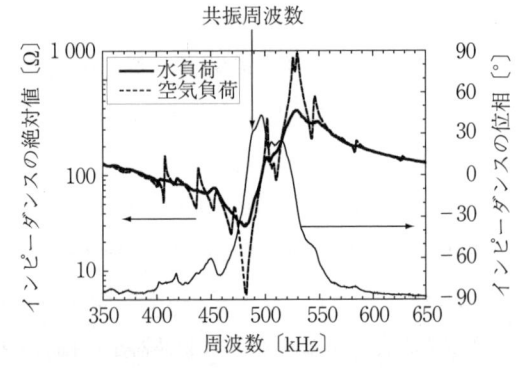

図 5.10　圧電振動子の等価回路　　図 5.11　圧電振動子のインピーダンスの周波数特性

ソノリアクター内に水がない状態と水を入れた場合，つまり振動子の音響負荷を空気にした場合と水にした場合の，振動子のインピーダンス絶対値を比較したものを**図 5.11** に示す．

　図において，点線が空気負荷の場合，実線が水負荷の場合である．なお，ここで測定された水負荷のインピーダンスは，水面や水槽の壁で超音波が反射しない条件で測定されたものである．インピーダンスの絶対値の極小値が電気的共振周波数である．機械的共振周波数は電気的共振周波数よりわずかに高い周波数である．使用される機械的共振周波数近傍でインピーダンスの絶対値は大きく変化し，インピーダンスの位相も負（容量性）から正（誘導性）へと大きく変化する．

　図 5.11 のように，振動子の音響負荷が空気から水になると，振動子の極小値のインピーダンスの絶対値は一桁近く大きな値になる．出力インピーダンス 50 Ω の増幅器を使用する場合，水負荷の振動子のインピーダンスの絶対値が 50 Ω でない場合はインピーダンス変換して，インピーダンスの絶対値を 50 Ω，位相を 0°にする必要がある[6]．

　振動子の駆動に関して，ソノケミストリーの装置を正しく操作するための注意点について説明する．

　振動子は使用する周波数近傍で大きくインピーダンスが変化する．水温の上

5.1 超音波発生装置,ソノリアクター

昇等で超音波照射条件が変わると振動子のインピーダンスは大きく変化して,振動子に印加される電圧や振動子に流れる電流は増加して,増幅器の定格に対して過電圧や過電流となり増幅器は故障する場合がある。振動子の駆動電力に対する増幅器の定格電力（安全率）は2程度必要になる。

通常はソノリアクター内の水中に超音波を照射するが,ソノリアクター内に水を入れずに振動子を駆動すると,振動子に印加されたエネルギーのほとんどが振動子内の熱になる。そのため,振動子は短時間で高温になり,振動子と振動板を接着している部分がはがれたり,はんだ付けしてあるリード線が取れたり,圧電セラミックスの圧電性が失われたりして振動子が破損する。特に振動子を定電圧で駆動している場合,振動子の音響負荷が空気になると振動子の振動速度が増加し,振動子に流れる電流は増加して振動子に印加される電力も増加し,発熱はより大きくなる。空気負荷で振動子を駆動する（空だきと呼んでいる）ことは避けるべきである。

水負荷で振動子を一定電力で駆動する場合でも,**図5.12**に示すように,振動子から水面までの距離である液高さが低いと,超音波パワーは低下する[7]。つまり液高さが低いと,振動子内で散逸するエネルギーが増加して,振動子が発熱する。特に周波数が低く液高さが低い場合は,液高さが高い場合より印加する電力を下げないと,振動子は発熱し破損する場合がある。

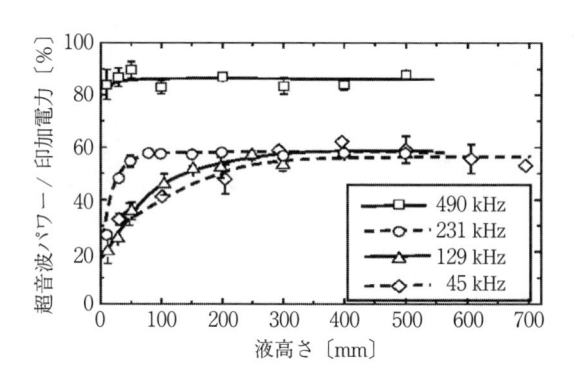

図5.12 振動子への印加電力と超音波パワーの比の液高さ依存

5.2 音場測定,音響パワー測定

振動子から溶液に超音波が照射されると音場が形成される。振動子が同位相,同振動速度 v_0 で振動して x 方向に伝搬するとして,振動子上の微小面積 $\mathrm{d}S$ から距離 r 離れた場所の音圧 p は,次式で求めることができる。

$$p = jk\rho c v_0 \iint \frac{1}{2\pi r} e^{-j(kx-\omega t)} \mathrm{d}S \tag{5.1}$$

ここで ρ は媒質の密度,c は媒質中の音速度(位相速度),$k=\omega/c$ は波数,ω は角周波数,t は時間である。

円板振動子の放射面すべてが同速度,同位相で振動しているとして,水に超音波が照射された場合の音圧分布を図 5.13 に示す[8]。

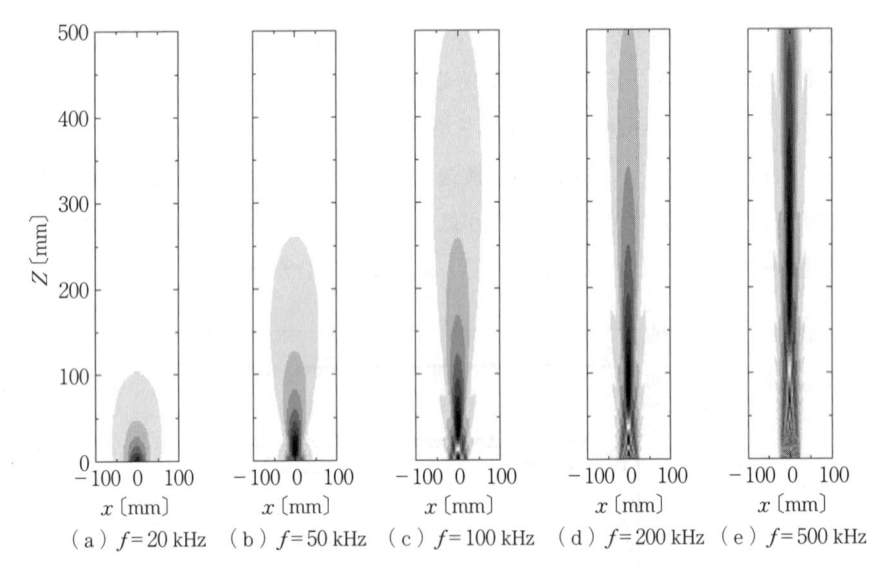

(a) $f = 20$ kHz (b) $f = 50$ kHz (c) $f = 100$ kHz (d) $f = 200$ kHz (e) $f = 500$ kHz

図 5.13 直径 50 mm の振動子から放射される音圧分布

このような複雑な音圧の分布を測定する方法として,ハイドロホンを使用して音圧を測定する音圧測定法が一般的に使われている[9]。溶液中に照射された超音波の超音波パワー(単位時間当りの超音波エネルギー)を求める方法は,

放射圧測定法および熱量測定法（calorimetry：カロリメトリー）がある。

本節では，音場測定と音響パワーを求める方法として，音圧測定法と放射圧測定法およびカロリメトリーについて説明する。

5.2.1 音圧測定法

ソノリアクター内の音場は，図5.14に示すような校正されたハイドロホンを使用して測定される。ソノリアクター内すべての音場を得るためには，すべての場所での音圧を測定する必要がある。

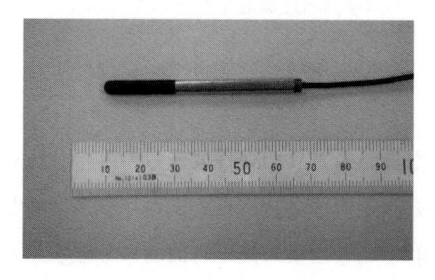

図5.14 ハイドロホン（RESON製）

音場を乱すことなく音圧を測定するためには，ハイドロホンの大きさは媒質内の波長に比べて十分小さくする必要があるが，ハイドロホンの大きさに限度があるため波長の短い高周波数では計測不可能となる。

キャビテーションが発生する強い音響強度の媒質中に小型のハイドロホンを使用して音圧測定を行うと，伝搬してきた超音波の振動やキャビテーションによりハイドロホンが破損する場合がある。キャビテーションが発生する場合，振動子に印加される周波数以外に多くの周波数成分の音が媒質中に発生する。そのため，測定時にバンドパスフィルタやスペクトルアナライザを用いて周波数を選択する必要がある。

ハイドロホンを破損させることなく音圧測定する方法として，パルス超音波法（バースト波による駆動方法）がある。パルス超音波法は，超音波照射（ON）と照射停止（OFF）を繰り返す方法で，ON時間/（ON時間＋OFF時間）であるデューティ比を数百分の1以下にして，連続超音波照射より時間平均の

(a) 構成図
(b) 観測波形

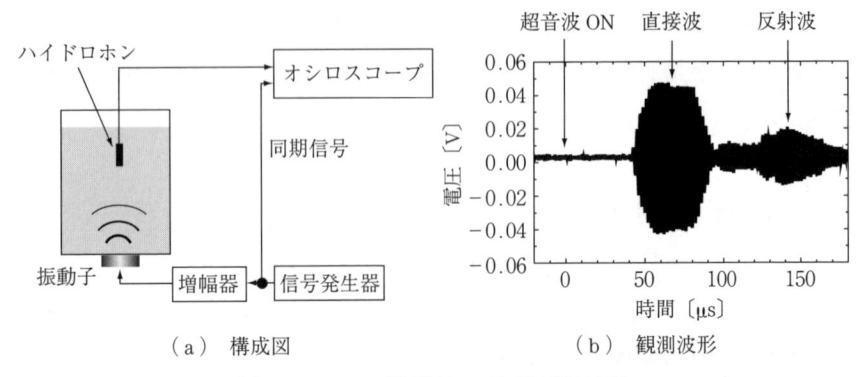

図 5.15 パルス超音波による音圧測定方法

超音波パワーを減少させる方法である。パルス超音波を用いた音圧測定方法の構成図を図 5.15(a)に示す。

パルス超音波を使用すると振動子から照射された進行波成分のみの音圧を測定することができる。水面や壁近傍を測定する場合，振動子から直接伝搬してきた直接波と水面や水槽の壁から反射してきた反射波を時間的に分離するために超音波の ON 時間は短いほどよい。しかし，振動子は共振を利用しているため，発生する超音波の周波数帯域は狭くなり，図(b)に示す直接波のパルスの振幅が一定の大きさになる時間のパルス幅が必要になる。例として，直径 50 mm の 500 kHz 振動子の場合，パルス幅は 40 μs 程度がよい。

ソノリアクター内のある一点のみの音圧を計測する場合，音圧測定法は短時間で測定できる長所がある。例えば，振動子から照射される超音波の音圧の周波数特性を得るために音圧測定法が用いられている。

例として，直径 50 mm，周波数 500 kHz の振動子（共振の鋭さを表す $Q=20$）に電力 30 W を印加した場合の振動子から 400 mm 離れた中心軸上の場所の音圧の周波数特性を図 5.16 に示す。

音圧測定法で求めた音圧と媒質の固有音響インピーダンスから得られる超音波強度を面積分することにより超音波パワーを見積もることができる。

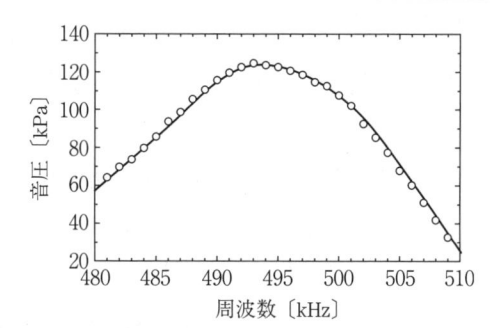

5.2 音場測定,音響パワー測定　　*111*

図5.16 音圧の周波数特性

5.2.2 放射圧測定法（天秤法）

天秤法の原理を**図5.17**(a)に示す。

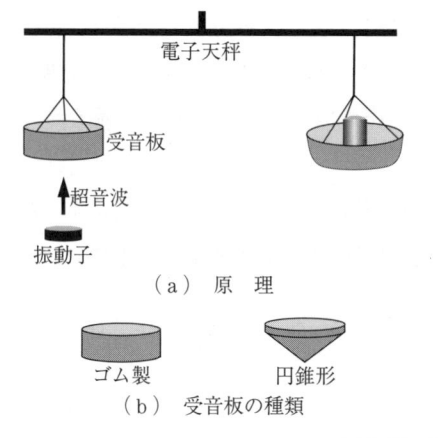

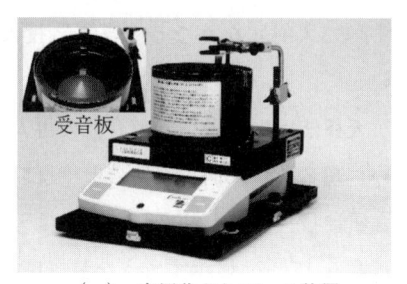

（a）原　理

（b）受音板の種類

（c）実用化されている装置
（ohmic instruments 製）

図5.17 天　秤　法

振動子から超音波が放射されると，受音板は**放射力**[10]と呼ばれる力を受ける。受音板で受ける超音波を平面波とし，受音板から振動子方向に反射がないと仮定すると，超音波パワー W_U〔W〕は放射力 F〔N〕に次式のように比例する。

$$W_U = cF \tag{5.2}$$

ここで，c〔m/s〕は媒質の音速で，超音波照射前後の天秤で測定される重量変化を Δm〔kg〕とし，重力加速度を g〔m/s^2〕とすると，式(5.2)は次のようになる。

$W_\mathrm{U} = \Delta mgc$ (5.3)

天秤で重量変化を測定することにより，超音波パワーを得ることができる[11]。

受音板に入射した超音波を振動子側に反射させない方法として，図(b)のように受音板の材質をゴムにして，入射した超音波を吸収させる方法や，受音板の入射面を頂角90°の円錐形にして，超音波を横方向に反射させて，横方向にある水槽側面で，超音波を吸収させる方法がある。実用化されている装置を図(c)に示す。超音波は下方向に照射するタイプで，受音板は円錐形である。

振動子から媒質に投入された超音波パワーを天秤法で測定する場合，振動子から放射されるすべての超音波が受音板に入射することが必要である。例えば，受音板より直径が大きい円板型振動子の場合，放射された一部の超音波しか受音板に入射されない。振動子の放射面積が小さく周波数が低い場合，振動子から放射される超音波は図5.13に示すように広い指向性となり，受音板にすべて入射しなくなり，媒質に投入された超音波パワーは正確に測定できない。

天秤法は振動子への超音波の再入射がない条件で超音波パワーを測定するため，超音波が水面や水槽の壁で反射して振動子に再入射するような水槽では，媒質に投入された超音波パワーは天秤法で求めた値と異なる。

図5.17(c)に示すような装置は，直径数十mm以下，周波数1MHz以上で比較的反射が少ない媒質で使用される超音波パワーの評価に使用される場合が多い。

HIFU（high intensity focused ultrasound：高密度焦点式超音波，HIFUS, HITU (high intensity therapeutic ultrasound) という場合もある）のように強度が強い超音波が受音板に入射すると，超音波を吸収するタイプの受音板は発熱で破損することがある。また円錐型の受音板を使用する場合には超音波ビームが細く，円錐型の受音板が左右にゆれてしまうため正確に放射力を測定できないので注意が必要である[12]。

5.2.3 熱量測定法（カロリメトリー）

　超音波振動子により水槽内の水などの媒質に超音波を照射すると，超音波は水面や水槽などの媒質の境界で反射し，空中にはほとんど伝搬しない。そのため，水などの媒質に照射された超音波エネルギーのほとんどは，媒質で吸収され熱エネルギーに変換される。超音波照射による単位時間の熱エネルギーの変化を測定することにより，超音波パワー（単位時間の超音波エネルギー）を求める方法がカロリメトリーである[13),14)]。実際は，**図 5.18** に示すような装置を使用して，超音波照射直後の短い時間での媒質の温度上昇速度を測定することにより，媒質に印加された超音波パワー P_U 〔W〕を次式から得る。

$$P_U = MC_p \frac{\Delta T}{\Delta t} \tag{5.4}$$

ここで，$\Delta T/\Delta t$〔K・s^{-1}〕は温度上昇速度，C_p〔J・kg^{-1}・K^{-1}〕は媒質の定圧比熱容量，M〔kg〕は液体の質量である。

　例として，0.39 kg の水に，有効電力 30 W，周波数 500 kHz で振動子を駆動し，超音波を照射したときの水温の時間変化を図（ a ）に示す。温度上昇速度は，超音波照射開始 1 秒後から 120 秒後までの温度データを最小二乗法で直線近似して求める。この結果，温度上昇速度は 0.016 K・s^{-1} となり，水の定圧比熱容量を 4 200 J・kg^{-1}・K^{-1} とすると，水に照射された超音波パワーは 26.2 W となる。

　図（ c ）は超音波を直接照射している例であるが，図（ b ）のように超音波を間接照射する場合でも，ビーカーなどの反応容器内に照射された超音波パワーをカロリメトリーで測定することができる。

　図（ c ）のように水の容量が多い場合，超音波により上昇した温度の分布は不均一になることが多いため，水槽内を撹拌することにより，超音波パワーをカロリメトリーで測定することができる。図（ d ）は超音波の周波数を変えた例である。

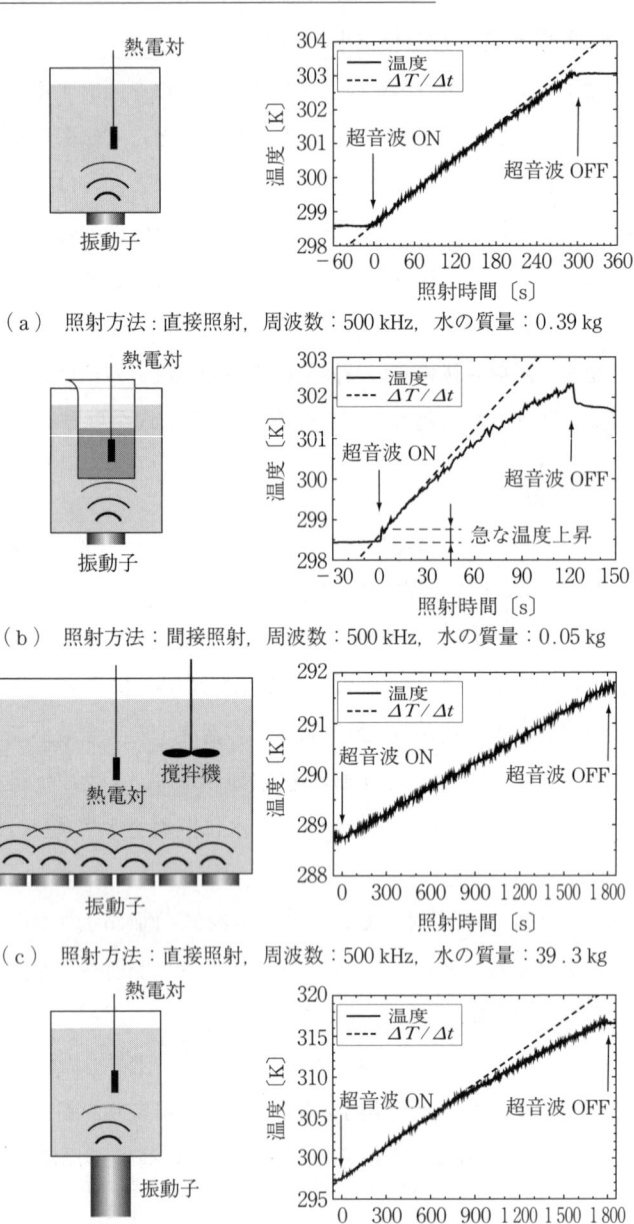

114　5. ソノケミストリーのための実験技術

（a）照射方法：直接照射，周波数：500 kHz，水の質量：0.39 kg

（b）照射方法：間接照射，周波数：500 kHz，水の質量：0.05 kg

（c）照射方法：直接照射，周波数：500 kHz，水の質量：39.3 kg

（d）照射方法：直接照射，周波数：45 kHz，水の質量：0.39 kg

図 5.18　超音波照射による水の温度変化

図(a)〜(d)に示す測定方法の測定条件と，3回実験を行って求めた超音波パワーの測定結果を**表**5.1に示す。

表5.1　カロリメトリーによる超音波パワー測定例

照射方法	周波数 f 〔kHz〕	駆動電力 P_E 〔W〕	水の質量 M 〔kg〕	温度上昇速度 $\Delta T/\Delta t$ 〔$K\cdot s^{-1}$〕	超音波パワー P_U 〔W〕	$P_U/P_E \times 100$ η 〔%〕
直接照射	500	30	0.39	0.0155±0.0005	25.3± 0.8	84.4±2.7
間接照射	500	40	0.05	0.0425±0.0028	8.9± 0.6	22.3±1.5
直接照射	500	300	39.3	0.0016±0.0001	260 ±16	85.6±4.6
直接照射	45	50	0.39	0.0125±0.0004	20.6± 0.6	41.1±1.3

ここで，周波数500 kHzの振動子は直径50 mmの円板形状で，駆動電力300 W時は振動子を6個並列駆動している。この振動子を使用して直接照射した例より，駆動電力に対する超音波パワーの比ηは，駆動電力に依存しないでほぼ同じ値になる。また，直接照射に比べて間接照射時のηは大きく低下する。

カロリメトリーは超音波が照射される反応容器の形状が複雑な場合や，広い超音波周波数帯域で溶媒中に印加される超音波パワーを推測できる利点がある。

カロリメトリーによる測定で注意する点として，図5.18(b)に示すように，超音波照射開始および超音波照射停止の直後に大きな温度変化がある。これは熱電対が超音波振動による摩擦で発熱したと考えられる。このため超音波照射開始から1秒間程度の温度データは使用しないようにするとよい[9]。図5.18のように超音波照射する場合，熱電対の位置は溶液の中心部で，超音波振動による摩擦の低減や，音響流による熱電対への気泡の付着を防ぐために，振動子の直上から数mm横方向に離すとよい。

5.3　化学的定量法

水などの媒質に超音波を照射すると，媒質は物理的作用と化学的作用を受ける。本節では超音波による化学的作用の定量方法と可視化について説明する。

なお，物理的作用の程度を調べる方法として，超音波が照射されている媒質中にアルミホイル等を浸しアルミホイルのエロージョンを観測する方法や，超音波洗浄による洗浄結果を観測する方法などが用いられている。しかし，これらの方法は定性的であるため，超音波による物理的作用の簡便な定量化の方法が望まれている。

水溶液に超音波を照射するとキャビテーションが発生し，ラジカル種が生成する。これらラジカル種が基点になり化学反応が進行する。OHラジカルの定量法として電子スピン共鳴（electron spin resonance：ESR）法があるが，測定には高価な装置を必要とするため，より簡便なOHラジカルの定量法として**表5.2**に示す化学的定量法が提案されている。

表5.2 化学的定量法

定量法	方　　法
フリッケ法[14)〜17)]	2価の鉄塩水溶液（フリッケ溶液）から3価の鉄を定量化
Weissler法[18)]	ヨウ化カリウム＋四塩化炭素からI_3^-を定量化
蛍光法[17), 19)〜20)]	2-ヒドロキシテレフタル酸イオンの定量化
フェノールフタレイン法[21)]	pH9のフェノールフタレイン水溶液の脱色測定
分解法[14), 22)]	ポルフィリン，ローダミンB，メチルオレンジ等の分解量を定量化
KI法[14), 17), 23)]	ヨウ化カリウム水溶液からI_3^-を定量化

これらの方法は，キャビテーション気泡内で生成したラジカルが界面や液中に拡散して引き起こす化学反応により生成する化合物を測定する方法である。フリッケ法は，放射線と超音波の化学的作用の比較に有利であるが，フリッケ溶液は強酸性であるため取り扱いに十分な注意が必要である。Weissler法は四塩化炭素を使用するため，現在では環境面から敬遠されている。またフェノールフタレイン法は簡便な方法ではあるが誤差が大きい。ここで，比較的簡便で扱いやすいヨウ化カリウム（KI）水溶液を用いたKI法による化学的定量を説明する。

5.3.1　KI法

KI水溶液で遊離したヨウ化物イオン（I^-）は，水に超音波を照射したときに生成するOHラジカルや過酸化水素などで酸化されヨウ素（I_2）となる。I_2は水

に難溶で，I^-を含む溶液では以下の反応によりI_3^-となる。

$$I_2 + I^- \leftrightarrows I_3^- \tag{5.5}$$

I_3^-イオンは**図5.19**に示すように355 nmに特徴的な吸収を示し，この波長の**吸光度**から，次式のようにI_3^-イオンの生成量を見積もる。

$$c = \frac{E}{\varepsilon l} \tag{5.6}$$

ここでcはI_3^-のモル濃度〔$\mathrm{mol \cdot dm^{-3}}$〕，$E$は吸光度〔−〕，$l$はセル長〔cm〕，$\varepsilon$はモル吸光係数〔$\mathrm{dm^3 \cdot mol^{-1} \cdot cm^{-1}}$〕で，$I_3^-$イオンの場合，$\varepsilon = 26\,303\ \mathrm{dm^3 \cdot mol^{-1} \cdot cm^{-1}}$である。例として，吸光度測定のセル長$l = 1$ cmとし，紫外可視分光光度計で測定した吸光度を0.5とすれば，I_3^-のモル濃度は$1.9 \times 10^{-5}\ \mathrm{mol \cdot dm^{-3}}$になる。

$0.1\ \mathrm{mol \cdot dm^{-3}}$のKI水溶液に超音波を照射した場合の照射時間に対するI_3^-の吸光度を**図5.20**に示す。吸光度1以下で線形となっている。

図5.19 I_3^-の吸光度

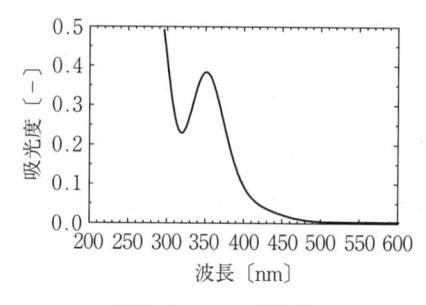

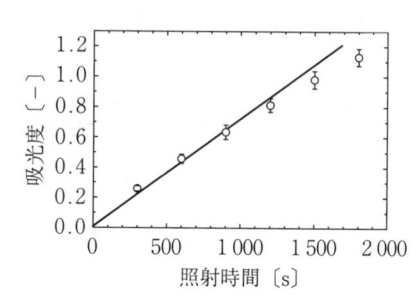

図5.20 照射時間に対するI_3^-の吸光度

5.3.2 ソノケミカル効率

ソノリアクター内の溶液に投入される単位超音波エネルギー当りの化学種の生成量をソノケミカル効率（sonochemical efficiency：SE）〔$\mathrm{mol \cdot J^{-1}}$〕と定義し，超音波による化学的作用の程度を示す。実際は化学種として超音波照射下でKI法により生成するI_3^-の物質量m〔mol〕を用いて，次式からソノケミカル効率を求める。

$$SE = \frac{m}{Q} = \frac{cV}{P_U t} \tag{5.7}$$

ここで，Q〔J〕は投入した超音波エネルギー，c〔mol・dm^{-3}〕は 0.1 mol・dm^{-3} の KI 水溶液から生成した I_3^- イオンのモル濃度，V〔dm^3〕は KI 水溶液の容量，P_U〔W〕は超音波パワーおよび t〔s〕は超音波照射時間である。

図 5.21 は，KI 法で求めたソノケミカル効率の周波数依存性の例である。ソノケミカル効率は周波数に依存し，200 kHz 付近が最も効率が高い[14]。

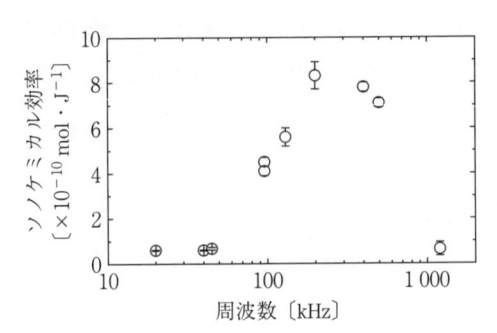

図 5.21 ソノケミカル効率の周波数依存性

5.3.3 化学反応場の可視化

溶液に強い超音波を照射して起きる化学反応は，溶液内で一様に起きているわけではなく，化学反応場として分布をもっている。ソノケミストリーによる化学反応場を可視化するためにルミノール発光を用いた観測が多く用いられている。

4 章で示したように，アルカリ性の溶液中のルミノールは，超音波照射により生成した過酸化水素によって青白く蛍光発光する（口絵 3）。

ルミノール発光の例として，0.01 wt%ルミノールと 0.5 wt%炭酸ナトリウム（アルカリ性にするため加える）の水溶液に超音波照射したときの発光写真を**図 5.22** に示す。反射板付きの内径 70 mm の円筒形ソノリアクターを使用して，左側から右向きに超音波を照射している。反射板近傍でルミノール発光が観測され，化学反応場が反射板近傍であることがわかる。

図 5.23 に平底フラスコ内のルミノール発光を示す[4]。

（a）ソノリアクター

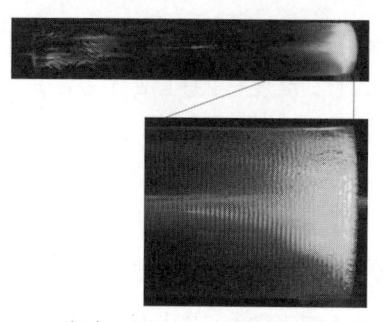

400 mm

振動子　超音波照射　反射板

（b）ルミノール発光の写真

図5.22 円筒型ソノリアクター内の
ルミノール発光（500 kHz）

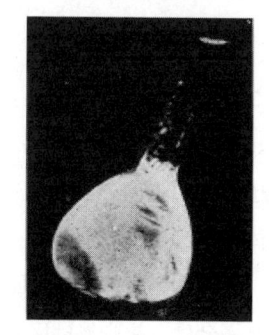

図5.23 100 mL平底フラスコ内のルミノール発光（100 kHz）

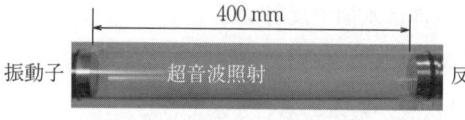

5.4　再現性ある実験に対する注意点

　ソノケミストリーの実験で再現性に関する因子は**表5.3**に示すようなものがある。本節では，ソノリアクターの音響的な因子に関して，再現性ある実験を行うためのソノリアクターの正しい操作方法について説明する。

表5.3　再現性ある実験に対する因子

種　類	因　子
超音波照射	照射強度，超音波周波数，照射時間，連続波/パルス波，重ね合わせ，照射方法（間接照射/直接照射）
振動子	振動子の種類，大きさ，放射面積，数量，配置方法，装着方法
反応容器	形状，材質，容積，液高さ
実験条件	操作温度，雰囲気，流速，撹拌，溶液の種類

　振動子の音響負荷が水の場合，振動子のインピーダンスの周波数特性は図5.11に示すようになる。これは，振動子から照射された超音波はどこでも反射していない条件で測定された例である。実際，図5.10のように下方から上

方に向けて超音波を照射すると,超音波は水面で反射する。

図2.4に示すように,媒質1を伝搬している平面波が媒質2に垂直に入射した場合の超音波の強度の反射率 R_t は次式から求めることができる。

$$R_t = \left(\frac{\rho_1 c_1 - \rho_2 c_2}{\rho_1 c_1 + \rho_2 c_2}\right)^2 \tag{5.8}$$

ここで,媒質1を水,媒質2を空気とし,温度を293 K とすると $\rho_1 = 998.2$ kg・m^{-3}, $c_1 = 1482.7$ m・s^{-1}, $\rho_2 = 1.205$ kg・m^{-3}, $c_2 = 343.7$ m・s^{-1} となり,超音波の強度の反射率は99.9%となる。つまり,水にとって空気はよい反射体となる。

ソノリアクターの水面部分に反射板を設けた場合や,水面が鏡のように平らな場合は,超音波は反射板や水面で反射して振動子に再入射するため,振動子のインピーダンスの周波数特性は図5.24のようになる。細かいピークはソノリアクター内の共振により現れ,わずかな周波数の変化で振動子のインピーダンスは大きく変化する。

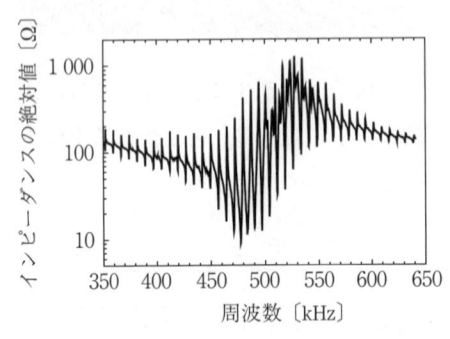

図5.24 振動子のインピーダンスの周波数特性(水面で反射がある場合)

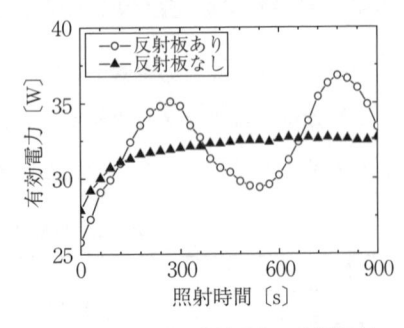

図5.25 振動子有効電力の時間依存

リアクター内の共振状態の変化は,周波数が一定であっても液高さの変化や,水温の変化でも起き,実験の再現性を低下させる原因となる[24]。

例として図5.9に示す装置で信号発生器の出力電圧を一定にして振動子を駆動する場合,振動子に印加される電圧はほぼ定電圧になる。周波数500 kHzの振動子に印加される有効電力の時間依存を図5.25に示す。超音波を水に照射

すると水の温度が上昇し，水の音速が増加する。このような場合にソノリアクターの水面部分に金属製の反射板を設けると，駆動周波数や液高さが一定のとき音速とともに波長が長くなるため，リアクター内の水の共振状態が変わり，振動子のインピーダンスが変化して，振動子に印加される有効電力は変化する。

　反射板がなく，水面が自由な場合は，振動子に印加される有効電力はほぼ一定を示す。これは，超音波照射による放射圧[10]と音響流[25],[26]により水面が1/4波長以上上下に動くため，振動子のインピーダンスは観測時間内で時間平均されて一定になるためである。なお，超音波照射開始1分間は振動子や増幅器の特性で印加電力が変化していると考えられる。

　振動子を定電圧駆動する場合，反射板や水面の影響があるときに，振動子に印加される有効電力が変化するため，溶液に照射される超音波パワーは変動する。したがって，実験の再現性を上げるために振動子を駆動する有効電力を一定に制御する必要がある。

　振動子に印加される有効電力は，増幅器と振動子の間に高周波電力計を挿入して測定する。専用の高周波電力計以外に，振動子に印加される電圧をオシロスコープで観測し，振動子に流れる電流を電流プローブで検出して，計算で有効電力を求める方法もある。最近のデジタルオシロスコープは演算機能があり，有効電力の計算をオシロスコープ内部で行う機種もあり便利である。

　底の平らな反応容器を使用して間接照射を行うと，振動子から照射された超音波は反応容器の底で一部反射し，振動子と反応容器の底の距離の違いで，振動子と反応容器の底の間で共振状態が変わるため，反応器内に透過する超音波強度も変化する。実験ごとに振動子と反応容器の底の距離を一定にすることと，水槽内の水温を一定にすることで，再現性ある実験ができる。水槽内の水を脱気しないで長時間の超音波照射を行うと，反応容器の下に気泡がたまり，反応容器内に投入される超音波エネルギーは減少する。

　リアクター内の共振状態は振動子の音響負荷の変化だけでなく，化学的作用に対しても影響がある[27]。その例を**図 5.26**に示す。これは反射板があるソノリアクターで，KI水溶液に周波数129 kHzの超音波を上方向に照射し，液高

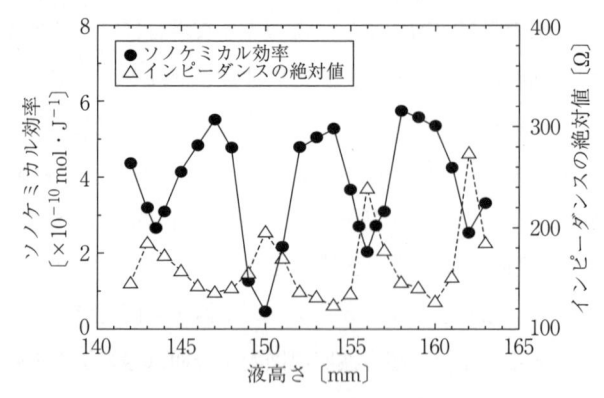

図 5.26 ソノケミカル効率の液高さ依存

さをミリ単位で変化させたときの KI 法によるソノケミカル効率を示した図で，ソノケミカル効率は液高さに大きく依存している。このときの振動子のインピーダンスの絶対値も同図に示す。

振動子のインピーダンスの絶対値が極小のとき，ソノケミカル効率は極大を示し，振動子のインピーダンスの絶対値が極大のとき，ソノケミカル効率は極小を示す。

振動子のインピーダンスの絶対値は，高価なインピーダンスアナライザを使用しなくても，高周波電力計の代わりに使用したオシロスコープを使用して，振動子に印加される電圧と振動子に流れる電流から求めることができる。

図 5.26 の実験を行ったソノリアクターから反射板を取り外して強い超音波を照射する場合，超音波の反射面となる水面は超音波の音響流により波打ち，水面の位置が 1/4 波長以上上下に動くためリアクター内の共振状態が時間的に変化し，化学的作用の効率の液高さ依存はなくなる。反射板がない場合でも，波長が長い低周波数の場合は，リアクター内の共振状態で振動子の音響負荷が大きく変化する。

ソノケミカル効率は，超音波が照射されている溶液中に溶存している空気の量に依存する。超音波照射前に水を一定温度にして，空気をある時間エアレーションする簡便な方法で，超音波照射前の水の溶存空気量を一定にでき，再現性ある実験ができるようになる。

引用・参考文献

1) Y. Saijo, C. S. Jorgensen, P. Mondek, V. Sefranek and W. Paaske : Acoustic inhomogeneity of carotid arterial plaques determined by GHz frequency range acoustic microscopy, Ultrasound Med. Biol., **28**, pp. 933-937 (2002)
2) T. Tou, Y. Hamaguti, Y. Maida, H. Yamamori, K. Takahashi and Y. Terashima : Properties of $(Bi_{0.5}Na_{0.5})TiO_3$-$BaTiO_3$-$(Bi_{0.5}Na_{0.5})(Mn_{1/3}Nb_{2/3})O_3$ lead-free piezoelectric ceramics and its application to ultrasonic cleaner, Jpn. J. Appl. Phys., **48**, 07GM03 (2009)
3) S. Hatanaka, T. Tuziuti, T. Kozuka and H. Mitome : Dependence of Sonoluminescence Intensity on the Geometrical Configuration of a Reactor Cell, IEEE, Trans. UFFC, **48**, pp. 28-36 (2001)
4) K. Negishi : Experimental Studies on Sonoluminescence and Ultrasonic Cavitation, J. Phys. Soc. Jpn., **16**, pp. 1450-1464 (1961)
5) B. Nanzai, K. Okitsu, N. Takenaka, H. Bandow, N. Tajima, Y. Maeda : Effect of reaction vessel diameter on sonochemical efficiency and cavitation dynamics, Ultrason. Sonochem., **16**, pp. 163-168 (2009)
6) 稲葉 保：パワー MOS FET 活用の基礎と実験, p. 262, CQ 出版社 (2004)
7) Y. Asakura, T. Nishida, T. Matsuoka and S. Koda : Effects of ultrasonic frequency and liquid height on sonochemical efficiency of large-scale sonochemical reactors, Ultrason. Sonochem., **15**, pp. 244-250 (2008)
8) 大槻茂雄：RING 関数による近距離音場の計算法, 日本音響学会誌, **30**, pp. 76-81 (1974)
9) 中村僖良：超音波, p. 80, コロナ社 (2001)
10) 超音波便覧編集委員会：超音波便覧, p. 196, 丸善 (1999)
11) 菊池恒男, 佐藤宗純：精密天秤を用いた放射圧計測による超音波パワー計測, 信学技報, US99-19, pp. 29-36 (1999)
12) 菊池恒男：天秤法に代わる超音波パワー計測標準の検討；水を発熱体とするカロリメトリ法, 超音波テクノ, **20**, 3, pp. 101-107 (2008)
13) T. Kikuchi and T. Uchida: Calorimetric method for measuring high ultrasonic power using water as a heating material, J. Phys. Conf. Ser., 279, 012012 (2011) .
14) S. Koda, T. Kimura, T. Kondo and H. Mitome : A standard method to calibrate sonochemical efficiency of an individual reaction system, Ultrason. Sonochem. **10**, pp. 149-156 (2003)
15) G. Mark, A. Tauber, R. Laupert, H. P. Schuchchmann, D. Schults, A. Mues and C. von Sountag : OH-radical formation by ultrasound in aqueous solution—Part 2 :

Terephthalate and Fricke dosimetry and influence of various conditions on the sonolytic yield, Ultrason. Sonochem., **5**, pp. 41-52 (1998)

16) A. K. Jana and S. N. Chatterjee : Estimation of hydroxyl free radicals produced by ultrasound in Fricke solution used as a chemical dosimeter, Ultrason. Sonochem., **2**, pp. S87-S91 (1995)

17) Y. Iida, K. Yasui, T. Tuziuti and M. Sivakumar : Sonochemistry and its dosimetry, Microchem. J., **80**, pp. 159-164 (2005)

18) A. Weissler, H. Cooper and S. Snyder : Chemical Effect of Ultrasonic Waves : Oxidation of Potassium Iodide Solution by Carbon Tetrachloride, J. Am. Chem. Soc., **72**, pp. 1769-1775 (1950)

19) T. J. Mason, J. P. Lorimer, D. M. Bates and Y. Zhao : Dosimetry in sonochemistry : the use of aqueous terephthalate ion as a fluorescence monitor, Ultrason. Sonochem., **1**, pp. S91-S95 (1994)

20) X. F. Fang, G. Mark and C. von Sountag : OH radical formation by ultrasound in aqueous solutions Part 1 : the chemistry underlying the terephthalate dosimeter, Ultrason. Sonochem., **3**, pp. 57-63 (1996)

21) L. Rong, Y. Kojima, S. Koda and H. Nomura : Simple quantification of ultrasonic intensity using aqueous solution of phenolphthalein, Ultrason. Sonochem., **8**, pp. 11-15 (2001)

22) H. Nomura, S. Koda, K. Yasuda and K. Kojima : Quantification of ultrasonic intensity based on the decomposition reaction of porphyrin, Ultrason. Sonochem., **3**, pp. S153-S156 (1996)

23) E. J. Hart and A. Henglein : Free Radical and Free Atom Reactions in the Sonolysis of Aqueous Iodide and Formate Solutions, J. Phys. Chem., **89**, pp. 4342-4347 (1985)

24) S. Nomura, K. Murakami and Y. Sasaki : Streaming Induced by Ultrasonic Vibration in a Water Vessel, Jpn. J. Appl. Phys., **39**, pp. 3636-3640 (2000)

25) 超音波便覧編集委員会：超音波便覧，p. 200, 丸善 (1999)

26) 三留秀人：音響流の発生機構について，電子情報通信学会論文誌 A, **J80-A**, pp 1614-1620 (1997)

27) Y. Asakura, S. Fukutomi, K. Yasuda and S. Koda : Optimization of sonochemical reactors by measuring impedance of transducer and sound pressure in solution, J. Chem. Eng. Jpn., **43**, pp. 1008-1013 (2010)

第6章
化学工業への応用

6.1 ソノプロセスとは

　超音波に由来するキャビテーションを利用した機器や装置は眼鏡洗浄器，超音波加湿器，超音波噴霧器などわれわれの身近なものとなっている。特に，超音波洗浄器はガラス器具，機械部品，半導体の洗浄のため小型から大型の装置が開発され，産業分野で広く利用されている。また，物質の分散，乳化には超音波ホモジナイザーが利用されている。この章では，化学を中心とした産業で超音波がどのように利用されているかについて述べる。

　用語**ソノプロセス**は，1994，1995年度NEDO調査報告「ソノプロセスを用いた材料開発」において初めて使われた。ここでは，超音波による物理的作用と分解反応を利用し，プラスチックス，金属の溶接，洗浄，医用関係，および有害物質の分解などの産業界に貢献する分野をソノプロセスとうたっている。一方，超音波技術を化学プロセス（反応，分解，分離，抽出など）へ応用展開するため，2002年度に化学工学会反応工学部会にソノプロセス分科会が設立された。現在では，ソノプロセスとは「超音波を利用したプロセス」のことであり，キャビテーション気泡だけでなく超音波エネルギーを利用したプロセスすべてを含む分野として幅広く捉えられている。なお，英語ではソノプロセスという用語はなく，「Sonochemical Engineering Process」（直訳すれば「超音波化学工学プロセス」）と呼ばれる。したがって，ソノケミストリーを化学工学プロセスに応用した分野がソノプロセスであるともいえる。

6. 化学工業への応用

　化学工学は反応プロセス，流動プロセス，物質移動と分離プロセス，熱移動プロセスなどを駆使し効率的にものづくりを行うための学問である。反応プロセスは，気液，液液，固液反応に分類される多くの反応を含んでいる。反応の前後では，蒸留，抽出，分離，吸収，吸着などの操作（単位操作）が必要となる。ソノプロセスは，従来の操作と超音波を組み合わせることにより物質移動の促進と反応の効率化を行う。本章では，**表6.1**に示すような固液プロセス，液液プロセス，気液プロセス，反応プロセスの中から代表的な例をいくつか紹介し，産業応用への大型化，効率化について触れる。

表6.1　ソノプロセスの例

プロセス	具体的な操作
固液プロセス	洗浄，抽出，分離，吸着，吸収分散，ろ過，晶析，殺菌
液液プロセス	乳化，撹拌，混合
気液プロセス	霧化，蒸留
反応プロセス	合成，重合，分解，酵素反応

6.2　固液プロセス

6.2.1　洗　　　浄

　超音波の工業的利用の中で，**洗浄**は最も頻繁に利用されており，精密機器，光学機器，半導体などの製造工程には不可欠となっている。超音波洗浄で用いられる超音波周波数は被洗浄物や汚れの種類によって異なる。例えば，機械部品に強力に付着した油汚れなどを剥離させる場合は，主に20〜100 kHzの低い周波数を用いる。一方，半導体に付着した微細な粒子などを取り除く場合には，1 MHz以上の周波数を使用する。

　低い周波数での超音波洗浄のメカニズムは主に**キャビテーション**であるが周波数が高くなるにつれてキャビテーションの効果が小さくなり，振動加速度や音響流の効果が大きくなる。近年，洗浄メカニズムの詳細が高速度ビデオカメラによる洗浄挙動の直接観察により解明されつつある。

6.2 固液プロセス

数十 kHz 帯の周波数を用いる超音波洗浄器の場合，振動子である圧電セラミックスは水槽の底部に取り付けられていることが多い．**図 6.1** に示すように超音波を照射すると，液中に周波数に応じた**定在波**が生じ，「波長/4」の整数倍ごとに音圧の腹（音圧振幅が最大になるところ）と節（音圧が 0 であるところ）が交互に生じるため，洗浄むらが生じるときがある．洗浄むらを低減させるために，周波数の切り替えや周波数変調をする機器，洗浄物を動かしながら超音波照射する機器が開発されている．また，キャビテーションにより洗浄物の表面を破壊してしまう場合には 100～1 000 kHz の周波数が用いられる．例えば，ある液晶ディスプレイ用ガラスの製造では，工程の途中でパターン形成されるので，最初のガラスでは 40 kHz，パターン形成後は 800 kHz で洗浄される．

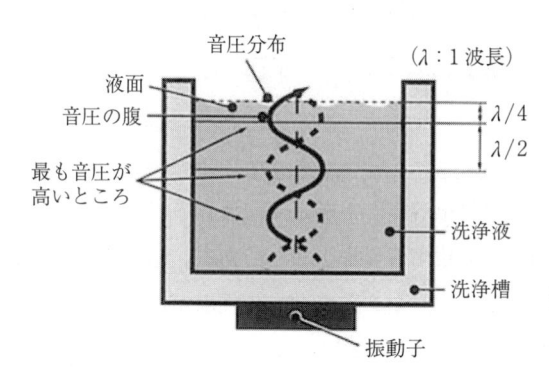

図 6.1 数十 kHz 帯の超音波洗浄器の模式図

半導体ウェーハなど精密で壊れやすいものの洗浄には，MHz 帯の超音波が用いられている．MHz 領域の洗浄器には**図 6.2** に示すように槽タイプ（図(a)）と流水タイプ（図(b)）がある．

槽タイプは，半導体ウェーハを超音波洗浄槽に入れて複数枚数同時に洗浄する方式である．しかし，洗浄槽から引き上げる際における微粒子の再付着や大型の洗浄物に対応できないことが問題となる場合がある．

流水タイプは，洗浄液を超音波照射しつつ，ノズルから洗浄物に流す方式である．洗浄物全体の洗浄を行うために，ノズルや洗浄物を移動させる必要がある．洗浄液を流す目的は，超音波を洗浄物に伝搬させることと同時に，超音波

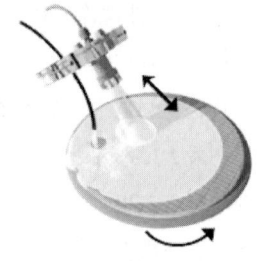

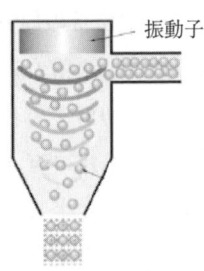

(a) 槽タイプ　　　(b) 流水タイプ　(c) 流水タイプのノズル部分

図6.2　MHz帯の超音波洗浄器の模式図

作用で剥離した汚れを洗浄物上から移動させることである。流水タイプは微粒子の再付着がなく，任意の大きさの洗浄物に対応できるが，洗浄液を多く使用する。近年は大型フラットディスプレイ用にノズルを直線上に並べたライン状流水式や，洗浄液の使用量を低減し，超音波伝搬面積を変えることができる石英振動体を使用したものなどがある。

6.2.2　抽　　　出

抽出とは，液体または固体の原料を溶媒と接触させ，原料中に含まれている溶媒に可溶な成分のみを選択的に分離する操作のことである。超音波照射下において，植物からの有効成分（ホップ，ミントなど）の抽出が促進される。また，1m^3規模の大型抽出装置[1]も開発されている。

超音波を利用して植物から有用な成分を抽出するメカニズムを図6.3に示す。

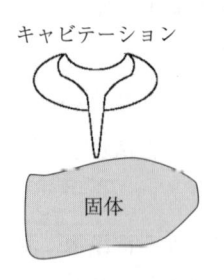

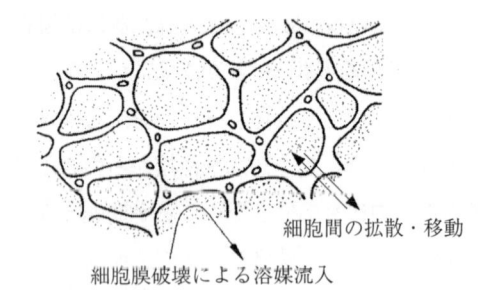

(a) キャビテーション非対称圧壊　　　　(b) 抽出のメカニズム

図6.3　固体界面でのキャビテーション非対称圧壊と抽出のメカニズム

① 細胞近傍でキャビテーションが非対称的に圧壊し,細胞壁が破壊されることによって細胞内に溶媒が流入し,細胞の膨張と水和を促進する。
② 植物や細胞内の溶質成分が溶媒に拡散,移動することにより,抽出速度が加速する。

その他では,超音波はオイルシェールからのビチューメン(原油成分の一種)の抽出[2]),超臨界二酸化炭素を溶媒とした生姜からの辛味成分の抽出[3]) などがある。抽出に使用される周波数はキャビテーションの物理的効果が大きい100 kHz 以下のものが多く,平板型の振動子を用いて溶液全体に照射する場合と,ホーン型振動子を用いて局所的に強力超音波を照射する場合がある。

6.2.3 分　　　　離

超音波照射下で膜分離すると,膜を透過する物質の流量が増大する。図 6.4 に超音波照射しながらポリアクリロニトリル製膜でデキストランをクロスフロー限外ろ過する装置の一例を示す[4])。なお,クロスフロー限外ろ過とは,孔径が 1～10 nm の膜を用いて,膜表面に沿って送液する方式のことである。このように多くの場合,膜分離装置の外部から水を媒体として超音波を間接的に照射する。膜には,セルロース,セラミック,高分子などが使用され,溶液中

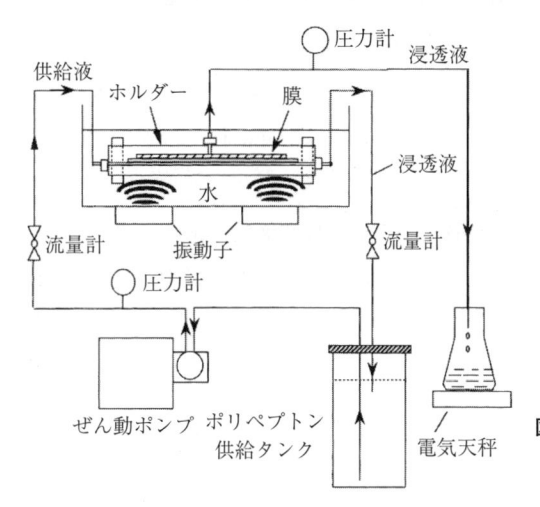

図 6.4　超音波照射による膜分離促進装置の例

の高分子,酵母などの分離が促進される[5]。

膜分離促進のメカニズムは,以下の二つである。

① **キャビテーション**により,膜面上の堆積粒子層を崩壊し,ファウリング（固体物質の沈着）が抑制されると同時に膜を洗浄する。
② ミクロ領域での音響流に起因する撹拌により,膜面近傍での透過物質の濃度低下を緩和する。

膜分離に使用される周波数は 100 kHz 以下が多い。超音波強度を高くすると膜透過流量が高くなるが,キャビテーションにより膜が破壊される恐れがあるので強度を低くしたり,エネルギーコスト削減のためにパルス型の超音波を照射したりする場合がある。

6.2.4 凝集

粒子の密度が液体と大きく異なるとき,周波数の高い超音波で定在波を形成すると粒子が凝集する場合がある。粒子が凝集するか否かは次式で表される[6]。

$$\frac{X_\mathrm{p}}{X_\mathrm{l}} = \frac{1}{\sqrt{1 + \left(\dfrac{\pi \rho_\mathrm{p} f d_\mathrm{p}^2}{9\mu}\right)^2}} \tag{6.1}$$

ここで,X_p は粒子の振幅,X_l は液体の振幅,ρ_p は粒子の比重,d_p は粒子の直径,f は超音波周波数,μ は液体の粘性率である。この振幅の比 $(X_\mathrm{p}/X_\mathrm{l})$ が 0.2～0.8 になる条件では粒子相互に衝突し凝集する。その反面 0.8 以上では粒子は液体とともに振動するので分散し,0.2 以下では粒子の振動が弱く衝突しにくいので凝集しない。

超音波凝集の利点は,不純物の混入がなく操作が簡便であることであり,細胞,油滴の回収などに応用されている。用いられる周波数は 100 kHz 以上の高周波数が多い。

6.2.5 分散

凝集体を含む液体に超音波を照射すると凝集体が崩壊し,微粒子が分散す

る。この現象は，液体のキャビテーションによる局所的な高速流動場や超音波伝搬に伴う高速な振動加速度に起因する。**表6.2**に示すようにさまざまな粒子の分散に広く用いられている。また，研究段階の技術として，ディーゼル機関用燃料油におけるスラッジ分の微粒化による燃焼性の向上や，凝集力の強い単層カーボンナノチューブの分散などが行われている[7]。

表6.2　分散・乳化・霧化技術の物質例

操作	物質例
分散	酸化チタン，顔料，シリコン，磁性粉，微生物，マイクロカプセル
乳化	オイル，燃料，マヨネーズ，化粧品，バイオディーゼル，ローション
霧化	水，殺虫剤，芳香物質，薬剤，燃料

分散では100 kHz以下の周波数がよく用いられ，局所的に強力なキャビテーションが必要なときはホーン型振動子，溶液全体に必要なときは平板型振動子が複数設置された振動子ユニットが使用される。

6.3　液液プロセス―乳化―

油相と水相からなる2相溶液に超音波を照射すると，界面活性剤を使用せずに，直径が数μmの油滴が水相に分散したエマルション（乳化液）ができる。エマルションの形成は，油水界面のキャピラリー波の破断とキャビテーションによる液滴の微細化の両方に起因すると考えられている（**図6.5**）。

ここで，キャピラリー波とは液体と気体，水と油といった2相界面に生じる表面波のことである。超音波による分散・乳化装置はホモジナイザーとして市販されており，周波数が20 kHz付近のホーン型振動子が一般的に用いられているが，近年では周波数が40 kHzのものや，最大印加電力が1 kW以上の大型振動子も開発されている。乳化に用いられる物質例を表6.2に示す。

乳化を用いた応用研究例として，まず再生可能燃料の一つであるバイオ

132   6. 化学工業への応用

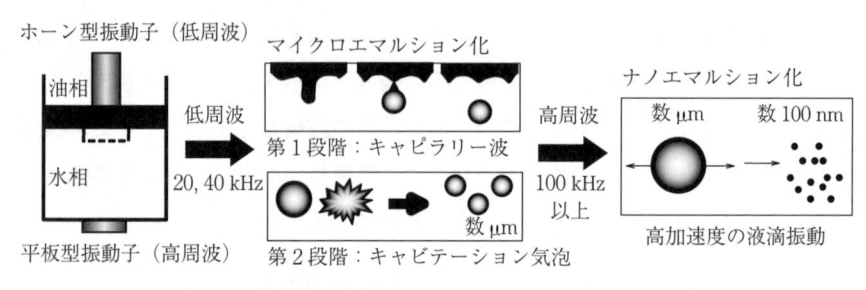

図6.5 超音波によるマイクロ・ナノエマルションの生成

ディーゼル燃料の合成が挙げられる[8]。バイオディーゼル燃料は植物油とアルコールのエステル交換反応により生成するが，超音波を照射すると植物油とアルコールが激しく乳化し反応が促進する。従来法では高温下において数時間撹拌することが必要であるのに対し，超音波法では常温下において数十分で反応が終了する。詳細は第10章にも述べられている。

また，周波数を変えた複数回の超音波照射により直径が nm オーダーの液滴からなるエマルション（ナノエマルション）を生成することができる。例えば，図6.5のように油相（オレイン酸など）と水の2相溶液に周波数 40 kHz，200 kHz，1.0 MHz の超音波を数分ごと順番に照射すると，液滴直径のそろった数百 nm のナノエマルションが得られる。これは，高周波数の超音波下における高加速度の液滴振動により，マイクロエマルションが破砕するためと考えられている[9]。ナノエマルションの応用例として，本手法によって生成した 3,4-エチレンジオキシチオフェンモノマーのナノエマルションを電解重合して，高い透明性と高い伝導性を兼備した重合膜が作成されている[10]。

6.4 気液プロセス―霧化―

液体中で強力な超音波を鉛直上方の気液界面に向けて照射すると液柱が生じ，微細な液滴が発生する（**図6.6**）。この現象は**超音波霧化**と呼ばれ，発生機構は液柱表面のキャピラリー波，液柱中のキャビテーション，もしくはその両方から生じると考えられている（**口絵5**）。超音波は液中において縦波とし

6.4 気液プロセス—霧化—

（a）振動子（2.4 MHz）　　（b）液柱表面の様子

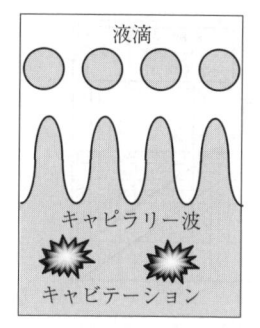

図6.6 超音波霧化と発生メカニズム

て伝搬するが，液表面では，3次元的な広がりをもてないため表面張力を復元力として液表面を伝搬する表面波が発生する。この表面波のことをキャピラリー波という。周波数の高い500 kHz～2.4 MHzでは，霧化が発生する最小の超音波強度が，キャビテーションが発生する最小の超音波強度（キャビテーションしきい値）よりも低いため，霧の発生は主にキャピラリー波に起因する[11]。

Lang[12]は周波数10～800 kHzで水，油，ワックスを超音波霧化したときの液滴径分布を測定し，液滴数基準の平均液滴直径 d_{av} が以下の式で表されるキャピラリー波の波長 λ の0.34倍になることを明らかにした。

$$d_{av} = x\lambda = x\left(\frac{8\pi\sigma}{\rho f^2}\right)^{1/3} \tag{6.2}$$

ここで，σ は液体の表面張力，ρ は液体の密度，f は超音波周波数である。また，x は液滴直径とキャピラリー波長の比例係数であり，液滴直径の基準の取り方により異なる。周波数10～55 kHz，200～2 000 kHzで水や液体燃料を測定した結果から求めたザウタ平均径では式（6.2）の係数 x が0.63，2.4 MHzで種々のアルコール水溶液を測定した結果から求めた液滴体積基準の平均液滴直径では x が0.96になる[13),14)]。図6.7に水に対して各係数を用いたときの平均液滴直径と周波数の関係を表す。いずれも周波数が増加するほど液滴径が小さくなり，一般的によく用いられる2.4 MHzでは平均液滴直径が数 μm となる。

超音波を用いた霧化器はコンパクトであること，周波数・印加電力により液滴径・霧化量を調整できることが特徴である。超音波霧化に使用される物質例

134   6. 化学工業への応用

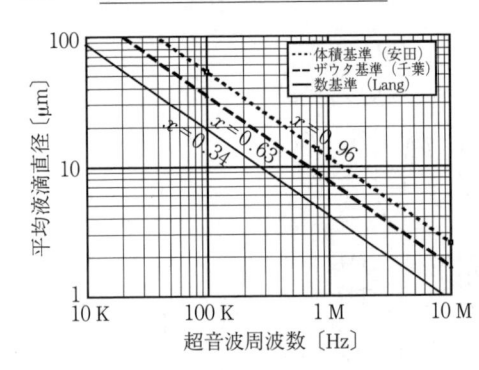

図6.7 水の平均液滴直径と周波数の関係

を表6.2に示した。21世紀になり，インフルエンザ対策への加湿器や医療用ネブライザとしての医療用用途，多孔性のナノ粒子の合成，水中のアルコール類の分離などへの応用分野でも再注目されている。

超音波霧化を用いた分離法の利点は，温度変化をほとんど伴わないことであり，日本酒の濃縮に応用されている。図6.8に5種類のアルコールの水溶液を対象とした周波数2.4 MHzでの**霧化分離**結果を示す[15]。

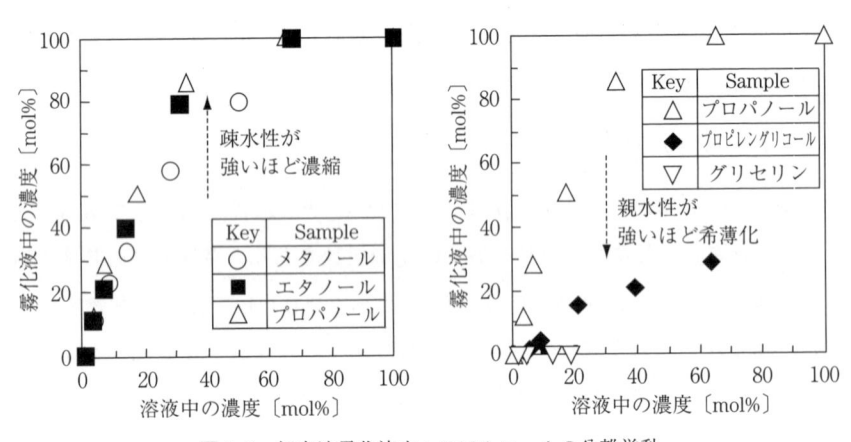

図6.8 超音波霧化液中へのアルコールの分離挙動

メタノール，エタノール，プロパノール（第1級アルコール）は霧中に濃縮する。しかし，プロピレングリコール（第2級アルコール）は溶液中よりも霧中の濃度が低くなり，グリセリン（第3級アルコール）では水のみが霧化する。アルコール分子は疎水性のアルキル基と親水性のOH基からなり，水溶液中

において，第1級アルコールは液面に吸着し，第2，3級アルコールは液面濃度よりも液中濃度のほうが高い。以上のことから，超音波霧化による分離挙動は液面でのアルコール濃度に支配されるといえる。また，超音波霧化による単層カーボンナノチューブから環状のカーボンナノチューブの分離も行われている[16]。

超音波霧化して発生した数 μm の液滴を気流に乗せて炉に導き，高温下において急激に溶媒を乾燥させつつ，溶質を反応させると多孔質ナノ粒子が生成する。例えば，**図6.9**のAからFに示すような6種類のアルカリ金属クロロ酢酸水溶液を霧化し，液滴を700°Cの炉で水を乾燥させつつ溶質を反応させると，さまざまな孔を有する多孔質炭素ナノ粒子を合成される[17]。

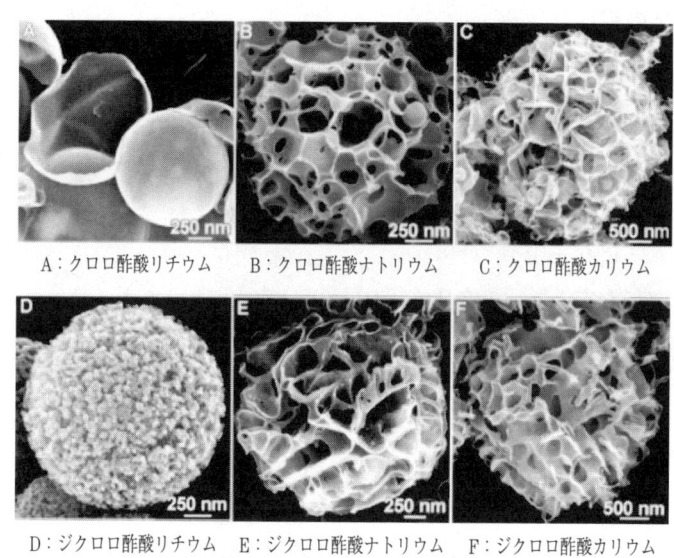

A：クロロ酢酸リチウム　　B：クロロ酢酸ナトリウム　　C：クロロ酢酸カリウム

D：ジクロロ酢酸リチウム　　E：ジクロロ酢酸ナトリウム　　F：ジクロロ酢酸カリウム

図6.9　さまざまな孔を有する多孔質炭素ナノ粒子
　　　　文献17) より引用。Copyright (2012) American Chemical Society

図中のAは中空，Dはメソ孔（孔径2〜20 nm），他のものはマクロ孔（孔径20 nm 以上）を有する。孔が生じる理由は，クロロ（ジクロロ）酢酸が熱分解して二酸化炭素が発生するためである。また，A，Dの表面が他のものと異なる理由は，二酸化炭素の発生と同時に生成した塩化リチウム（融点605°C）が溶けたためである。第8章にも超音波噴霧を利用した合成例が述べられている。

6.5 反応プロセス―重合など―

高分子は，ラジカル重合，縮重合，イオン重合などの反応を利用し合成される。ラジカル重合は，ラジカル開始剤や高温場，高圧場，光，放射線などラジカルの発生源を必要とする。超音波を利用したラジカル重合反応は，キャビテーション気泡による化学作用，すなわちラジカル生成を利用した反応であり，開始剤を必要としない点に特徴がある。水溶液では水の分解に伴うH・やOH・が，モノマーやポリマーからはモノマーラジカル，ポリマーラジカルが生成し反応の起点となる。

$$\left.\begin{array}{l} M+C \xrightarrow{k_1} M\cdot \\ M+M\cdot \xrightarrow{k_2} R_1\cdot \\ R_1\cdot +M \xrightarrow{k_3} R_2\cdot \\ R_2\cdot +nM \xrightarrow{k_4} R_m\cdot \\ R_m\cdot +R_m\cdot \xrightarrow{k_t} R_p \end{array}\right\} \quad (6.3)$$

定常状態解析を行うと，重合速度 (dP/dt) は次式で与えられる[18]。

$$[R\cdot] = \left(\frac{k_1[M][C]}{k_t}\right)^{1/2} \quad (6.4)$$

$$\frac{dP}{dt} = k_p[M][R\cdot] \quad (6.5)$$

ここで，Mはモノマー，Cはキャビテーション気泡，Pは高分子，$M\cdot$はモノマーラジカル，$R_1\cdot$，$R_2\cdot$は2量体ラジカル，3量体ラジカル，$R_m\cdot$は3量体ラジカルにn個のモノマーが反応したラジカル，$R_p\cdot$は$R_m\cdot$ラジカルどうしが反応した高分子を表す。超音波照射下でのラジカル重合反応速度は，式(6.4) を式 (6.5) に代入することによりキャビテーション気泡濃度の平方根に比例することがわかる。この結果は，通常のラジカル重合反応速度が開始剤の濃度の平方根に比例することに相当する。超音波重合の一例として，**図6.10**にスチレン重合におけるポリスチレンの収率の時間依存性を示す。超音波照射

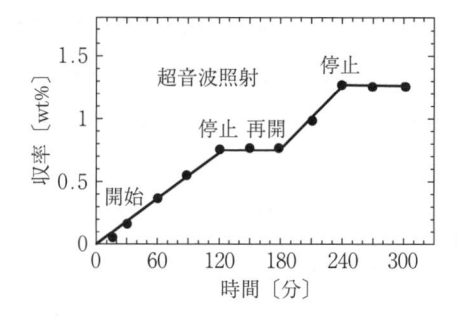

図6.10 ポリスチレンの収率の時間依存性（500 kHz）

の開始とともに重合が進行し，照射を停止すると重合反応も停止する。すなわち，ラジカルの寿命が短いため，超音波照射時にのみにキャビテーション気泡が発生しラジカル反応が進行する。ラジカルの発生はポリマー鎖の切断でも生成するため，モノマーと異なる高分子を含む溶液中では，高分子共重合体も生成する。

6.3節に述べた乳化と同時に重合を行う超音波照射下での乳化重合は，単分散性の高い球状粒子を与える。界面活性剤を含む水にスチレンモノマーを加え，15〜50 W 程度の周波数 20 kHz の超音波照射による実験では，10〜50 nm サイズのポリスチレンラテックスが生成する。キャビテーション気泡内に蒸発したスチレンモノマーや水の分解で生成した各種ラジカルがスチレンモノマーからなる液滴内に取り込まれ，そこで重合が進むと考えられている[19]。

有機合成や分解反応は重合とともに重要なソノプロセスであり，それぞれ7章および10章においてビーカースケールでの反応について述べられている。なかでも，汚染物質の超音波分解プロセスは水を反応場とし，かつ他の薬剤を必要としないグリーンプロセスとして期待される。実験室レベルの研究では多くの場合，目的物質を 90％ 程度分解するのに 30 分から 1 時間を要する。実プロセスへの展開のためには，さらなる効率化とスケールアップが望まれている。

6.6 反応装置開発—スケールアップと最適化—

ソノプロセスで使用する超音波反応器はどこまでのスケールアップが必要

か。現在，大型超音波洗浄器としては容積100 L～200 L，出力1 500 W～2 400 W程度のものが入手可能である。ソノプロセスでは必ずしもスケールアップをする必要はないが，短時間大量処理が必要な場合には，大型超音波洗浄器と同程度の容量のソノリアクターが要求される。

産業に応用できるソノリアクターは，安定なキャビテーションすなわち超音波照射場を長時間維持する性能を有する必要がある。第5章の表5.3で示されているように，超音波照射場は，超音波周波数，強度，温度，溶媒の物理化学的性質などさまざまな因子により影響を受けることが知られている。ここでは，実験室レベルの50～200 mL容量程度のソノリアクターでは問題とならないが，スケールアップで大容量のソノリアクターでは大きな問題となる液高さあるいは反応容積の影響について触れる。

6.6.1 液高さの影響

直径70 mmの円筒状のソノリアクター内の液高さを高くした場合のルミノール発光でみた超音波反応場の様子を図6.11に示す。液高さが低い場合には，容器内全体に反応場が広がっていることがわかる[20]。すなわち，ビーカースケールの実験では，反応器内はほぼ均一な反応場とみなしてよい。高周波数になるほど超音波の指向性が向上し，同時に定在波の腹と節の間隔は狭くなる。

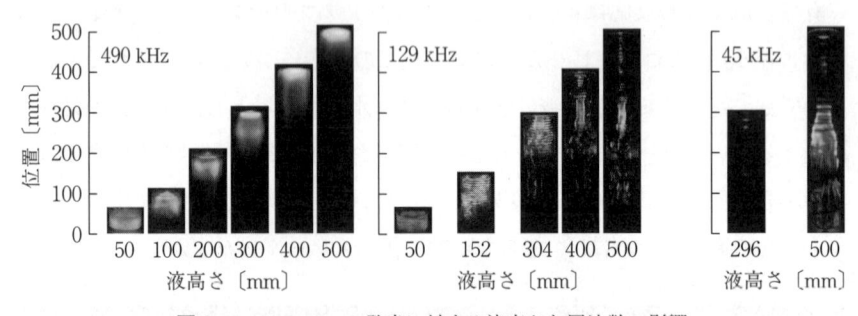

図6.11 ルミノール発光に対する液高さと周波数の影響

高周波数では，液高さが高くなるとともに液面上部の発光領域が明確になる。液高さにより表面からの反射波の影響も異なってくるため，発光領域は複

雑に変化する。異なる液高さについて平均のソノケミカル効率（式（5.7）参照）の周波数依存性を図 6.12 に示す[20]。

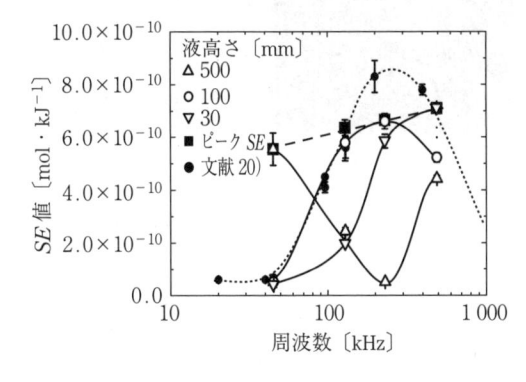

図 6.12 種々の液高さに対するソノケミカル効率の周波数依存性

比較のため容量 200 mL（液高さ 100 mm 以下）の実験室レベルのソノケミカル効率も示す[21]。ここで，図中のピーク SE とはそれぞれの周波数において液高さを変えて測定して得られたソノケミカル効率の最大値を表す。周波数により最適な液高さがあることがわかる。実験的には，周波数 f〔kHz〕に対し，最大のソノケミカル効率を与える高さ h_{peak}〔mm〕は次式で与えられる。

$$h_{peak} = \frac{23\,000}{f} - 22.9 \tag{6.6}$$

6.6.2 液流れの影響

超音波照射では音響流による液流れが発生する。図 6.13 に 30 W，500 kHz 振動子を装着した直方体型ソノリアクター内のキャビテーション気泡，ルミノール発光，液流れの様子を示す[22]。図（a）に示したように目視できる気泡は底面から上部へ集まり水面からリアクターの側面の下方へと移動する。図（c）の矢印は流体の速度を示し，中心軸上の液流れは，音響流により水面上部へと向かっている。図（b）では，液面の上部だけでなく，水面の盛り上がり部分においてもルミノール発光が観察される。

単純な円筒型内の流れは，音響流に関する Ekart の式[23]により表すことができる。音響流に加えて，撹拌や流通による超音波照射場に激しい液流れの発

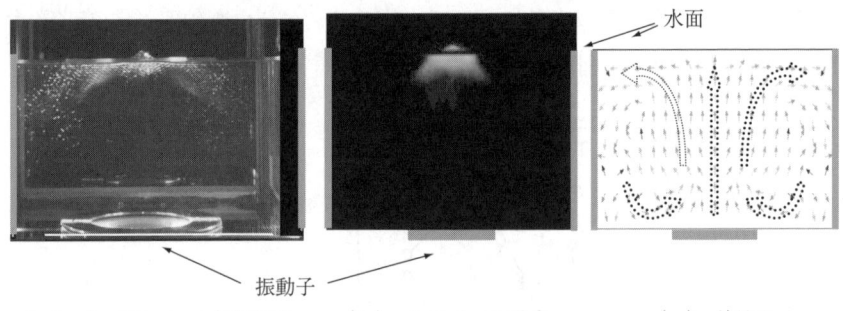

(a) キャビテーション気泡の流れ　　(b) ルミノール発光　　(c) 液流れ

図6.13　キャビテーション気泡の流れ，ルミノール発光，液流れの様子
（周波数：500 kHz，駆動電力：30 W）

生が，気泡の合体を妨げ，反応場に反応物が拡散しソノケミカル効率を増大する。図6.14はソノケミカル効率が撹拌速度の増加とともに増大することを示している。

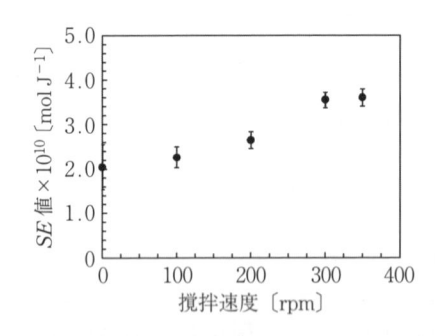

図6.14　ソノケミカル効率に対する撹拌速度の影響

6.6.3　複数振動子の影響

振動子には大きさの制約があり，強い超音波強度が必要とされる反応器では複数の振動子が必要となる。またスケールアップにおいてもソノリアクターの底面積を増やすためには多数の振動子が必要となる。この場合最も重要なことは，複数振動子の配置方法である。

複数振動子からの超音波場を重ね合わせると超音波化学反応量が増大する。図6.15に側面と底面に振動子を設置したときの化学反応量を示す。縦軸のI_{1+2}

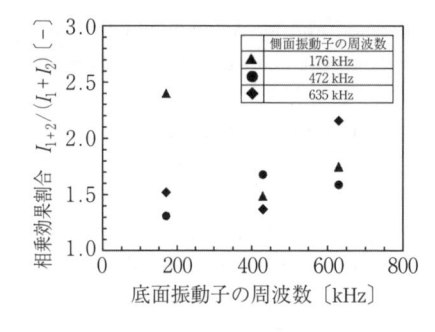

図6.15 化学反応量に対する超音波場の重ね合せの影響

は二つの振動子を駆動したときの反応量，I_1+I_2 はそれぞれ単独に駆動したときの反応量の和である。二つの振動子がほぼ同時に相乗効果は増大する[24]。

6.6.4 ソノプロセスの実用化に向けて

　実用化に向けては，ソノプロセスのスケールアップや制御とともに効率化が要求される。化学工学では従来のプロセスを他の手段や方法により効率化することをプロセス強化（process intensification）と呼び，超音波はプラズマ，マイクロ波，電磁波とともにプロセス強化の有力な手段であると考えられている。超音波とプラズマ，マイクロ波，電磁波，オゾン，紫外線，光触媒など，また機械的に調製されたマイクロ・ナノバブルを併用した方法も提案されている。超音波強度は数 W〜数 kW の電力が使用されるが，電気エネルギーから音響エネルギーに変換される際，多いときには 50％程度も損失する。80％の高い変換効率をもつ 500 kHz 振動子も開発されているが，さらなる効率化が期待される。

引用・参考文献

1) M. Vinatoru : An Overview of the Ultrasonically Assisted Extraction of Bioactive Principles from Herbs, Ultrason. Sonochem., **8**, pp. 303-313（2001）
2) M. Matouq, S. Koda, T. Taricela, A. Omar and T. Tagawa : Solvent Extraction of Bitumen from Jardan Oil Shale Assisted by Low Frequency Ultrasound, J. Jpn. Petro. Inst., **52**, pp. 265-269（2009）

3) S. Balachandran, S. E. Kentish, R. Mawson and M. Ashokkumar : Ultrasonic Enhancement of the Supercritical Extraction from Ginger, Ultrason. Sonochem., **13**, pp. 471-479 (2006)
4) X. Chai, T. Kobayashi and N. Fujii : Ultrasound Effect on Cross-flow Filtration of Polyacrylonitrile Ultrafiltration Membranes, J. Memb. Sci., **148**, pp. 129-135 (1998)
5) S. Muthukumaran, S. E. Kentish, G. W. Stevens and M. Ashokkumar : Application of Ultrasound in Membrane Separation Processes: A Review, Rev. Chem. Eng., **22**, pp. 155-192 (2006)
6) V. O. Brandt, H. Freund and E. Hindermann : Zur Theorie der akustischen Koagulation, Kolloid-Zeitschrift, **77**, pp. 103-115 (1936)
7) Q. Cheng, S. Debnath, E. Gregan and H. J. Byrne : Ultrasound-Assisted SWNTs Dispersion : Effects of Sonication Parameters and Solvent Propeties J. Phys. Chem. C., **114**, pp. 8821-8827 (2010)
8) C. Stavarache, M. Vinatoru, R. Nishimura and Y. Maeda : Conversion of Vegetable Oil to Biodiesel Using Ultrasonic Irradiation, Chem. Lett., **32**, pp. 716-717 (2003)
9) K. Kamogawa, G. Okudaira, M. Matsumoto, T. Sakai, H. Sakai and M. Abe : Preparation of Oleic Acid/Water Emulsions in Surfactant-Free Condition by Sequential Processing Using Midsonic-Megasonic Waves, Langmuir, **20**, pp. 2043-2047 (2004)
10) K. Nakabayashi, F. Amemiya, T. Fuchigami, K. Machida, S. Takeda, K. Tamamitsu and M. Atobe : High Clear and Transparent Nanoemulsion Preparation under Surfactant-free Conditions Using Tandem Acoustic Emulsification, Chem. Comm., **47**, pp. 5765-5767 (2011)
11) K. Yasuda, H. Honma, Z. Xu, Y. Asakura and S. Koda, : Ultrasonic Atomization Amount for Different Frequencies, Jpn. J. Appl. Phys., **50**, pp. 07HE231-07HE235 (2011)
12) R. J. Lang : Ultrasonic Atomization of Liquids, J. Acoust. Soc. Am., **34**, pp. 6-9 (1962)
13) 千葉　近：超音波噴霧, p. 207, 山海堂 (1991)
14) K. Yasuda, Y. Bando, S. Yamaguchi, M. Nakamura, A. Oda and Y. Kawase : Analysis of Concentration Characteristics in Ultrasonic Atomization by Droplet Diameter Distribution, Ultrason. Sonochem., **12**, pp. 37-41 (2005)
15) K. Yasuda, Y. Bando, S. Yamaguchi, M. Nakamura, E. Fujimori, A. Oda and Y. Kawase, The Effects of the Solute Properties in Aqueous Solutions on the Separation Characteristics in Ultrasonic Atomization, J. Chem. Eng. Jpn., **37**, pp. 1290-1292 (2004)
16) N. Komatsu : Novel and Practical Separation Processes for Fullerenes Carbon

Nanotubes and Nanodiamound, J. Jpn. Petro. Inst., **52**, pp. 73-80 (2009)
17) S. E. Skrabalak, K. S. Suslick : Porous Carbon Powders Prepared by Ultrasonic Spray Pyrolysis, J. Am. Chem. Soc., **128**, pp. 12642-126423 (2006)
18) T. J Mason and J.P. Lorimer : Sonochemistry theory, applications and use of ultrasound in chemistry, Chap. 5, John Wiley & Sonns (1988)
19) S. K. Ooi and S. Biggs : Ultrasonic Intiation of Polystyrene Latex Synthesis, Ultson. Sonochem., **7**, pp. 125-133 (2000)
20) Y. Asakura, T. Nishida, T. Matsuoka and S. Koda : Effects of Ultrasonic Frequency and Liquid Height on Sonochemical Efficiency of Large-Scale Sonochemical Reactors, Ultrason. Sonochem., **15**, pp. 244-250 (2008)
21) S. Koda, S., T. Kimura, T. Kondo and H. Mitome : A Standard Method to Calibrate Sonochemical Efficiency of an Individual Reaction System, Ultrason. Sonochem., **10**, pp. 149-156 (2003)
22) Y. Kojima, Y. Asakura, G. Sugiyama, S. Koda : The Effects of Acoustic Flow and Mechanical Flow on the Sonochemical Efficiency in a Rectangular Sonochemical Reactor, Ultras. Sonochem., **17**, pp. 978-984 (2010)
23) C. Eckart : Vortices and Streams Caused by Sound Waves, Phys. Rev., **73**, pp. 68-76 (1948)
24) K. Yasuda, T. Torii, K. Yasui, Y. Iida, T. Tuziuti, M. Nakamura and Y. Asakura : Enhancement of Sonochemical Reaction of Terephthalate Ion by Superposition of Ultrasonic Fields of Various Frequencies, Ultrason. Sonochem., **14**, pp. 699-704 (2007)

第7章
有機合成への応用

7.1 有機合成への応用

　超音波照射下に起こる反応の加速や特異的な化学反応は，液体中で起こるキャビテーションに起因するものであり，キャビテーションによって，音のエネルギーが熱，圧力，運動エネルギーなどへと変換され，分子を励起するためであると考えられている。単純にいえば，キャビテーションによって生じるマイクロジェット流や衝撃波が物質移動・分散を促進し，キャビテーションによって生じる気泡の中あるいは気泡周辺の局所的高温・高圧（ホットスポット）が分子を活性化して，通常の条件や効率的な撹拌では得られないような利点を提供する。

　個々の具体的な有機化学反応においては，このような基本的な超音波の作用が組み合わさって現れるため，どの反応についてもその超音波の作用機構が明らかにされているとはいいがたい。本章では，反応を均一液相反応，固-液不均一相反応，液-液不均一相反応，固-固不均一相反応に分け，反応例を挙げながら，考えられる超音波の作用機構を述べることにする[1),2)]。また，その他として，超音波と他のエネルギーとのコンビネーションについても述べる。

7.2 均一液相中の反応

　均一液相中の反応に対しては，一般に，超音波照射の効果は小さいと考えら

7.2 均一液相中の反応

れている。例えば，水-エタノール中での *tert*-ブチルクロリドのソルボリシス（加溶媒分解，式 (7.1)）では，超音波照射により反応が20％程度加速される。その小さな加速効果は，水とエタノールが水素結合によって作る溶媒構造を超音波が破壊し，*tert*-ブチルクロリドへの水分子の攻撃を容易にすることによってもたらされると考えられた。

$$(CH_3)_3CCl + H_2O \longrightarrow (CH_3)_3COH + HCl \tag{7.1}$$

一方で，*p*-ニトロフェニル酢酸の加水分解反応（式 (7.2)）においては，100倍を超える反応の加速が観測され，キャビテーションの気泡周辺が超臨界状態になっているためであるとされた。

$$O_2N\text{-}C_6H_4\text{-}OCOCH_3 + H_2O \longrightarrow O_2N\text{-}C_6H_4\text{-}OH + CH_3COOH \tag{7.2}$$

しかしながら，反応が関与する場に超音波による超臨界状態が出現するとは考えにくいという研究結果もあり，超臨界という超音波反応場はその後報告されていない。

　熱と圧に敏感な反応であるディールス・アルダー（Diels-Alder）反応（式 (7.3)）に対して，キャビテーションによる高温および高圧の反応場の寄与が期待できる。しかし，均一相のディールス・アルダー反応は，超音波によって反応性と選択性の向上がもたらされるという報告がある一方で，キャビテーションによる高温および高圧の影響を受けないという報告もなされている。

$$\text{イソプレン} + \text{シクロペンタジエン} \longrightarrow \text{endo体(COCH}_3\text{)} + \text{exo体(COCH}_3\text{)} \tag{7.3}$$

　Reisseらは，超音波照射下におけるディールス・アルダー反応の反応性の向上は，溶媒として用いられたハロアルカンから，超音波によりラジカル的にハロゲン化水素が生成し，それが酸触媒として作用するためであると結論した[3]。ディールス・アルダー反応以外にも，塩素系溶媒の**ソノリシス**によって生じる塩化水素触媒が反応性を向上させると指摘されている反応もあるので注意する

必要がある[4]。

立体的に混みあったフェノールとアルコール間の，高濃度条件下における光延カップリング（式 (7.4)）も超音波によって加速される。

$$\text{（式 7.4）: 2,6-ジメチルフェノール} + \text{HO-CH}_2\text{-C(CH}_3)_3 \xrightarrow[\text{)))}, 0°C\sim\text{室温}]{\text{PPh}_3, \text{テトラヒドロフラン} \atop \text{diisopropylazodicarboxylate}} \text{エーテル生成物} \tag{7.4}$$

これらの反応は均一液相反応であるが，高濃度条件下の粘稠な反応液の機械的撹拌効果が加速効果の主因であり，立体障害をもつ分子どうしの衝突を有利にすると考えられた。このように，均一液相中の反応については，立体障害の大きな反応や高濃度で粘稠な反応液など特殊な条件下の反応については，超音波の効果が期待できるだろう。

均一液相中の反応について，より直接的な超音波の効果を期待するとすれば，超音波キャビテーションによって生じるラジカルまたはラジカルイオン反応中間体の寄与を考えることになる。まずは多量に存在する溶媒分子のソノリシス（超音波分解）によって生じる活性種を考えるのが順当であろう。水溶媒中では，水のソノリシスにより**ヒドロキシルラジカル**あるいは水素ラジカル，さらには過酸化水素および水素分子が生成するが（式 (7.5)），これらの活性種を直接利用した有機合成反応はほとんど報告されていない。

$$H_2O \longrightarrow \cdot OH + \cdot H \longrightarrow H_2O_2 + H_2 \tag{7.5}$$

有機溶媒そのものもソノリシスにより，熱分解と類似の分解生成物を与える。例えば，直鎖炭化水素は，水素分子，メタン，1-アルケン，アセチレンなどを生成し，それらの生成機構は熱分解と同様のラジカル連鎖反応によるとされる。溶媒の蒸気圧が低くなるにつれ，キャビテーションによる気泡の圧壊の激しさが増し，ソノリシスの速度が上昇する。一般に，化学反応は温度の上昇に伴って反応速度が速くなるが，超音波化学では，溶液の温度上昇が必ずしも反応の加速に結びつかない。温度が上昇すると液体の蒸気圧が上昇するため，キャビテーションは起こりやすくなるが気泡の圧壊の激しさが弱まる。した

がって，キャビテーションの起こりやすさに関与する液体の蒸気圧や粘度などとの兼合いで，むしろ温度を下げるほうが超音波の影響が出やすくなるということである。超音波化学では，このような反アレニウス効果が起こりうることを知っておかねばならない[5]。

反応基質の蒸気圧が溶媒のそれより高ければ，反応物はキャビテーション気泡中に気化されうるが，溶媒より低ければ，キャビテーション気泡中には入らず，気泡周辺で活性化されるしかない。超音波キャビテーションによって反応活性種が生成されることは，1,2-ジクロロエテンの異性化反応（式7.6）に対する，種々の臭化アルキルの関与によって示された。この異性化は臭化アルキルのソノリシスによる臭素ラジカルの生成によって起こる。

$$R-Br \xrightarrow{)))} \cdot R + \cdot Br$$

$$\underset{Cl}{\overset{H}{>}}C=C\underset{H}{\overset{Cl}{<}} \rightleftarrows \left[\underset{Cl}{\overset{H}{>}}C-C\underset{H}{\overset{Br}{\underset{Cl}{|}}}\right] \rightleftarrows \underset{H}{\overset{Cl}{>}}C=C\underset{H}{\overset{Cl}{<}} \quad (7.6)$$

シス-トランス異性化の効率，すなわち関与する臭素ラジカルの発生速度は，臭化アルキルの蒸気圧が低くなるほど低下する。このことは，キャビテーション気泡中への臭化アルキルの気化がソノケミストリーの反応性を支配していることを意味している。キャビテーションの激しさを決める溶媒とは異なり，基質の反応性が蒸気圧（沸点）という基質の物性に依存することを示すものである。

溶媒の蒸気圧を下げることによっても，超音波照射下の反応を加速することができる[6]。イオン性液体は，分子間力が強く，ほとんど蒸気圧をもたないため，キャビテーションは起こりにくい。より蒸気圧の高い反応基質のみが強いキャビテーション効果を受けることになる。このことを利用して，超音波照射下でイオン性液体の合成（式（7.7））が行われた。

$$\underset{R}{\overset{N\oplus N}{\diagdown}}\overset{X^-}{\xleftarrow{)))}{R-X}} \underset{N}{\overset{N}{\diagdown}} \xrightarrow[X-R-X]{)))} \underset{N}{\overset{N\oplus N}{\diagdown}}\overset{X^-}{\underset{R}{\diagdown}} \underset{N}{\overset{N\oplus N}{\diagdown}}\overset{X^-}{\diagdown} \quad (7.7)$$

また，イオン性液体を溶媒として*tert*-ブチルハロゲン化物によるアルコール類の直接ハロゲン化（式（7.8））など種々の反応が報告されている[7]。イオン性液体と超音波照射の両方を使うことによって反応がスムーズに起こり，選択性が得られる。

$$\text{C}_6\text{H}_5\text{CH}_2\text{OH} + (\text{CH}_3)_3\text{C-Br} \xrightarrow[\text{イオン性液体}]{)))} \text{C}_6\text{H}_5\text{CH}_2\text{Br} \qquad (7.8)$$

他にもキャビテーションによる活性種の生成を有機合成反応に応用する試みが多数なされている。高分子合成反応において，原料モノマー自身がキャビテーション気泡中や気泡の周囲の液相中で熱分解を受けてラジカル種を生成するか，あるいは溶媒分子などから連鎖反応開始剤となるラジカル種が生成するならば，重合開始剤を加えていなくても重合反応が始まる。例えば，水溶媒中におけるメタクリル酸メチルの重合反応などである。ただし，重合反応を起こすには，安定なキャビテーション状態を必要とし，過渡的キャビテーション下ではC–H結合の熱分解が主となってきれいな重合反応にならない。

不均一な系では，超音波照射は物質移動を速め，不均一な相として生成しつつある高分子の表面をクリーンにして連鎖反応の部位を増やすといった物理的な効果を与えるため，高分子の性質，例えば，分子量分布の狭い高分子を与えたり，高分子鎖の構造を変化させることもある[8]。

超音波照射下における，水素化スズの一連の反応（式（7.9））は，キャビテーションによるホットスポットでスズラジカルを生成させ，そのスズラジカ

$$\text{R–C≡C–H} \xrightarrow[))),\ -8\sim7°\text{C}]{\text{Ph}_3\text{SnH}/\text{アルゴン}/\text{トルエン}} \begin{array}{c} \text{R} \\ \diagup \\ \text{H} \end{array}\text{C=C}\begin{array}{c} \text{SnPh}_3 \\ \diagdown \\ \text{H} \end{array}$$

$$\text{R–CH=CH}_2 \xrightarrow[))),\ 0\sim10°\text{C}]{\text{R}_3\text{SnH}/\text{空気}/\text{トルエン}} \text{R–CH(OH)–CH}_2\text{–SnR}_3$$

$$\text{R}^1\text{R}^2\text{CHX} \xrightarrow[))),\ -9\sim9°\text{C}]{\text{R}_3\text{SnH}/\text{空気}/\text{トルエン}} \text{R}^1\text{R}^2\text{CH–OOH} \xrightarrow{\text{R}_3\text{SnH}} \text{R}^1\text{R}^2\text{CH–OH}$$

$$(7.9)$$

7.2 均一液相中の反応

ルを低温のバルク液相中で合成反応に使うというソノケミストリーならではの反応例である[9]。この手法によって，熱反応とは異なる反応生成物や**立体選択性**を得た。このように，超音波照射によって，主として起こる反応が変化することを広く**ソノケミカルスイッチング**という。

ソノケミカルスイッチングの他の例に，四酢酸鉛とスチレンの反応がある。酢酸を溶媒とする四酢酸鉛とスチレンとの反応は，イオン機構とラジカル機構とが併起して異なる生成物を与える（式 (7.10)）。機械的撹拌下ではラジカル反応生成物は生じないが，超音波照射下ではラジカル反応生成物が主となる。この反応においては，反応基質であるスチレンのキャビテーション気泡中への気化が重要な因子であり，ラジカル種の寄与が確認されている[10]。また，溶媒である酢酸のソノリシスが関与する可能性も示唆された[11]。

$$
\text{PhCH=CH}_2 + \text{Pb(OAc)}_4 \xrightarrow[\text{45°C, Ar, 3h}]{\text{AcOK/AcOH}} \begin{cases} \text{PhCH(OAc)-CH}_2\text{OAc} & \text{イオン反応} \\ \text{PhCH(・)-CH}_2\text{CH}_3 & \text{ラジカル反応} \end{cases}
$$

(7.10)

炭化水素溶媒中における金属カルボニル類の反応は，ソノケミストリーの詳細な反応機構が確かめられた数少ない例の一つである[12]。鉄カルボニル錯体 $Fe(CO)_5$ は熱分解反応では鉄の微粉末を，紫外線による光化学反応では $Fe(CO)_4$ を経由して $Fe_2(CO)_9$ を，赤外線レーザでは鉄原子をそれぞれ与えるのに対し，アルカン溶媒中で超音波照射下には鉄微粉末と $Fe_3(CO)_{12}$ を与える。これは，キャビテーションによって生じる環境が，鉄カルボニル錯体の複数の配位子を解離することはできるが，完全な分解をもたらすほど過酷ではないことに由来する。また，この反応は炭化水素溶媒の沸点（蒸気圧）に依存し，$Fe_3(CO)_{12}$ を得るためには，沸点の低い（蒸気圧の高い）炭化水素溶媒を用い

てキャビテーション条件をある程度穏和にしたほうがよいとされる。

　超音波による有機分子の活性化のメカニズムと光分解との違いが, n-アルケンの存在下および非存在下における, $CBrCl_3$ のソノリシスと光分解に関する研究から明らかにされた[13]。すなわち, 光分解で生じるラジカル種は液相全体に均一に生じるが, 超音波ではラジカル種の生成がキャビテーションによるため, ラジカル種が局所的, 不均一に生じる（**図7.1**）。

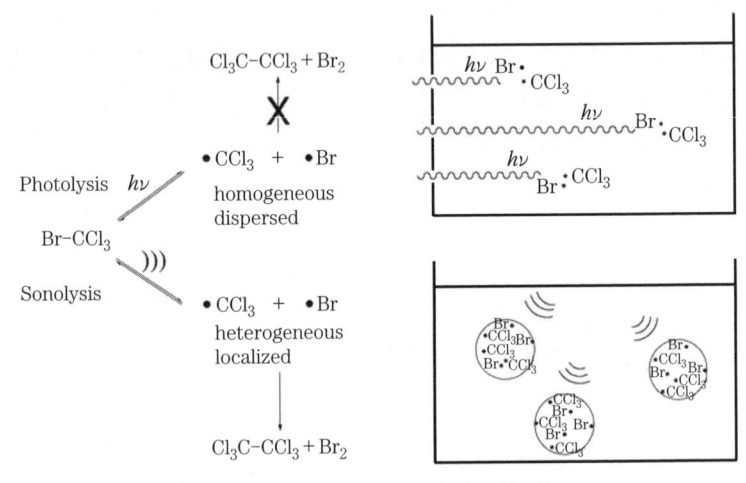

図7.1　$BrCCl_3$ のソノリシスと光分解の違い

　ほとんどのソノケミカル反応は, 本質的には不均一反応であるといわれる。超音波キャビテーションによって生じる気泡および気-液の境界で起こる化学反応を見ているのであるから, 不均一になることは必然なのである。

7.3　固-液不均一相反応

　不均一相反応への超音波照射がもたらす効果は, キャビテーション気泡の崩壊に伴うマイクロストリーミング, マイクロジェット, 衝撃波による固体の侵食, 固体粒子どうしの衝突, せん断効果が起源であると考えられている。不均一系の反応が撹拌に敏感であるということにある。

7.3 固-液不均一相反応

　超音波照射の効果が最も顕著であり，ソノケミストリーが広く注目を集めるきっかけとなったのは金属単体を含む固-液不均一相バルビエ反応（式 (7.11)）である[1),14)]。

$$\begin{array}{c}R^1\\ \end{array}\!\!\!\!\!\!>\!\!C=O + R^3\text{-}X + M \xrightarrow[\text{(Li, Zn, etc)}]{\text{)))}} \xrightarrow{H^+} R^2\!\!-\!\!\underset{R^3}{\overset{R^1}{\overset{|}{\underset{|}{C}}}}\!\!-\!\!OH \qquad (7.11)$$

　金属単体を含む反応系で，超音波の最も重要な作用は侵食効果である。金属表面を侵食して表面積を増し，また，表面の不純物や酸化物層を除去したり，金属表面に生成した反応中間体を脱離させて金属表面の活性点を新たに作り出すと考えられている。

　ニッケルの金属粉末はアルケンを水素化する触媒であり，強力超音波を照射することによって，水素化反応を速めることができる。電子顕微鏡によるニッケル金属表面の観察から，超音波が金属表面を侵食して表面積を増し，また，金属粒子どうしがたがいに溶融しあうほどの衝突を起こしていることが明らかにされた。このような強い衝突が立体的に混みあった基質の反応を有利にすることもある。例えば，2,3,5,6-tetraalkylnitrobenzene の還元（式 (7.12)）は，撹拌下では 20 時間かけても収率は低いが，超音波照射下では 5～15 分でほぼ定量的に起こる。ここでは，触媒表面から還元生成物あるいは中間体の除去が超音波によって促進されるためと推定されているが，固体触媒と反応分子との衝突頻度や衝突強度を増す効果があると考えられる。

$$\text{(2,3,5,6-tetraethyl-nitrobenzene)} \xrightarrow[\text{))), CH}_3\text{OH}]{\text{NH}_2\text{NH}_2\cdot\text{H}_2\text{O, Ni (Raney)}} \text{(2,3,5,6-tetraethyl-aniline)} \qquad (7.12)$$

　立体的に混みあったリチウムアミドを超音波照射によって合成することができる。電子キャリヤとしてイソプレンを加えると，超音波と電子キャリヤとの相乗効果によってラジカルアニオンやそれらの連鎖反応が容易になる（式 (7.13)）。

$$A \xrightarrow{Li} A^{-} + Li^{+} \xrightarrow{R_2NH} R_2NH^{-} + [A-H]^{\cdot} + Li^{+}$$
$$\downarrow Li$$
$$R_2N^{-}Li^{+} + A-H_2 \xleftarrow{R_2NH} [A-H]^{-} + Li^{+}$$
(7.13)

同様に,ナトリウムフェニルセレン化物 NaSePh のような有用な有機金属化合物試薬や用途の広いランタニド SmI_2 を,ナトリウム/ベンゾフェノンを用いて,超音波照射下に簡単に調製することができる。これらの反応の律速段階は金属から有機分子への電子移動の段階であるので,反応の加速はケチルラジカルアニオンの生成の促進によるものである。簡単な超音波洗浄器を用いると,THF 中のサマリウム Sm 金属とヨウ素 I_2 から SmI_3 が 5 分で得られ,さらに触媒として水銀を添加すると SmI_2 が定量的に生成する(式 (7.14))。

$$2Sm + 3I_2 \xrightarrow[\text{)))), THF, 5 min}]{Na/Ph_2CO} 2SmI_3(THF)_3 \xrightarrow[\text{)))), 20 min}]{Hg\ (catal.)} 3SmI_2 \quad (7.14)$$

不活性雰囲気下に,乾燥溶媒中で,より長い反応時間を要する古典的な調製法と対照的である。乾燥 THF 中,Sm 金属と CHI_3 に超音波照射することによっても SmI_2 を調製することができ,有機反応に直接用いることができる。

ヘック反応は,塩基存在下に,パラジウム Pd(錯体)を触媒としてハロゲン化アリールまたはハロゲン化アルケニルでアルケンの水素原子を置換する反応(式 (7.15))であるが,超音波洗浄器を用いると,アルゴン雰囲気下の室温で,1.5~3 時間で反応が終了する。このカップリング反応は,Pd-ビスカルベン錯体と Pd(0) クラスターの形成を含むと考えられた。電子顕微鏡観察により,20 nm の Pd 粒子が形成されることが確認されている。

$$R-X + R' \diagup \xrightarrow[\text{)))), 塩基}]{Pd^0} R' \diagup R \qquad (7.15)$$

また,鈴木カップリングに代表される金属交換反応およびそれに続く中心金属への酸化的付加は,超音波照射によって同じように容易になる。強力超音波(18 kHz,80 W/cm^2)照射下,水中での芳香族ボロン酸の Pd 触媒鈴木ホモカップリングが報告されている[15](式 (7.16))。ホスフィンリガンドを加えることなく触媒の Pd/C を加えることによって反応を起こすことができ,また

Pd(II) 中間体を産生する酸化剤として酸素を使うことができる。超音波なしでは相間移動触媒 (PTC) 存在下に起こる反応であるところから，PTC を使わない条件で超音波を適用したのであろう。ただし，この条件では，芳香族ボロン酸と芳香族ハロゲン化物とのクロスカップリングは起こらない。

$$\text{R-C}_6\text{H}_4\text{-B(OH)}_2 \xrightarrow[\text{))), H}_2\text{O, O}_2]{\text{Pd/C, NaOAc}} \text{R-C}_6\text{H}_4\text{-C}_6\text{H}_4\text{-R} \qquad (7.16)$$

フェニルボロン酸とハロゲン化アリールとのソノケミカル鈴木カップリング (式 (7.17)) が，共溶媒としてメタノールを加えたイオン性液体溶媒中で行われた[16]。やはり，ホスフィンリガンドを必要とせず，クロロベンゼンでもこの条件下で反応する。

$$\text{R-C}_6\text{H}_4\text{-X} + (\text{HO})_2\text{B-C}_6\text{H}_4\text{-} \xrightarrow[\text{イオン性液体/MeOH}]{\text{))), Pd(OAc)}_2\text{, NaOAc}} \text{R-C}_6\text{H}_4\text{-C}_6\text{H}_5 \qquad (7.17)$$

その他，酸化剤や還元剤などの多くの無機固体試薬を含む固-液不均一相反応が超音波照射下に促進される例は多く，有機合成反応におけるルーチン的な手法として確立されていると考えてもよいだろう[1]。

7.4 液-液不均一相反応

キャビテーションによって生じるマイクロジェット流や衝撃波は物質移動を促進し，それがもたらす効率的な撹拌効果・分散効果によって，液-液二相系反応や多成分反応を加速する。アルキル化，アシル化，酸化還元反応など不均一相極性反応にその例は多く見られる。エステルやニトリル類の水中での不均一相塩基触媒加水分解反応を，超音波照射下に PTC なしに穏和な条件で進めることができる[17]。超音波は PTC の物理的代替になるのである。酸触媒下に起こる長鎖アルデヒドによる糖のアセタール化反応 (式 (7.18)) は，通常の

撹拌条件では高温にする必要があるが，超音波照射下では室温で進行する。二液相の効率的な撹拌が超音波の効果であると考えられた。

$$(7.18)$$

有機合成反応において有用な炭素-炭素結合生成反応であるアルドール反応は通常，塩基条件下で行われるが反応は遅い。この反応を超音波照射下に行うと反応が促進される（式 (7.19)）。少量の界面活性剤を加えると，続く脱水反応までが起こってエノンを生成するという劇的な効果が報告された。ただし，そのメカニズムについては明らかにはされていない。

$$(7.19)$$

2,6位がすでに O-アルキル化されているシクロデキストリンの残る3位を O-アルキル化（式 (7.20)）するのは容易ではない。撹拌下では，14～41％の収率を得るのに72時間かかるが，強力超音波（20 kHz, 600 W）照射下では，3.5時間で50～80％の収率で得られる。超音波の反応加速効果は効率的な撹拌効果と同時に，固-液の場合に述べたのと同様に，立体障害の大きい反応中心とそれに接近する反応分子を強く衝突させることによってもたらされたものと考えられる。

$$(7.20)$$

7.5 固-固不均一相反応

固体のアルミナ存在下に，トルエン中における臭化ベンジルとシアン化カリウムの反応（式（7.21））は，機械撹拌下では芳香族求電子置換反応（フリーデル・クラフツ反応）が起こるのに対して，超音波照射下では脂肪族求核置換反応が起こる[18]。

$$
\text{PhCH}_2\text{Br} + \text{PhCH}_3 + \underset{\text{Al}_2\text{O}_3}{\text{KCN}} \longrightarrow \begin{cases} \text{CH}_3\text{C}_6\text{H}_4\text{CH}_2\text{C}_6\text{H}_5 \\ \text{PhCH}_2\text{CN} \end{cases} \quad (7.21)
$$

超音波照射により，反応がフリーデル・クラフツ反応から求核置換反応に変わるというソノケミカルスイッチングの最初の例である。これは，シアン化カリウムによるアルミナのフリーデル・クラフツ反応触媒部位の被毒が超音波照射によって起こるためと説明された。固体どうしの反応が超音波によって促進されることによって，併起する二つの反応の一方が阻害されたことになる。すなわち，この反応は，極性固-液不均一反応であり，超音波の機械的撹拌効果によって加速されるが，トルエンに溶解していない固体シアン化カリウムによる固体アルミナ表面の活性点の失活という固-固反応が最も加速されたため，反応の方向が機械撹拌下とは異なった方向にスイッチされたものである。この反応例は，超音波照射が反応を加速させるだけではなく，反応の選択性を制御するのに利用できることを示す。

固-液または液-液不均一相反応に対する超音波の反応促進効果の例は非常に多く，現在ではすでにルーチンの手法になっているといってもよい。最近，超音波照射下に，三つ以上の試薬を同時にあるいは逐次的に混合し，複数ステップの反応を，中間生成物を分離することなく，一つの反応容器中で行う合成反応（多成分ワンポット合成反応）の報告が多く見られるようになってきた。反

応系が初めから固相を含んでいるか，反応途中に溶解度の低い固体中間体が生成するため，機械撹拌下では反応が進行しにくいときに超音波が反応を促進する。しかも，固体の出現時期が複反応の反応過程の順序を決めるため，多成分ワンポット反応が可能になる。固-固反応も含め，反応機構および反応相を含む反応条件を考慮すると，反応選択性をも含めた超音波有機合成反応が可能になるであろう。

7.6 他のエネルギーとの協奏効果

超音波と電気や光などの他のエネルギーとの二重励起あるいは協奏効果が有機化学反応に対して試みられている[7]。

7.6.1 超音波照射下における光反応

超音波照射によって，合成的に重要な光付加反応に立体選択性がもたらされることがしばしば見られる。アルケンとカルボニル化合物の光付加環化反応（パターノ・ビューチ反応）（式7.22）は，通常，オキセタンの cis-および $trans$-混合物を与えるが，超音波照射下では光化学反応が促進され，さらに，$cis/trans$ 比におけるジアステレオ選択的な変化が観察された。逐次的なラジカル機構が提案され，より安定なジラジカルの生成が生成物の位置選択性を決めると説明された。

$$\underset{H_3CCH_3}{\overset{O}{\underset{\|}{C}}} + \underset{HOC_2H_5}{\overset{CH_2}{\underset{\|}{C}}} \xrightarrow[)))]{h\nu} \underset{CH_3}{\overset{OOC_2H_5}{\underset{|}{\underset{H_3C-C}{}}}} \underset{}{\overset{}{\underset{|}{}}} H + \underset{CH_3H}{\overset{O}{\underset{H_3C-C}{}}} OC_2H_5$$

(7.22)

エタノール中におけるベンゾフェノンの光ピナコール化反応では，反応速度と収率が，超音波照射によって2倍促進される。第一に，超音波により光励起中間体の拡散が促進され，第二として励起三重項状態の失活が超音波によって

誘発されると考えられている。

均一液相におけるソノケミストリーの項でも述べたように，化学反応を超音波照射下に行う場合と光照射下に行う場合とでは異なる結果を与える[12),13)]。通常，光は均一で分散した状態で励起種を生成し，超音波はキャビテーションに由来して不均一なより局所的な状態で活性種を生成する。同時に，超音波によって提供される撹拌均質化は反応中間体どうしの遭遇を有利にする。このような超音波によってもたらされる不均質性および均質化を利用することによって応用範囲を拡げることができるだろう。

7.6.2 超音波照射下における有機電解合成

超音波照射が不均一反応に有効であることは前にも述べたが，電極反応が電極と電解液との間で起こる典型的な不均一反応であることを考えると，キャビテーション現象に伴って発生する超高速流が，基質分子および基質分子と電極との間の電子のやり取りを容易にさせる物質（メディエーター）や電解生成物などの物質移動を促進し，機械的撹拌によっては得られない効果を与えることが理解できる[19),20)]。

p-メチルベンズアルデヒドの電解還元（式(7.23)）では，超音波照射によって電流効率が増大し，また2電子還元生成物に対して1電子還元生成物の生成比率が大きくなる。

$$\text{(7.23)}$$

このような生成物選択性に対する超音波の効果は，アセトンとアクリロニトリルの陰極クロスカップリングや，コルベ電解や電解シアノ化のような陽極反応系においても見られる。1,2-ジブロモ-1,2-ジフェニルエタンの電解還元におい

て，*cis-trans* 立体選択性が超音波照射によってもたらされるという報告もある。これは，電解還元生成物が電極表面から電解液バルク相へ，超音波により素早く移されるからであると説明された。電解重合においては，電極表面上に形成される高分子被膜を超音波照射により除去することができ，円滑な重合反応を起こすことができる。また，チオフェンやアニリンの電解酸化重合により生成する重合膜の表面平滑性が，超音波照射によって改善されるのも同様の作用によると考えられる。

　超音波照射によりエマルションを容易に生成させうることは古くから知られており，さまざまに利用されてきた。このエマルションを形成する油滴あるいは水滴のサイズを超音波周波数によってコントロールすることができる。このことを利用して，エチレンジオキシチオフェン（EDOT）の油滴から電解重合（式 (7.24)）により，透明なポリ(3,4-エチレンジオキシチオフェン)（PEDOT）を合成することができる。超音波周波数によってポリマーの性質をコントロールできることが示された例である。

$$\text{EDOT} + H_2O \xrightarrow{)))\ (20\ \text{kHz})} \text{Emulsion (EDOT droplet size: Ave. 351 nm)}$$

$$\xrightarrow{)))\ (1.6\ \text{MHz} + 2.4\ \text{MHz})} \text{Emulsion (EDOT droplet size: Ave. 82 nm)} \xrightarrow{\text{電解重合}} \text{PEDOT}$$

(7.24)

7.6.3　超音波とマイクロ波

　マイクロ波を誘電体に照射すると分極が生じ，高周波交流の電界中における極性双極子の激しい運動により発熱する（誘電加熱）。発熱は物質自体の比誘電率などに依存するので選択加熱が起こる。一般的にはこの温度上昇が反応に

対するマイクロ波の効果であると考えられている[21]。マイクロ波自体のエネルギーは，化学結合を断つには低すぎ，またブラウン運動のエネルギーより低いのであるが，固体粒子の選択的誘電加熱を誘導するマイクロ波分極と，固体を含む不均一系反応に対する超音波の効果を融合させると，付加的な反応促進効果が期待できる。例えば，エーテルの合成，ヒドラジドの合成，エステル化反応，クネーフェナーゲル・ドブナー反応などが報告されている。

芳香族ボロン酸と芳香族ハロゲン化物との鈴木ホモカップリングおよびクロスカップリングが，Pd/C触媒を用いる不均一条件下で，強力超音波（20.5 kHz）とマイクロ波（2.45 GHz，700 W）の照射下で行われた。ホスフィンリガンドも相間移動触媒も必要なく，超音波とマイクロ波の同時照射により，より短時間でより高い収率を与えると報告された（**図7.2**）。ウルマン型カップリングは熱的な活性化に敏感であるが，細かく砕かれて活性化された触媒の存在がより重要であり，この反応に対しては超音波照射だけが効果的であるようである。

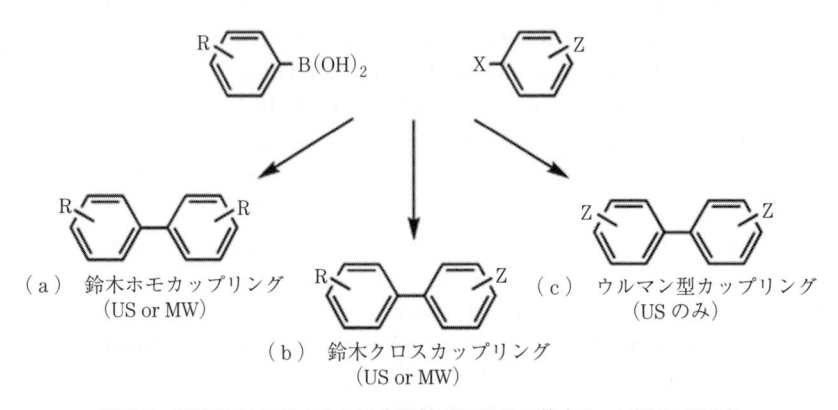

図7.2 超音波およびマイクロ波照射下における鈴木カップリング反応

超音波が有機合成反応にさまざまな影響を与えることは確かである。特に，不均一系の有機合成反応が促進されることはよく見られることであり，不均一系の撹拌操作として，ほぼ一般的な手法と認識されるようになってきた。今後さらに，不均一相を生じるような多段階の合成を超音波照射下にワンポットで

行う反応が開発されるであろう。それに対して、超音波キャビテーションによって活性化学種を作り出し、反応を起こさせるということはそれほど一般的ではない。ソノケミストリーが再現性の問題を抱えてきたために明確な議論ができるデータを示せなかったためということもあるが[22]、周波数と超音波強度に対する考え方が明らかになってきたいま、反応機構に基づいたさらなる研究開発が待たれる。他のエネルギーとの協奏効果をも含め、無害なそしてよりグリーンな音エネルギーと有機化学反応のより深いつながりを期待したい。

引用・参考文献

1) J. -L. Luche : Synthetic Organic Sonochemistry, Plenum Press (1998)
2) 安藤喬志：超音波便覧，超音波便覧編集委員会編，pp. 319-324, pp. 327-331, 丸善 (1991)
3) T. P. Caulier and J. Reisse : On Sonochemical Effects on the Diels—Alder Reaction, J. Org. Chem., **61**, pp. 2547-2548 (1996)
4) J. -M. Lévêque, M. Fujita, A. Bosson, H. Sohmiya, C. Pétrier, N. Komatsu and T. Kimura : Secondary sonochemical effect on Mo-catalyzed bromination of aromatic compounds, Ultrason. Sonochem., **18**, pp. 753-756 (2011)
5) T. J. Mason : Practical Sonochemistry. User's Guide to Applications in Chemistry and Chemical Engineering, pp. 17-51, Ellis Horwood (1991)
6) C. Pétrier and J. -L. Luche : Synthetic Organic Sonochemistry (J. -L. Luche Ed.), pp. 53-56, Plenum Press (1998)
7) G. Cravotto and P. Cintas : Power ultrasound in organic synthesis : moving cavitational chemistry from academia to innovative and large-scale applications, Chem. Soc. Rev., **35**, pp. 180-196 (2006)
8) G. J. Price : Current Trends in Sonochemistry (G. J. Price, Ed.), Royal Society of Chemistry, Cambridge, pp. 87-109 (1992)
9) E. Nakamura, Y. Imanishi and D. Machii : Sonochemical Initiation of Radical Chain Reactions. Hydrostannation and Hydroxystannation of C-C Multiple Bonds, J. Org. Chem., **59**, pp. 8178-8179 (1994)
10) T. Ando, T. Kimura, J. -M. Lévêque, J. P. Lorimer, J. -L. Luche and T. J. Mason : Sonochemical Reactions of Lead Tetracarboxylates with Styrene, J. Org. Chem., **63**, pp. 9561-9564 (1998)
11) T. Kimura, H. Harada, T. Ando, M. Fujita, J-M. Lévêque and J-L. Luche : The Role

of Solvent Sonolysis in Sonochemical Reactions : The Case of Acetic Acid, Chem. Commun., pp. 1174-1175 (2002)

12) K. S. Suslick, P. F. Schubert and J. W. Goodale : Sonochemistry and Sonocatalysis of Iron Carbonyls, J. Am. Chem. Soc., **103**, pp. 7342-7344 (1981)

13) T. Kimura, M. Fujita, H. Sohmiya and T. Ando : Difference between Sonolysis and Photolysis of Bromotrichloromethane in the presence and absence of 1-Alkene, J. Org. Chem., **63**, pp. 6719-6720 (1998)

14) T. J. Mason and D. Peters : Practical Sonochemistry. Power Ultrasound : Uses and Applications, Ellis Horwood (2002)

15) G. Cravotto, G. Palmisano, S Tollari, G. M. Nano, A. Penoni : The Suzuki homocoupling reaction under high-intensity ultrasound, Ultrason. Sonochem., **12**, pp. 91-94 (2005)

16) R. Rajagopal, D. V. Jarikote and K. V. Srinivasan : Ultrasound promoted Suzuki cross-coupling reactions in ionic liquid at ambient conditions, Chem. Commun., pp. 616-617 (2002)

17) A. Loupy and J. -L. Luche : Synthetic Organic Sonochemistry (J. -L. Luche, Ed.), pp. 107-166, Plenum Press (1998)

18) T. Ando, S. Sumi, T. Kawate, J. Ichihara and T. Hanafusa : Sonochemical switching of reaction pathways in solid-liquid two-phase reactions, Chem. Commun., pp. 439-440 (1984)

19) R. G. Compton, J. C. Eklund and F. Marken : Sonoelectrochemical Processes : A Review, Electroanalysis, **9**, pp. 509-522 (1997)

20) 跡部真人：超音波照射場における有機電解合成, 超音波利用技術集成, pp. 3-16, エヌティエス (2005)

21) C. O. Kappe : Controlled Microwave Heating in Modern Organic Synthesis, Angew. Chem., Int. Ed., **43**, pp. 6250-6284 (2004)

22) S. Koda, T. Kimura, T. Kondo and H. Mitome : A standard method to calibrate sonochemical efficiency of an individual reaction system, Ultrason. Sonochem., **10**, pp. 149-156 (2003)

第8章 無機合成への応用

8.1 無機合成への応用

　有機物質およびその反応が「分子」のレベル（〜1 Å = 〜0.1 nm）で記述されることが多いのに対し，主としてイオン結晶あるいは金属結晶からなる無機物質・材料は，結晶単位格子（〜0.1 nm）およびそれが数千個以上組み上がったナノ粒子（数 nm 〜数十 nm）やそれがさらに成長したミクロ構造（数 µm）あるいはそれ以上のサイズまで広範囲な視点が求められる。図 8.1 に示すように「木を見て森を見ず」に陥ることなく，柔軟な視野を心掛けよう。

　ナノメートルスケールの無機材料は，センサや触媒材料をはじめ，電子，光学，磁気デバイスなど幅広く応用されている。金属や無機物のナノ粒子やナノ材料は，そのサイズが小さくなることによって比表面積が増えるとともに，表面の欠陥や電子状態が変化し，また，針状や板状といった特殊な形態制御によって，さまざまな物性が発現する。このようなナノ材料の合成には，溶液反応により原子レベルから構築していくボトムアップ法が有効であり，熱分解や還元，酸化，加水分解，中和などを利用した析出過程を利用する合成法が検討されている。その際，反応する溶液を超音波で刺激することでさまざまな効果が生まれる。本章では，そうした無機材料合成における超音波の効果を概観する。

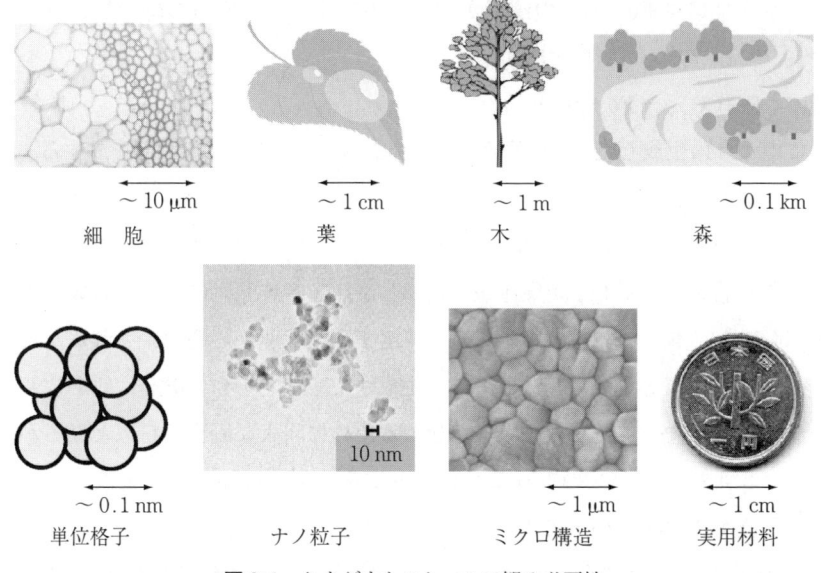

~ 10 μm	~ 1 cm	~ 1 m	~ 0.1 km
細 胞	葉	木	森

~ 0.1 nm	~ 10 nm	~ 1 μm	~ 1 cm
単位格子	ナノ粒子	ミクロ構造	実用材料

図8.1 さまざまなスケールで観る必要性

8.2 超音波化学的な微粒子合成

8.2.1 超音波熱分解法

　超音波照射によって溶液中に生成する音響バブルはその内部がきわめて高温・高圧の状態となるため，ここで進行する熱分解反応を制御することによって，さまざまな無機材料を合成することができる。音響バブル内の温度を高めて熱分解反応を効率よく進行させるには，一般に**比熱比**の高い希ガスで反応溶液を飽和して超音波照射するとよい。また，用いる溶媒の蒸気圧が高すぎると音響バブルが高温に達しないため，適切な溶媒を選択しなければならない。そして，反応する溶質は，適度な蒸気圧をもって音響バブル内部に入っていく必要がある。

　例えば，鉄カルボニル錯体 ($Fe(CO)_5$) を含む 0°C のデカン溶液に高出力の超音波を照射すると，デカン溶液中で約 5 000 K のバブルが発生するが，この

8. 無機合成への応用

バブル内部には $Fe(CO)_5$ の蒸気が含まれているため，$Fe(CO)_5$ の熱分解反応が式（8.1）のように進行する。

$$Fe(CO)_5 \rightarrow Fe + 5CO \tag{8.1}$$

このように生成したFe原子は，式（8.2）のようにクラスタを形成する。

$$nFe \rightarrow Fe_n \tag{8.2}$$

もしこの Fe_n が高温状態からゆるやかに冷却されたのであれば，単結晶あるいは多結晶からなる Fe_n 凝集体が生成するが，超音波照射によって合成された Fe_n は 10^{10} K/sec というきわめて速い速度で高温状態から超急冷されるため，アモルファス（非晶質）Fe_n 凝集体が生成する[1]。コロイド安定化剤を含んでいない系では粒子成長や粒子凝集が起こるために粗大な凝集体粉末となるが，ポリビニルピロリドンのようなコロイド安定化剤を添加して超音波照射すると，直径が3～8 nmのアモルファスFeナノ粒子が生成する[2]。

この手法を用いて合成されたアモルファスFeナノ粒子触媒は，フィッシャー・トロプッシュ反応（一酸化炭素と水素から炭化水素を合成する反応）に対して，通常の含浸法（あるいは蒸発乾固法）で合成したFe触媒よりも桁違いに高活性である[1]。これは，超音波処理で得られたアモルファス粒子が微細で高い比表面積をもつためと考えられる。

同様な超音波照射実験を酸素雰囲気下で行うと式（8.3）のように $Fe(CO)_5$ が酸素を含むバブル内で熱分解されるので，酸化反応を伴って Fe_2O_3 が生成する[3]。

$$Fe(CO)_5 \rightarrow Fe_2O_3 + 他生成物 \tag{8.3}$$

一方，$Mo(CO)_6$ を原料に用いて超音波照射すると，約2 nmの Mo_2C のナノ粒子が合成でき，得られた Mo_2C ナノ粒子はシクロヘキサンからのベンゼン合成反応の触媒として，Ptと匹敵する優れた触媒活性と選択性を示す[4]。$Fe(CO)_5$ と $Co(CO)_3(NO)$ を含む系で超音波照射すると，Fe-Co合金ナノ粒子を合成でき，より安価なベンゼン合成触媒として期待されている[5]。アモルファスFe合成における**超音波熱分解法**の模式図を図8.2(a)に示す。

芳香族化合物（あるいはその溶液）に超音波照射すると，重合反応が進行してポリマー状の物質とともにフラーレンやカーボンナノチューブを合成するこ

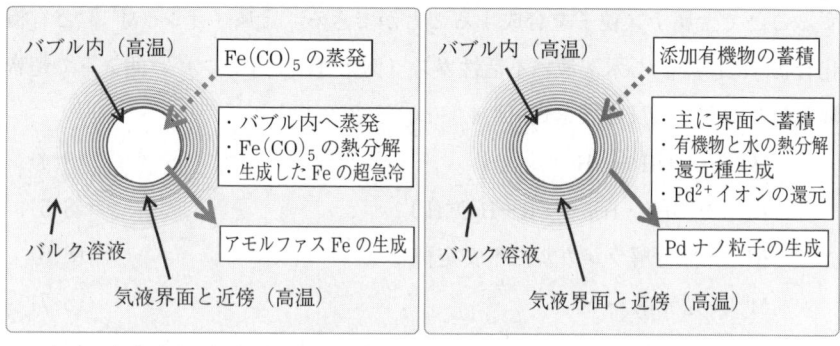

| (a) 超音波熱分解法（有機溶媒中） | (b) 超音波還元法（水溶液中） |

図 8.2 超音波熱分解法と超音波還元法を用いる材料合成の模式図

とができる。例えば，アルゴン雰囲気下のベンゼンに 20 kHz の超音波を 1 時間照射して得られた物質にはごくわずか（約 1 μg）であるがフラーレンの生成が確認されている[6]。また同様な超音波照射システムで，アルゴン雰囲気下のモノクロロベンゼンあるいはジクロロベンゼンに $ZnCl_2$ を添加して超音波照射するとカーボンナノチューブが生成する[7]。$ZnCl_2$ が添加されていない系ではカーボンナノチューブが観察されないことから，$ZnCl_2$ がカーボンナノチューブ生成のための触媒として作用していると考えられている。

また，0.01 mol％ フェロセン（$Fe(C_5H_5)_2$）と SiO_2 粉末を含む p-キシレン溶液に超音波を照射すると単層カーボンナノチューブを合成できる[8]。ここで添加された $Fe(C_5H_5)_2$ は超音波照射によって分解されて Fe ナノ粒子となり，これがカーボンナノチューブ成長への触媒として働くものとされている。また，添加されている SiO_2 粉末は核生成サイトして働くと考えられているが，ナノチューブの成長メカニズムについてはまだ解明されていない。

8.2.2 超音波還元法

水溶液中に生成する音響バブルの内部やその近傍の高温状態を利用することにより，添加した有機化合物を還元性ラジカルや還元種に変換することができる。このとき生じる還元性ラジカルや還元種を，金属イオンの還元反応に利用

することで金属ナノ粒子を合成することができる。金属イオン（M^{n+}）と有機化合物（RH）を含む水溶液に不活性ガス（例えば，アルゴン）雰囲気下で超音波照射したときの反応式を式（8.4）～式（8.8）に示す。

$$H_2O \rightarrow \cdot OH + \cdot H \tag{8.4}$$

$$RH + \cdot OH(\cdot H) \rightarrow \cdot R + H_2O(H_2) \tag{8.5}$$

$$RH \rightarrow 熱分解ラジカル，不安定種 \tag{8.6}$$

$$M^{n+} + 還元剤 \rightarrow M^0 \tag{8.7}$$

$$nM^0 \rightarrow (M^0)_n \tag{8.8}$$

式（8.4）から式（8.6）はさまざまな還元剤（・Hラジカル，・Rラジカル，H_2，熱分解ラジカル，不安定な還元種）の生成を示している。すなわち，式（8.4）では水の熱分解により・Hラジカルが生成し，式（8.5）ではRHと・OHラジカル（または・Hラジカル）による水素引き抜き反応により・RやH_2が生成し，式（8.6）ではRHの直接熱分解を経て熱分解ラジカルや不安定還元種が生成することを示している。式（8.7）と式（8.8）はM^{n+}の還元反応と金属粒子（$(M^0)_n$）の生成をそれぞれ示している。アルコールや有機酸，界面活性剤，水溶性高分子などの有機物を含む系で超音波を照射すると，主に音響バブルの界面や近傍の高温領域にてそれらの分子は分解されて還元性ラジカル等の還元剤が生成し，M^{n+}の還元反応が進行する。Pdナノ粒子合成における**超音波還元法**の模式図を図8.2(b)に示す。

超音波還元法で微粒な金属ナノ粒子を合成したいときは，従来の化学的合成法と同様に，コロイド安定化剤として働く界面活性剤や水溶性高分子を添加すれば，粒子の凝集や成長が抑制することができ，粒径の制御が可能となる。

アルミナ等の基材粒子を含む系でPd^{2+}を超音波還元すると，基材粒子表面にPdナノ粒子を担持することができる（**図8.3**）[9]。図(a)と図(b)では1-プロパノール濃度は同じで，添加されているアルミナ量が異なる例が示されているが，アルミナ添加量が多いと生成されるPdナノ粒子のサイズが小さくなることがわかる。これはアルミナがPdナノ粒子の粒子成長を抑制していることによる。また，図(b)と図(c)では，アルミナ添加量は同じで，添加されて

8.2 超音波化学的な微粒子合成

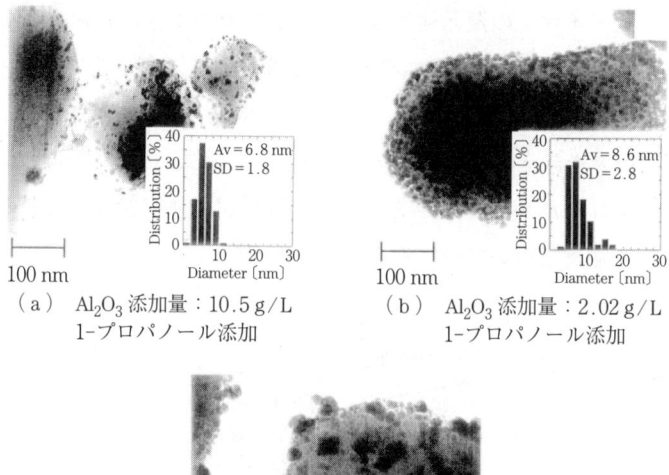

（a） Al$_2$O$_3$ 添加量：10.5 g/L
　　 1-プロパノール添加

（b） Al$_2$O$_3$ 添加量：2.02 g/L
　　 1-プロパノール添加

（c） Al$_2$O$_3$ 添加量：2.02 g/L
　　 メタノール添加

図 8.3 アルミナ基材粒子上に生成した Pd ナノ粒子の透過型電子顕微鏡写真と Pd ナノ粒子の粒径分布。(合成条件：照射時間 30 分，200 kHz，アルゴン雰囲気，Pd^{2+} 濃度：1 mM，アルコール濃度：20 mM)。文献 9) より引用。Copyright (1999) The Chemical Society of Japan

いるアルコールの種類が異なる例が示されている。図よりメタノールよりも 1-プロパノールのほうが Pd の粒径が小さいことがわかる。これは後述するように Pd^{2+} 還元速度が速いものほど生成する Pd 粒子の粒径が小さくなることによる。すなわち，還元速度が速いほど短時間で多くの Pd 核粒子が生成し，その結果，平均粒径が小さくなると考えられている。このようにして合成された Pd 粒子は 1-ヘキセンの水素化反応に対して，従来の含浸法で合成した触媒よりも高い触媒活性を示す。これは超音波法では生成する Pd 粒子の粒径が小さく，さらに基材粒子の表面にのみ Pd 粒子が担持されることにより，触媒活性点が増えたことによる[10]。

8. 無機合成への応用

一般に，金属イオンの還元速度は生成する粒子サイズに影響をもたらすため，金属イオンの還元速度をモニターし，制御することが重要である。超音波を利用する金属イオンの還元では，添加する有機物の種類や量が金属イオンの還元速度に影響を与えることは，前述の式 (8.4)～式 (8.8) からわかる。ここでは，アルコールおよび Pd^{2+} を含む水溶液に超音波照射したときの照射時間に伴う Pd^{2+} 濃度について見てみよう（図 8.4）[10]。

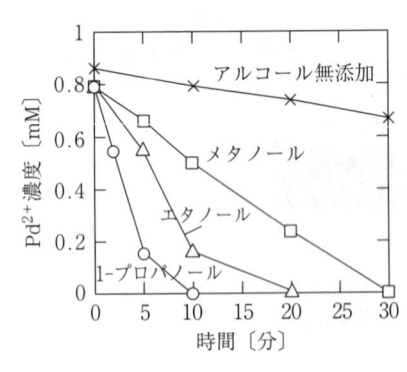

図 8.4 種々のアルコールを含む Pd^{2+} 水溶液に超音波照射したときの照射時間に伴う Pd^{2+} 濃度変化（反応条件：Al_2O_3 添加量 2.02 g/L, 200 kHz, アルゴン雰囲気，アルコール濃度 20 mM））
(Reprinted with permission from [10]. Copyright (2000) American Chemical Society)

アルコール無添加の結果と比べるとアルコール添加により，Pd^{2+} の還元がすみやかに進行していることが図 8.4 よりわかる。また，添加しているアルコールの濃度は同じであるにもかかわらず，アルコールの種類によって Pd^{2+} の還元速度は異なり，還元速度はメタノール＜エタノール＜1-プロパノールの順であった。これは水溶液中に溶けている有機溶質の疎水性が高いほど，バブルの界面や近傍に多くの有機溶質が蓄積される傾向にあるためである。すなわち，メタノール，エタノール，1-プロパノールと疎水性が高くなるにつれて，バブル界面や近傍に蓄積されるアルコールの量が増え，その結果，多くの還元剤がバブル崩壊時に発生することにより，Pd^{2+} の還元速度が速くなるためである（図 8.2(b)）。蒸気圧の高い有機物を大量に加えると音響バブルの温度が高温に達しないため，有機物の選択と添加量には注意しなければならない。

超音波還元法では，Au ナノ粒子合成について比較的多く研究されており，Au^{3+} の超音波還元により生成する Au ナノ粒子の大きさは，還元種発生剤であ

る有機物の種類，コロイド安定化剤の種類，雰囲気ガスの種類，超音波強度，超音波周波数，溶液温度，照射方法などに影響される。この場合でも，Au^{3+}の還元速度が速くなると粒子サイズが小さくなる傾向にあり，この現象は Pd ナノ粒子生成のときと一致し，核生成速度（Au^{3+}の還元速度）によって生成する Au 粒子の粒径が変化すると考えられている。

金属イオンの超音波還元を行うことにより，Pd，Au をはじめ，Pt，Ru，Ag ナノ粒子や，Au/Pd，Pt/Ru 等の二元金属ナノ粒子の合成が可能である。特に近年では，形の制御されたナノ粒子の合成が活発に研究されており，例えば，α-D-グルコースを含む水溶液系で Au^{3+} を超音波還元すると Au ナノベルトが生成[11]することや，カチオン性界面活性剤であるセチルトリメチルアンモニウムブロマイドと硝酸銀，アスコルビン酸を含む系で Au^+ を超音波還元すると棒状 Au ナノ粒子である Au ナノロッドを合成できる[12]。また，ポリメチルアクリル酸を含む系で Ag^+ を超音波還元すると発光特性を有する Ag クラスタを合成できる[13]。

また，相乗効果や新機能を発現させるためにさまざまな複合ナノ材料の合成が検討されているが，複合ナノ材料の合成にも超音波還元は利用できる。Au ナノ粒子を磁性材料の γ-Fe_2O_3 粒子に担持させることや，ゼオライトやメソポーラスシリカの細孔をテンプレートに利用することによって，Pd クラスタや Au と Ag のナノ粒子の合成が可能である。

8.3 超音波の物理的作用による粒子合成

8.2節で論じた超音波化学的合成において主役を演じたのは音響バブル内部の「高温（あるいは高圧）」であり，こうした合成は『超音波を照射しなければまったく進行しない系・プロセス』として位置づけられる。すなわち Luche の分類によれば，True Sonochemistry と称される領域である[14]。これに対して，『超音波を照射しなくとも多少は進行するが，超音波照射によって顕著で有益な効果が得られる系・プロセス』も多く，実践的には大変有用である。そ

うした場合の超音波照射では，高温バブル内部よりも，バブル周辺に発生する衝撃波，ミクロ撹拌，マイクロジェット，あるいは霧化といった物理的・機械的な作用が主因とみなせることが多い。

本節では，そうした超音波の物理的作用から生じる効果にスポットを当てる。ただし，物理的効果と化学的効果は必ずしも単純に分離できるものではなく，何がどう効いているのかは反応系による。

8.3.1 核生成・結晶成長に対する超音波効果

沈殿合成など，液相から固相が析出する現象は一見身近に感じられるかもしれないが，多くの場合，さまざまな物理および化学過程が同時進行した複雑な現象である。最も単純な系として，図 8.5 に示すような溶解度曲線を考え，溶液が均一溶液として安定に存在できる領域 A から，温度が下がるなどの外的要因によって，液相（飽和溶液）から溶けきれない溶質が固相として分離析出する不安定領域 B への移行を考えてみよう。物質自体が変化しないという意味では，ここに化学変化は含まれず，状態変化のみを考えればよい。領域 A と領域 B の境界は「溶解度曲線」としてなじみ深いものであるが，実際に領域 A の均一溶液を冷却しても固体が析出する（すなわち核が生成する）のは，溶解度曲線を多少過ぎてからである。このとき，実際に析出する点を仮想的に示したのが過溶解度曲線（点線）であり，実線と点線で挟まれた領域にある溶液は過飽和と呼ばれる準安定状態にある。この過飽和の制御こそが溶液からの固体析出のポイントであり，得られた固体の形態，均一性などを支配する。

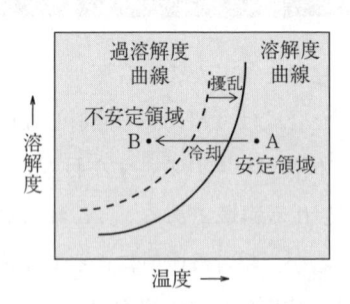

図 8.5 溶解度曲線による析出の考え方。超音波などの擾乱によって過溶解度曲線（点線）が溶解度曲線（実線）に近づくと考えられる。

8.3 超音波の物理的作用による粒子合成

ミョウバン（硫酸アンモニウムアルミニウム水和物）は傾きの大きな溶解度曲線をもつため，お湯にはよく溶け，これを冷却することによって容易に過飽和状態を達成することができる。まず，超音波を照射せずに機械的な撹拌のみで析出させたミョウバン結晶は**図 8.6** 上部に示すように数十 μm から大きいものは数 mm にいたるまで大小さまざまな結晶の混合物となった。他方，200 kHz〜4 MHz の超音波振動を与えながら同じ冷却履歴で析出させた結晶は大きさのばらつきが小さく，照射条件によって結晶粒径は大きく異なっていて，キャビテーションの起きやすい低周波照射では細かく，起きにくい高周波照射では粗大化していた[15]。

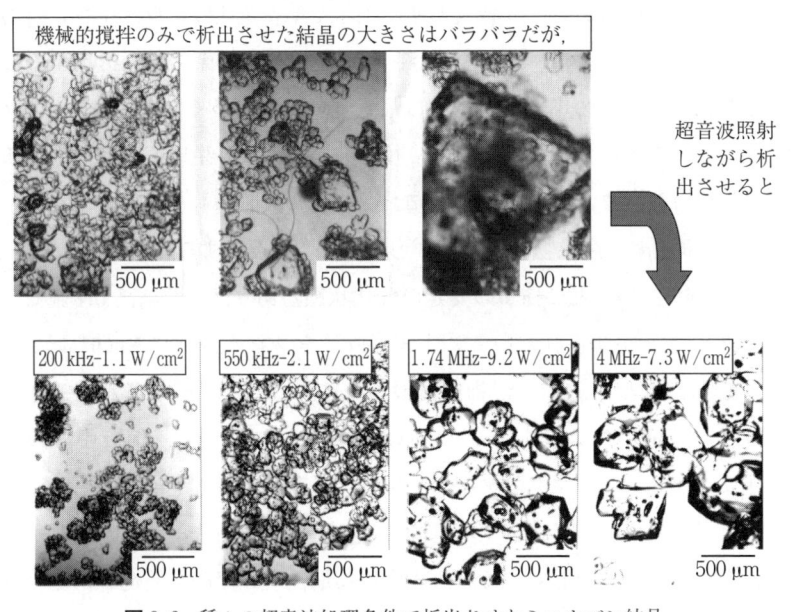

図 8.6 種々の超音波処理条件で析出させたミョウバン結晶

超音波照射により粒径のばらつきが小さくなったのは，溶液中での核生成がほぼ同時期に起きていることを示している。また，粒径が小さいことは，一度にできた核の数が多いものと考えられる（同じ量だけ炊いたご飯からオニギリを作るとき，オニギリの数と大きさの関係を考えよう）。逆に，粒径が大きい

ことは，一度にできた核の数は少なく，成長が速いことを示している。

音響キャビテーションは液体中に気液界面を生じさせていることから核生成を促進するサイトとなり，一般に粒径を微細・均一化することが多い。しかしながら実際の微粒子合成では，化学反応，溶解析出などのさまざまな要素が同時進行するため，粒径を粗大化する因子が超音波照射によって加速されれば，逆の結果が得られることもあるので注意が必要である。そうした例を次項で紹介しよう。

8.3.2 溶解析出を伴う合成プロセスに対する超音波照射効果

液相合成の実際において，合成初期に生じた準安定沈殿が母液中へと再溶解し，そのときの温度，pH等に応じた安定生成物として徐々に再析出することがしばしばある。その中で溶解過程は最も遅いことが多く，超音波の分散/攪乱効果により顕著に促進されるため，超音波照射により生成速度が向上することが見込まれる。また，再析出過程における超音波照射も，前項のミョウバン析出の例と同様に，生成物の選択性や形状に影響を及ぼすことが知られている。

鉄にはFe^{2+}，Fe^{3+}と二種類の安定な酸化状態があり，Fe^{3+}は高pH側でより安定であることが知られている。まず，Fe^{2+}を含む水溶液にNaOHなどのアルカリを加えると$Fe(OH)_2$が初期沈殿としてただちに生成するが，これをアルカリ性の母液中で放置すると，$Fe(OH)_2$は徐々に溶解し，溶液中の酸素との酸化反応が起きて，マグネタイト（Fe_3O_4）あるいはゲーサイト（$\alpha\text{-FeOOH}$）といった最終生成物へと変貌する（**図8.7**）。

この過程に超音波を照射すると，まず，初期沈殿の溶解が促進されるため，最終生成物が得られるまでの時間は大幅に短縮される。また，得られる酸化生成物の粒径は均一化し，微細化するのではなく粗大化する。この系では，初期のFe濃度が高いほど粒径が大きくなることから，超音波照射による溶解促進の結果，液相中のFe濃度が高まって溶質供給が促進されたために粗大化したものと考えられる[16]。さらにこのとき超音波の強度を高めると，核生成を促進するバブルの数が増えるため，粒径は小さくなる。粒径制御には超音波照射条

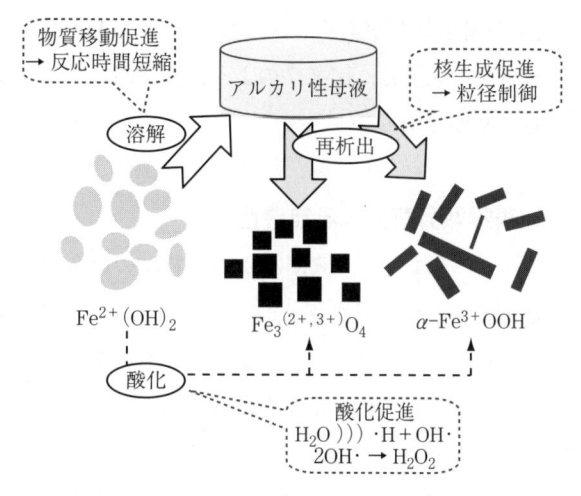

図8.7 溶液酸化プロセスによる酸化鉄微粒子の生成過程と超音波効果

件が重要な因子となるのは、8.2.2項で述べた例と同様である。

図8.7に含まれるもう一つの重要な過程は、溶解したFe^{2+}からFe^{3+}への酸化反応である[17]。式(4.3)などに示されているように、超音波照射により酸化剤が生成するため、Fe^{2+}からFe^{3+}への酸化も促進されると予想される。実際、図8.8に示すような反応系で検証すると、Fe^{2+}は超音波照射によって効率的に酸化され、しかもその酸化速度は空気中よりも酸素を含まないArで系を置換したほうが高くなる。これはまさにソノケミカルな効果であり、酸化剤が高温のバブルでより効率的に生成していることを示している。このような超音波の酸化促進効果によって、Fe_3O_4（Fe^{2+}とFe^{3+}の混合）とα-FeOOH（すべ

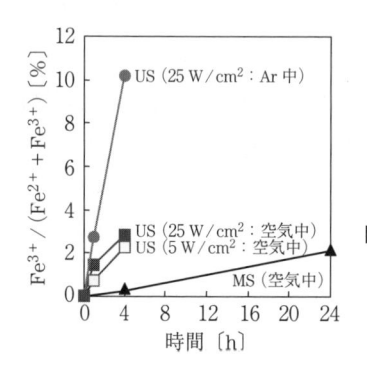

図8.8 酸性$FeCl_2$水溶液で観測されたFe^{2+}→Fe^{3+}の酸化反応
（US＝超音波照射、MS＝機械的撹拌（超音波照射なし）を示す）

てFe^{3+})の生成量が増すことがある。図8.8の結果はほぼ「化学的」といえるが,実際の合成プロセスでは,図8.7のように物理的効果と複雑に絡み合っていることに留意が必要である。

8.3.3 超音波噴霧熱分解による無機合成

6.4節で述べられているように,液体に2MHz程度の超音波を照射すると液体表面から微小液滴である霧を発生させることができる。無機合成のための原料を仕込んだ溶液に超音波照射すると,さまざまな原料を含む微小液滴を霧として発生させることができ,この液滴を熱処理することによってさまざまな無機・金属ナノ粒子の合成が可能である。

無機材料には,$Pb(Zr, Ti)O_3$や$YBa_2Cu_3O_{7-x}$といった複数の金属成分からなるものも多く,しかも物性を調整するために更なる微量成分がいくつも添加されることも少なくない。複数成分を含む溶液の化学反応を用いて沈殿を析出させる場合は,均一な析出を達成するのにしばしば面倒な工夫を要するのに対し,噴霧熱分解プロセスによれば,液滴になった時点からの化学的均一性は熱分解過程でも比較的保持されやすいため,均質化に有利である。また,超音波噴霧による液滴のサイズは,一般のノズル噴霧を用いたスプレー法で作られる液滴よりも径が小さくそろっているために,粒径を均一化させやすい。原料としては,熱分解温度が低い硝酸塩が用いられることが多い。塩濃度,熱分解温度,溶媒や添加剤を選ぶことによって,中空/中実粒子を作り分けたり,多孔質にして比表面積を高めるなど材料設計の自由度が高い。図6.9には多孔質炭素粒子の合成例が示されている。

逆に短所は,収率や生産性が低いことで,これを向上させるために原料濃度を極端に高めたり,霧化量を増大させたりすると,前述した種々の長所が失われることもある。

8.4 膜合成

無機材料の膜合成には，めっき，陽極酸化など溶液を介するものがあり，音響キャビテーションの活躍が期待できる。

図8.9に一般的な電極反応の概要を示している。反応物Sは電解質溶液中から電極表面に移動・吸着し，そこでの電子授受（酸化還元）により生成物Pとなる。生成物Pが溶媒に不溶である場合に電極表面に析出して膜となる。

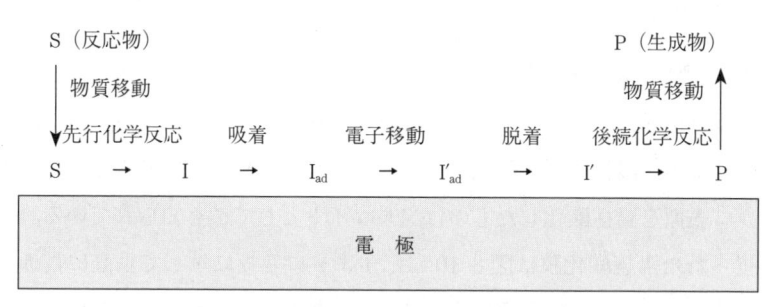

```
 S（反応物）                                          P（生成物）
  ↓物質移動                                           物質移動↑
  ↓先行化学反応  吸着      電子移動    脱着    後続化学反応
  S  →  I  →  I_ad  →  I'_ad  →  I'  →  P
 ─────────────────────────────────────────────
                       電　極
 ─────────────────────────────────────────────
```

図8.9 一般的な電極界面過程の模式図。I_{ad}は吸着状態を示す。超音波照射は物質移動を促進する。

こうした場合の超音波照射の役割としてまず考えられるのは，物質移動の促進（図中での上下方向の矢印）である。すなわち音響キャビテーションによる超高速流は反応基質の電極表面濃度を高め，電流効率を向上させる。また，水の電気分解によって発生し，均質な被覆の妨げとなる水素の気泡は超音波照射の脱気効果によって迅速に除去される。電極表面での生成物析出速度が高まれば，その析出形態も変わってくる。

8.4.1 めっき

金属材料の耐腐食性や硬度特性あるいは美観を向上させるため，金属基材の表面に別の金属を被覆することがある。外部電場を用いた電解めっきでは，金属イオンM^{n+}を含む電解質溶液に被覆したい金属基材を陰極（カソード）とし

て浸し，外部から通電すると，陰極から供給される電子によって金属イオン M^{n+} が還元され，陰極の表面に金属 M として析出する。こうした電解めっきプロセスに超音波照射を導入すると，より短時間のうちに，均質で欠陥の少ない強固な被膜が形成できることが知られている[18]。

他方，外部電場を用いない無電解めっきでも超音波照射は有効である。超音波照射により光ファイバを尖らせた先端微小部分に数十 nm 程度の均一なニッケル膜を再現性よく被覆することができ，光学顕微鏡プローブへの応用が期待されている[19]。

8.4.2　陽　極　酸　化

めっきとは逆に，被覆したい金属基材を陽極（アノード）に設置して通電することにより，陽極金属が酸化されてセラミックス膜を合成できる。金属アルミニウム表面を陽極酸化したものはアルマイトとしてよく知られている。こうして得られた陽極酸化膜は図 8.10 に示すように基板に対して垂直に貫通したメソ細孔をもつため，色素を染み込ませて色調を幅広く変えられるほか，触媒担持基材やテンプレートとして応用される。チタンの陽極酸化の例では，超音波処理によって孔数密度（単位面積当りの孔数）が向上することや熱安定性の改善が知られている[20]。

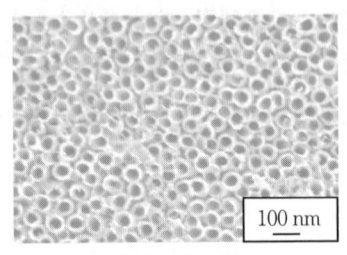

　　　　　　　　　100 nm　　　　　　　　　　　　　200 nm
　　　　（a）表　面 　　　　　　　　　　（b）断　面

図 8.10　金属チタンの陽極酸化によって得られたメソ孔構造

陽極での電気化学的酸化反応は，金属のみならず有機分子の酸化重合膜づくりにも用いられる。7.6.2 項でも簡単に触れられているが，図 8.11 に示した

(a) 超音波あり　　　　　（b）超音波なし
図 8.11　超音波照射有無による電解重合膜の微構造

のはポリアニリンという導電性高分子の重合膜の形態である。超音波なしでは粒子が凝集したスポンジ状になるのに対し，超音波照射では緻密な薄膜となる。このような形態の差により，膜の電気化学的な特性は2～6倍程度向上する[21]。

他方，数は少ないものの，気相での製膜技術（化学気相蒸着，chemical vapor deposition：CVD）に超音波を応用した例もあり[22]，いずれも超音波照射により，膜の緻密化，密着性改善，特性向上などの改善効果が確認されている。製膜圧力が常圧程度に高い場合，気相での分子運動に影響を及ぼす可能性があるが，圧力が真空に近い場合は基板表面での移動を刺激しているものと推定されている。

8.5　ものづくり・その他

8.5.1　超音波冶金[23]

固化したものと比べて組織が改善する。溶融金属を鋳込むときの超音波照射効果は「超音波冶金」あるいは「振動冶金」と呼ばれ，古くはドイツで，近年はロシア（旧ソ連）で継続的な研究がなされている。超音波による脱気，組成均一化，核生成促進などの作用により均質化・微細化した組織は，材料特性の向上に直結する。

8.5.2 単結晶製造[24]

前節のように溶融物を冷却した場合，ランダムな結晶方位の集合体からなる多結晶になることがほとんどである．これに対し，適当な種結晶を融液からゆっくりと引き上げると，種結晶以外の結晶核は生成せず，種結晶が成長して一つの大きな単結晶が得られる．近代エレクトロニクスの基盤技術となっているシリコン半導体はこのような融液成長により製造されている．$In_xGa_{1-x}Sb$ などの化合物半導体を同様の手法で製造するときに超音波を照射すると，不純物濃度分布が均一化し，特性が向上する．

8.5.3 粒子凝集

超音波照射を用いた粉体分散処理，すなわち懸濁液（サスペンジョン）の作製は広く日常的に行われている．ところが，逆に超音波によって凝集が起きることもあるので注意しなければならない．

物質の表面は過剰なエネルギーをもっているので，エネルギー的な観点からすると粒子は凝集して表面を減らすほうが安定である．これに対し，溶液中の微粒子はpHで定まる表面電位や粒子表面に吸着した安定化剤などの効果により分散状態が保たれている．

超音波照射によって凝集粒子が分散するのはマイクロジェット等，キャビテーションの作用による．他方，超音波振動を与えた液体中の固体粒子の振動振幅は，6.2.4項に示したBradt-Hiedemann式で表されるが，この式はキャビテーションという因子を含まないことに注意しよう．超音波振動により粒子どうしの衝突頻度が高まれば凝集が起きやすくなるが，そのとき粒子表面の性状も考慮しなければならない．

融点の異なるさまざまな金属粒子の懸濁液に超音波照射すると，融点の低い金属粒子ではあたかも融着したように凝集することから，超音波振動が引き起こす衝突により局所的には2 000℃近い高温が生じているといわれている．図8.12は，ケイ酸エチル（$Si(OC_2H_5)_4$）をアルカリ中で加水分解して球状シリカ粒子を得るときに超音波照射した例である[25]．シリカ粒子は，下記のような加

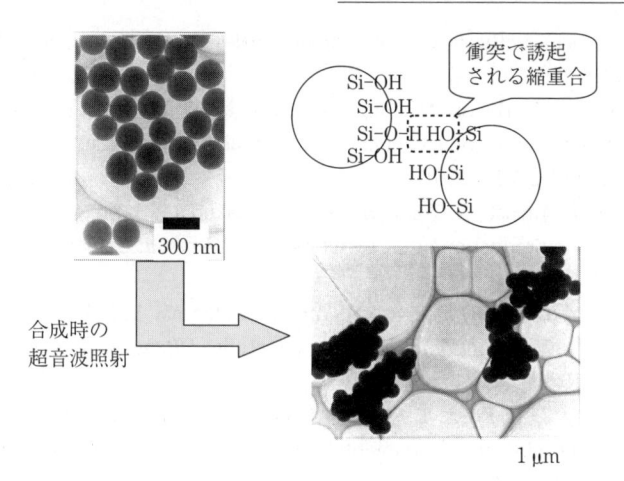

図8.12 超音波により誘起されたシリカ球合成時の凝集

水分解反応および Si(OH)$_4$ 分子間の縮重合反応により生成する。

$$Si(OC_2H_5)_4 + 4H_2O \rightarrow Si(OH)_4 + 4C_2H_5OH \tag{8.9}$$

$$\underset{\underset{\text{OH}}{|}}{\overset{\overset{\text{OH}}{|}}{\text{HO-Si-OH}}} + \underset{\underset{\text{OH}}{|}}{\overset{\overset{\text{OH}}{|}}{\text{HO-Si-OH}}} \rightarrow \underset{\underset{\text{OH}}{|}}{\overset{\overset{\text{OH}}{|}}{\text{HO-Si-O}}}\underset{\underset{\text{OH}}{|}}{\overset{\overset{\text{OH}}{|}}{\text{-Si-OH}}} + H_2O \tag{8.10}$$

シリカ粒子は球形を保ったまま凝集していることから,式(8.10)と同じ縮重合反応が粒子表面のシラノール基 (Si-OH) どうしで起きていると考えられる。したがって,この凝集は衝突により引き起こされた重合反応とみなせる。

引用・参考文献

1) K. S. Suslick, S. -B. Choe, A. A. Cichowlas, M. W. Grinstaff : Sonochemical synthesis of amorphous iron, *Nature*, **353**, 6343, pp. 414-416 (1991)
2) K. S. Suslick, M. Fang, T. Hyeon : Sonochemical synthesis of iron colloids, *J. Am. Chem. Soc.*, **118**, 47, pp. 11960-11961 (1996)
3) X. Cao, Y. Koltypin, R. Prozorov, G. Kataby, A. Gedanken : Preparation of amorphous Fe$_2$O$_3$ powder with different particle sizes, *J. Mater. Chem.*, **7**, 12, pp. 2447-2451 (1997)
4) T. Hyeon, M. Fang, K. S. Suslick : Nanostructured molybdenum carbide :

8. 無機合成への応用

Sonochemical synthesis and catalytic properties, *J. Am. Chem. Soc.*, **118**, 23, pp. 5492-5493 (1996)

5) K. S. Suslick, T. Hyeon, M. Fang : Nanostructured materials generated by high-intensity ultrasound: Sonochemical synthesis and catalytic studies, *Chem. Mater.*, **8**, 8, pp. 2172-2179 (1996)

6) R. Katoh, E. Yanase, H. Yokoi, S. Usuba, Y. Kakudate, S. Fujiwara : Possible new route for the production of C_{60} by ultrasound, *Ultrason. Sonochem.*, **5**, 1, pp. 37-38 (1998)

7) R. Katoh, Y. Tasaka, E. Sekreta, M. Yumura, F. Ikazaki, Y. Kakudate, S. Fujiwara : Sonochemical production of a carbon nanotube, *Ultrason. Sonochem.*, **6**, 4, pp. 185-187 (1999)

8) S. -H. Jeong, J. -H. Ko, J. -B. Park, W. Park : A sonochemical route to single-walled carbon nanotubes under ambient conditions, *J. Am. Chem. Soc.*, **126**, 49, pp. 15982-15983 (2004)

9) K. Okitsu, S. Nagaoka, S. Tanabe, H. Matsumoto, Y. Mizukoshi, Y. Nagata : Sonochemical preparation of size-controlled palladium nano-particles on alumina surface, *Chem. Lett.*, **28**, pp. 271-272 (1999)

10) K. Okitsu, A. Yue, S. Tanabe, H. Matsumoto : Sonochemical preparation and catalytic behavior of highly dispersed palladium nanoparticles on alumina, *Chem. Mater.*, **12**, pp. 3006-3011 (2000)

11) J. Zhang, J. Du, B. Han, Z. Liu, T. Jiang, Z. Zhang : Sonochemical formation of single-crystalline gold nanobelts, *Angew. Chem. Int. Ed.*, **45**, pp. 1116-1119 (2006)

12) K. Okitsu, K. Sharyo, R. Nishimura : One-pot synthesis of gold nanorods by ultrasonic irradiation : the effect of pH on the shape of the gold nanorods and nanoparticles, *Langmuir*, **25**, 14, pp. 7786-7790 (2009)

13) X. Hangxun and K. S. Suslick : Sonochemical synthesis of highly fluorescent Ag nanoclusters, *ACSnano*, **4**, pp. 3209-3214 (2010)

14) J. -L. Luche : Synthetic Organic Chemistry, Plenum, 1998, pp. 376-392 ; T. J. Mason, *Ultrason. Sonochem.*, **10**, pp. 175-179 (2003) .

15) N. Enomoto, T. H. Sung, Z. Nakagawa, S. C. Lee : Effect of Ultrasonic Waves on Crystallization from a Supersaturated Solution of Alum, *J. Mater. Sci.*, **27**, pp. 5239-5243 (1992)

16) N. Enomoto, J. Akagi, Z. Nakagawa : Sonochemical powder processing of iron hydroxide, *Ultrason. Sonochem.*, **3**, pp. 97-103 (1996)

17) F. Dang, N. Enomoto, J. Hojo, K. Enpuku : Sonochemical Synthesis of Monodispersed Magnetite Nanoparticles by Using an Ethanol-water Mixed Solvent, *Ultrason. Sonochem.*, **16**, pp. 649-654 (2009)

18) D. J. Walton, S. S. Phull : Sonoelectrochemistry, in: T.J. Mason (Ed.), *Advances*

in Sonochemistry, **4**, JAI Press, 1996
19) S. Mononobe : Ultrasonically induced Effects in Electroless Nickel Plating to Fabricate a Near-Field Optical Fiber Probe, *Jpn. J. Appl. Phys.*, **47**, pp. 4317-4318 (2008)
20) N. Enomoto, M. Kurakazu, M. Inada, K. Kamada, J. Hojo, W-I Lee : Effect of Ultrasonication on Anodic Oxidation of Titanium, *J. Ceram. Soc. Jpn.*, **117**, pp. 369-372 (2009)
21) M. Atobe, S. Fuwa, N. Sato, T. Nonaka : Ultrasonic Effects on Electroorganic Processes. Part 5. Preparation of a High Density Polyaniline Film by Electro-oxidative Polymerization under Sonication, *Denki Kagaku*, **65**, pp. 495-497 (1997)
22) T. Takahashi and H. Itoh : TiCxNy and TiCx-TiN films obtained by CVD in an ultrasonic field, *J. Mater. Sci.*, **14**, pp. 1285-1290 (1979)
23) アグラナート,ドゥボオーヴィン,ハフスキー,エスキン著:超音波工学と応用技術,モスクワ高等教育機関出版(1987),(日本語版:青山忠明,遠藤敬一訳,日ソ通信社,新日本鋳鍛造協会,1991)
24) Y. Hayakawa and M. Kumagawa : Spreading Resistance of InSb Crystals Pulled under Ultrasonic Vibrations, *Jpn. J. Appl. Phys.*, **22**, 6, p. 1069 (1983)
25) N. Enomoto, S. Maruyama, Z. Nakagawa : Agglomeration of Silica Spheres under Ultrasonication, *J.Mater.Res.*, **12**, 5, pp. 1410-1415 (1991)

第9章
バイオ・医学への応用

9.1 生物学への応用

　放射線や磁場とならび画像診断に必須の手段として発達してきた超音波であるが，近年の分子生物学やマイクロバブル製剤技術の発展とともに，分子診断や分子標的治療に向けた新たな視点から，超音波の応用が期待されるようになってきた。超音波の主な生体作用についてアポトーシス等のプログラム細胞死の誘発も知られるようになってきた。また，遺伝子導入の原因となる細胞膜の小孔形成と修復が起きること，直接，超音波が遺伝子発現を変化させること等から，これを利用した治療応用が注目されるようになってきた。特に低強度パルス超音波は，骨折治療を促進するとして，整形外科において利用されている。

9.1.1　超音波の生体作用

　超音波の生体作用にかかわる作用機序は，熱作用と非熱作用に大別される。これらの発現の程度は，超音波強度に依存するが，主要な機械的作用と考えられているキャビテーション作用は一定以上の超音波強度（しきい値）を超えて発現し（**図9.1**），しきい値は超音波の周波数や照射時間によって変化する。超音波の強度（単位面積当りのパワー）I は SI 単位では〔W（ワット）/m^2〕であるが W/cm^2 の表記が一般的である。音圧 P〔Pa（パスカル）〕とは $I=P^2/\rho c$ の関係がある。ここで P は音圧の実効値，ρ〔kg/m^3〕は媒質の密度，c〔m/s〕は音速である。ρc を固有音響インピーダンス Z〔kg/m^2/s〕と称し，超音波の

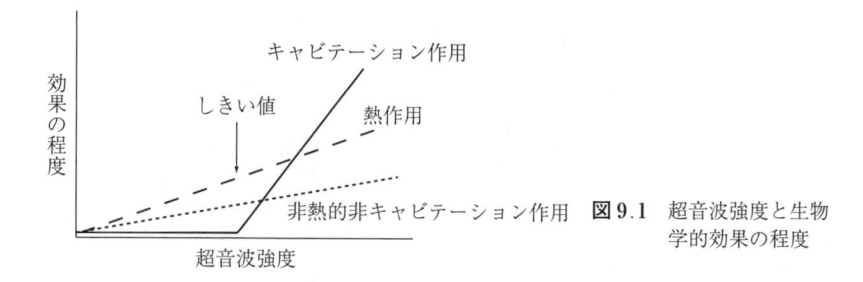

図 9.1 超音波強度と生物学的効果の程度

反射は生体組織の固有音響インピーダンスのわずかな違いによって起き，画像診断はこれを利用する。

9.1.2 熱作用

組織（媒質）中に弾性波（疎密波）である超音波が伝わると，この振動は組織分子の変位を引き起こす。熱は組織中の超音波吸収の結果として生みだされる。組織中を超音波が伝搬する場合，単位時間当りの組織温度の上昇 ΔT〔℃〕は，超音波強度 I〔W/m^2〕と吸収係数の積に比例する。超音波診断装置で用いられる**集束超音波**の場合，焦点で発生する熱は組織の熱伝導や血流による熱輸送により周囲に拡散するため，温度上昇は小さいが，その範囲は広がる傾向にある。

9.1.3 キャビテーション作用

キャビテーションが生じると，気泡崩壊時の局所的な高温が水分子を分解し，・OH（ヒドロキシルラジカル）や・H（水素原子）を生成し化学作用の原因になる。図 9.2 に示すように，これらの化学反応は，気泡内の気相，中間相，および気泡まわりの液相で進むとされる。気相が最も温度が高く，ここでは水や揮発性物質の熱分解が起こる。中間相では気泡に集積されやすい物質が熱分解される。液相では，通常，放射線化学反応で認められる，酸化・還元反応および・OH による付加反応や水素の引き抜き反応が起こる。以上の化学反応以上に，物理的作用である気泡の振動が生体作用には重要であり，また，気

気相
(水蒸気，揮発性物質の熱分解反応，メチルラジカル生成等)

中間相
(疎水性・親水性物質の熱分解反応，メチルラジカル生成等)

液相
(放射線化学で認められる酸化・還元反応，・OHによる付加およびH引き抜き等)

$R \rightarrow \cdot CH_3 + R'$

$H_2O \rightarrow \cdot OH + \cdot H$

$\cdot OH + R \rightarrow R\text{-}OH$ あるいは $\cdot R + H_2O$

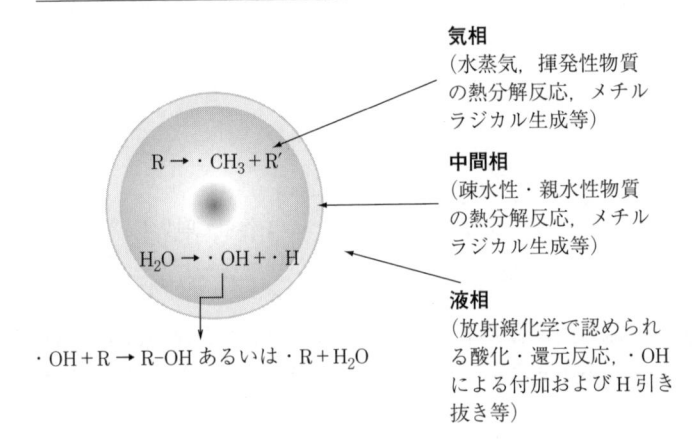

図 9.2 キャビテーション気泡における化学活性種の生成

泡が崩壊する際に生じる微小ジェット流の機械的な作用により細胞膜が損傷を受け，遺伝子が細胞内に導入されることも判明しており，今後のこの分野の発展が注目されている。

キャビテーションは周波数が高いほど発生しにくく，また，連続波に比べて，パルス波で発生しにくい。超音波診断では数 MHz から 10 MHz 程度の周波数のパルス波が用いられており，超音波診断で用いられている音圧では，生体内でキャビテーションが発生することはほとんどないと考えられている[1]。

9.1.4 非熱的非キャビテーション作用

非熱的非キャビテーション作用は放射圧，放射トルク，直進流，マイクロストリーミングなどに分類され，生物学的効果は超音波強度に依存するが，強度のしきい値はないと考えられている。

9.1.5 超音波による活性酸素生成

水に超音波照射すると水分子が直接熱分解されて・OHや・Hを生じること，これらがキャビテーション気泡の最終崩壊温度に依存することが報告されてきた。電子スピン共鳴（ESR）-スピントラップ法は多くの場合，活性酸素やフ

リーラジカルを捕捉するのに有用であり，超音波化学の解析に用いることができる[2]。5,5-ジメチル-1-ピロリン N-オキシド（DMPO）をスピントラップ剤として用いた場合，・OH との反応で得られる DMPO-OH 付加体の ESR スペクトルを図 9.3 に示す。

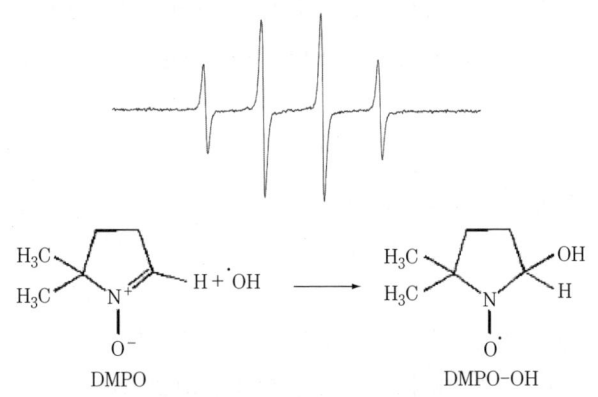

スピントラップ剤 + 短寿命の OH ラジカル → 比較的安定なフリーラジカル

図 9.3 スピントラップ剤，DMPO と・OH の反応により生じる 1:2:2:1 の強度比を示す DMPO-OH 付加体の ESR スペクトル

溶液中に酸素が存在すると・H との反応で・HO_2（$O_2^{・-}$ の酸化型）が生成される。一方，酸素が存在しない場合にもスーパーオキシドアニオンラジカル（$O_2^{・-}$）が生成する。ユビキノンからのユビキノールの生成，および還元型シトクロム C の生成を指標に超音波による $O_2^{・-}$ 生成を Ar 飽和溶液で調べると，スーパーオキシドディスムターゼで有意に阻害されるユビキノールの生成と還元型シトクロム C の生成が認められた。以上より，キャビテーション気泡が高温となる場合には，酸素が存在しなくても，・OH + ・OH → O + H_2O，2O → O_2，の反応により，酸素が生じ，・H との反応で・H + O_2 → ・HO_2 が生成し，・HO_2 → H^+ + $O_2^{・-}$ が生じる。

最近，超音波診断に微小気泡の造影剤が広く用いられるようになり，キャビテーション修飾効果が注目されている。そこで，性質の異なる 4 種類の微小気泡製剤を用いて，超音波誘発過酸化水素生成に及ぼす影響を調べた例では，化

学反応性のない中空シリカ粒子は酸素あるいはAr存在下でキャビテーション核として働き,過酸化水素生成を増やした。一方,フリーラジカル除去作用をもつ有機性微小気泡やガラクトース主成分のレボビストはAr存在下での過酸化水素生成に対しては抑制的に働くが,酸素存在下では増強した。通常,過酸化水素は・OH+・OH→H_2O_2により生成されるが,酸素が十分に存在し・Hが消去される条件下では・HO_2+・HO_2→$H_2O_2+O_2$,による過酸化水素生成が優位になる。

9.1.6 熱分解ラジカルの生成

超音波キャビテーションは微視的な高温状態を作るので,これに特異的な熱分解ラジカルの存在について調べた。酢酸ナトリウム0.1Mおよび高濃度3.3M溶液を超音波照射したとき得られるラジカル中間体を比較すると,ESRスペクトルのパラメータの解析から,1種類は・OHあるいは・Hによりメチル基よりH原子が引き抜かれて生じる・CH_2COOラジカルであり,もう一つは3.3Mの超音波照射時に認められるメチルラジカルであった。両ラジカルの溶質濃度依存性を調べると,メチルラジカルは0.1M以上で認められ,その収率は溶質濃度とともに増加した。一方,・CH_2COOラジカルはより低い0.05Mでも認められ,溶質濃度の増加とともにその収率は増加するが1M以上では減少した。メチルラジカルは低濃度では生成がなく一定濃度が必要で,その生成が濃度に依存すること,そして・OHとの反応では生成がないことから熱分解により生成されるラジカルである。

キャビテーションの最終崩壊温度を変えるためHe,ArおよびXe飽和溶液を用いて,超音波照射し両ラジカル収率を比較した。・CH_2COOラジカルの生成は・OHによるため水のO-H結合の解離を,・CH_3の生成は溶質のC-C結合の解離を反映する。両ラジカル収率の比は希ガスの熱伝導率が低下すると逆に増加することより,結合エネルギーの高いO-H結合の解離がより高いキャビテーション温度で起こりやすいことがわかった。また,生体関連分子についてもアミノ酸として,L-アラニン,核酸としてチミジン5′-リン酸(TMP)に

おける熱分解ラジカルの捕捉を試みたところ，同様に溶質濃度が高いときにメチルラジカルが認められた．これらの結果は親水性の生体分子でも濃度が高いとキャビテーション気泡に集積し，直接熱分解されることを示す[1]．

9.1.7 細胞膜の損傷と修復

低周波数の超音波が実験室で細胞破砕器として用いられているように，一定強度以上では「超音波は細胞を壊す」との認識が一般的であるが，1987年にその超音波による哺乳動物細胞を対象にした**遺伝子導入**が初めて報告された[3]．そのメカニズムとして，高温度で崩壊するキャビテーションが重要と考えられ，キャビテーション気泡の圧壊により生じる微小ジェット流が細胞膜に一過性の"小孔"を形成するためと推測されている．この現象は音響穿孔（ソノポレーション）と呼ばれる．この機械的作用が強すぎるときは，細胞膜の損傷も大きく，細胞死を招くが，修復可能な"小孔"は高分子の細胞内導入を可能とする．最近，この細胞膜の修復にCa^{2+}依存性および非依存性再閉鎖系があるこ

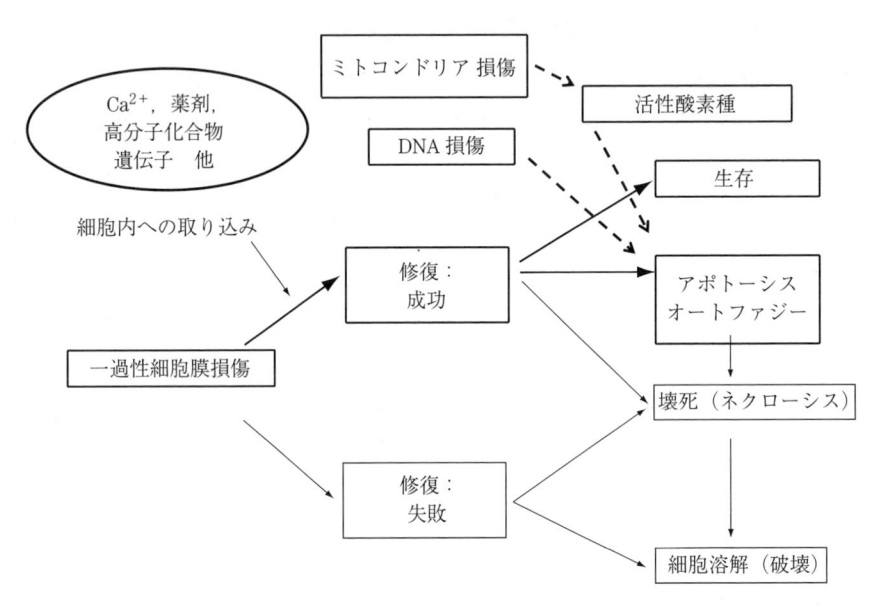

図9.4 超音波による生物学的損傷と細胞死の様式

とがわかってきた。細胞膜に作用する局所麻酔薬は，遺伝子導入の効率をあげるが，細胞膜修復にかかわる再閉鎖系に寄与しているのであろう。超音波による細胞死は強く細胞膜の損傷の修復に依存する。**超音波誘発細胞死**の様式と細胞膜の修復との関係を**図**9.4に示す。この図は一過性の細胞膜損傷の修復を経て，細胞が生存する場合と修復されない場合，多様な細胞死に至る過程を示す。

9.1.8 アポトーシス誘導

アポトーシスは，放射線，薬剤，温熱等で誘発されるが，超音波のようなメカニカルストレスによる報告例はきわめて少ない。初めて超音波によるアポトーシスが明らかとなったのは，高い強度の集束パルス超音波を用いた実験例である[4]。以下に温熱療法や物理療法で用いられている強度（数 W/cm^2 以下）の超音波を用いたアポトーシス誘発とその機序について述べる。

ヒトリンパ腫細胞株 U937 細胞を超音波（1 MHz，連続波，4.9 W/cm^2）照射し，6 時間後に光学顕微鏡下で細胞を観察すると，核クロマチンの凝縮，核の断片化やアポトーシス小体の形成といった典型的なアポトーシスの形態学的変化が観察された。同様の条件で，溶存気体の種類を変えてキャビテーションによる・OH の生成を ESR-スピントラップ法により測定したところ DMPO-OH 生成量は，air＞O_2＞Ar＞N_2≫N_2O＝CO_2＝0 の順であった。一方，超音波誘発アポトーシスは，O_2≒air≒Ar≒N_2≫N_2O＝CO_2＝0 の順であり，N_2O および CO_2 の飽和条件ではアポトーシスはほとんどなかった。以上の結果は，超音波誘発アポトーシスにはキャビテーションが関係することを示す。一方，照射前だけでなく後に加えた抗酸化剤である N-アセチル L-システインがアポトーシスを抑制することにより，照射後に細胞内に二次的に生成する活性酸素種がアポトーシスに関係する。

アポトーシスにおいてミトコンドリアは重要な役割を担っている。超音波照射によりミトコンドリア膜電位の低下，細胞内**活性酸素**の増加，カスパーゼ-3 の活性化が観察されたことから，超音波誘発アポトーシスにおいてもミトコンドリア-カスパーゼ経路の関与が示唆された。また，Ca^{2+} もさまざまな細胞内

情報伝達に関係し，多くのアポトーシス発生に関与する。ヒトリンパ腫細胞株であるU937細胞においても，超音波照射直後より細胞内Ca^{2+}濃度の有意な増加があり，細胞内外のCa^{2+}濃度を制御した実験結果から，この増加は照射による一過性の細胞外からのCa^{2+}の流入による。以上より，超音波によるアポトーシス誘発の原因の一つは，キャビテーションに伴う機械的振動によるものである。これにより，細胞内のミトコンドリアが損傷を受け，二次的に活性酸素が生成し，ミトコンドリアを介してカスパーゼの活性化が起きる。他方は，細胞膜の損傷により細胞外からの一過性のCa^{2+}流入が起こり，アポトーシスに関係する細胞内のCa^{2+}依存性の酵素群が活性化する（**図9.5**）。

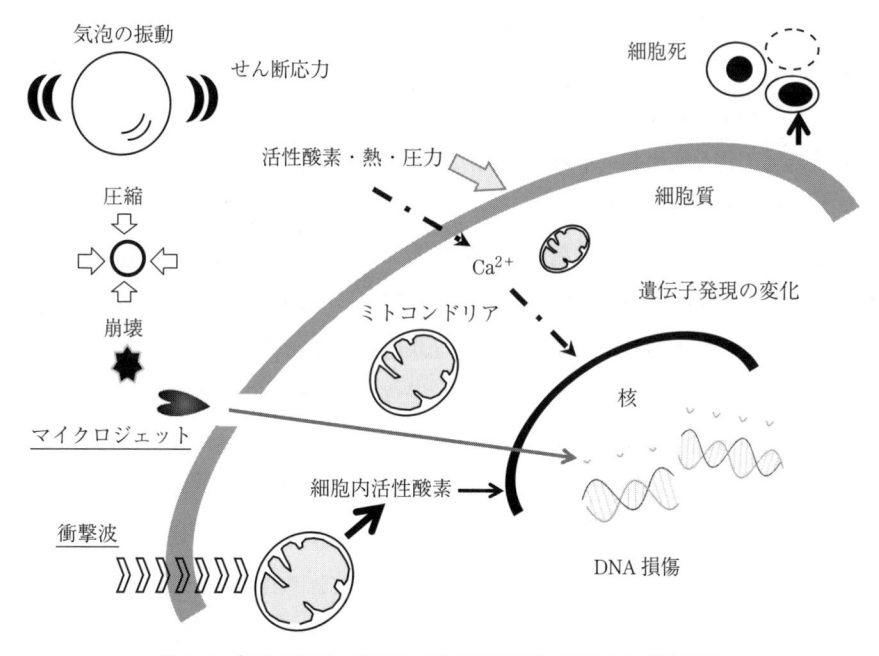

図9.5 気泡の振動・崩壊と生物学的影響に関係する各種因子

9.1.9 超音波による遺伝子応答

2003年にヒトゲノムプロジェクトが完了した後，ポストゲノム研究が急速に発展し，最近では，すべての遺伝子の機能と相互作用を時間的かつ空間的に

解析することが必要とされる。超音波による遺伝子発現の解析例を以下に示す。

ヒトリンパ腫細胞株U937細胞を用いてArガス存在下,比較的強い連続波超音波照射（1 MHz, 4.9 W/cm^2, 1 min）により細胞に**アポトーシス**を誘導し（約30%），そのときに発現変動する遺伝子を，9 182個の遺伝子がスポットされたスタンフォードタイプのcDNAマイクロアレイ（インサイト社）を用いて行ったところ，2倍以上発現量が増加する遺伝子が5種類，2倍以上減少する遺伝子が2種類存在することが明らかとなった。これら7種類の遺伝子の中で最も発現量が増加した遺伝子は，酸化的ストレスに反応する遺伝子として知られているヘムオキシゲナーゼ1（HMOX1）であった[5]。最近，オリゴヌクレオチドタイプのマイクロアレイであるGeneChipシステム（アフィメトリクス社）とバイオインフォマティクス技術を用いて，より高感度でかつ網羅的に遺伝子発現変化を検出し，それらの遺伝子の機能，クラスターやネットワーク解析を行うことが可能となった。

近年，低強度のパルス波超音波照射でもアポトーシスが誘導されることが判明したので，GeneChipシステムとマイクロアレイ解析ソフトウエアを用いて，低強度のパルス波超音波による遺伝子発現応答を遺伝子ネットワーク（遺伝子間の相互作用を示す図）として捉えることを試みた。U937細胞に低強度のパルス波超音波（1 MHz, パルス波，デューティ比：10%，パルス繰り返し周波数：100 Hz, 0.3 W/cm^2, 1 min）を負荷したとき，各々の発現変動する遺伝子群から遺伝子ネットワークを構築することができた。発現が増加する遺伝子群から得られた遺伝子ネットワークには，HMOX1, VIMやCCL3を含む22個の遺伝子が存在し，この遺伝子ネットワークの機能は細胞の運動性，細胞の形態や細胞死に関連した。本解析においても，HMOX1の発現誘導が観察でき，さらに本遺伝子とNRG1, MAFKやNF2との相互作用がある可能性が示された。また，U937細胞の低強度パルス波超音波によるアポトーシス誘導に数多くの遺伝子が応答することが示されたが，マイクロバブルによるアポトーシスを増強する照射条件では，特定の遺伝子発現レベルが増強されるが，遺伝子

ネットワーク自体は変化しないこともわかった。

　このように，超音波照射による遺伝子応答が明らかとなり，この応答を遺伝子発現のプロファイルや遺伝子ネットワークとして理解することが可能になってきた。一方，この遺伝子応答は，照射条件だけではなく照射対象細胞の違いによっても異なることがわかってきた。これらの技術は，例えば低強度超音波の骨折治療のメカニズムを遺伝子水準で解析する場合等にきわめて有用なものとなる。

9.2　医用診断への応用

　超音波を用いて生体の形態学的・生理学的情報を得るのが超音波診断であり，連続波とパルス波のうち，画像診断にはパルス波を用いる（**図9.6**）。超音波診断には，1）超音波により生じる生体の反射の強さを画像化する超音波断層法と，2）ドプラ効果を用いて生体内の反射体の移動速度を示す超音波ドプラ法がある。これらは，無侵襲で安全かつ低コストできわめて有用な検査であるが，診断の質が検査者の技術に依存する点には注意が必要である。

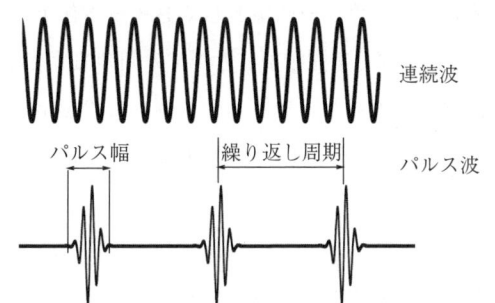

図9.6　超音波の連続波とパルス波

9.2.1　超音波断層法

　生体内には種々の組織，臓器が存在するが，それらの構成成分は音響学的にそれぞれ固有の特性をもつ。こうした特性はその密度と音速の積，音響学的インピーダンスで表現される。超音波は，異なる音響インピーダンスを有する媒

質の境界面でその違いに応じて反射する(図2.4)。

　体内を進む超音波は生体内を伝搬しながら各所に存在する境界面で反射を繰り返しつつエネルギーを失う(減衰)。ここで，体表面まで戻ってくる反射波を，体表で受信してその強さとそれに要する時間を計測すると，伝搬経路中の音速を一定値と仮定することにより，反射源の深さを計算で求めることができる。これらの情報を画像化したものが一般的に超音波エコーといわれる超音波断層法である。これには反射強度をモニタ上の輝度(brightness)に変換して，強い反射は明るく(白く)，弱くなるほど暗く(黒く)表示し，断層像を得るBモードと反射強度の時間変化を連続的に表示するMモードがある。

9.2.2　超音波ドプラ法

　超音波は波であり，反射体の移動によりドプラ効果を生じる。この現象を用いて生体内に存在する反射体の移動速度を推計するのが超音波ドプラ法である。生体内においても，十分な反射強度と速さをもつ移動反射体は超音波ドプラ法の適応となり，血流(反射体は赤血球)は最もよい適応である。

　カラードプラ法はBモード上のある関心領域において，ドプラ法を用いて計測した単位面積当りの平均血流速度を，カラー画像としてBモード像上に重ねて表示する方法である。実際には走査線上を探触子に近づく方向の血流を赤色，遠ざかる方向の血流を青色で，速度が速いものを明るく，遅いものを暗く表示する。これにより関心領域内の血流方向と速さの分布が画像として示される。

9.2.3　造影超音波法

　赤血球程度の大きさの微小気泡(マイクロバブル)は超音波を受けるとこれを反射し，振動し，ときには崩壊する。このとき気泡からの反射波は入射基本波成分以外にさまざまな周波数成分を含んでいる。組織からの反射波は主に基本波成分なので，基本波を除いた反射波で画像を構成すると，マイクロバブルが強調された画像になる。このような画像処理で静脈から注入されたマイクロバブルが流れている部位を鮮明に描出することができる[6]。

このとき，マイクロバブルのサイズ（直径）に共鳴する周波数で振動が大きくなる。また，一定以上の超音波の強さ（音圧）では崩壊するが，崩壊のしやすさは造影剤の性質で異なる。

造影超音波法は超音波検査において，血液中に超音波造影剤としてマイクロバブルを流して超音波画像上に臓器の血流動態を画像化する方法である。マイクロバブルの共振，崩壊時に発生する高調波（セカンドハーモニック）を受信して断層画像をつくる方法はコントラストハーモニック法といわれ，通常の超音波画像よりも良質で診断しやすい画像を取得できる。しかし，マイクロバブルは超音波を当てると壊れて消失しやすく一過性の造影効果しか得られなかった。世界に先駆け本邦で臨床応用が始まった次世代の超音波造影剤の一つであるソナゾイドは，超音波によるマイクロバブルの崩壊が少なく，一回の投与で長時間の造影画像の撮影が可能となった。さらに臓器の血流の造影画像を得る他に，注射後に肝臓の網内系細胞（クッパー細胞）という特殊な細胞に取り込まれるために，その造影画像が得られ，肝臓疾患の鑑別診断に利用されている。

9.2.4 分子イメージングへの利用

マイクロバブルには，脂質の殻を有する気泡があり，これらには，各種抗体，ペプチド，糖蛋白質や核酸を結合することが可能である。このような場

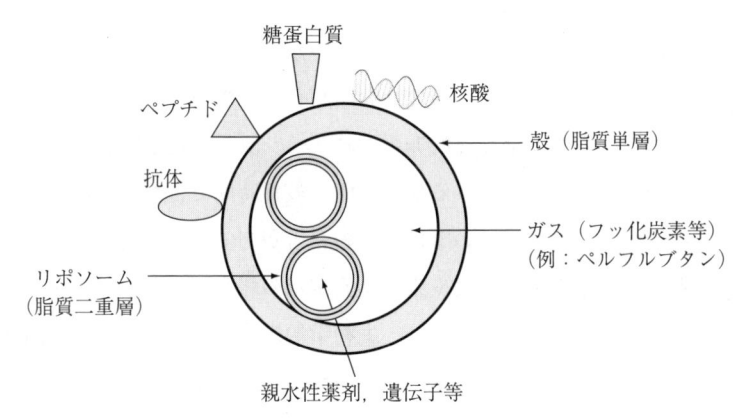

図9.7 気泡の修飾・加工にかかわる因子

合，特定の抗体が認識する臓器，部位を選択的に画像化することが可能である．さらに，内部にリポソーム等を内含させれば，薬剤や遺伝子の担体としても利用できるため，今後の発展が期待されている（**図 9.7**）．

9.2.5　診断に用いられる超音波と安全性

　超音波診断にはパルス幅数マイクロ秒のパルス波が用いられる．パルス波を用いることにより，温度上昇を抑制でき，またキャビテーションも起こりにくくなる．周波数が高いほど超音波の距離分解能は向上し，一般に波長の約 3 倍程度の差を見分けられる．例えば 1 MHz で 4.6 mm，10 MHz で 0.5 mm となる．高い周波数は診断上好都合であるが，組織での減衰は大きくなり（**図 9.8**），観察できる視野深度が小さくなる．このため，1～20 MHz（多くは 3.5～7 MHz）の超音波が用いられる．

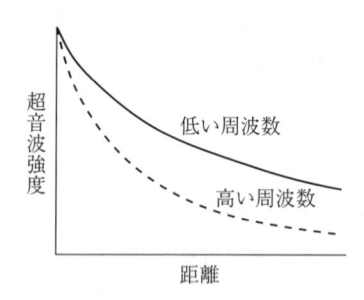

図 9.8　超音波の距離による減衰

　超音波診断は基本的に安全性が高いが，いかなる超音波強度（音圧）でもつねに安全が保証されているわけではない．超音波診断キャビテーションの発生しきい値以下で，熱および非熱的非キャビテーション作用をできる限り抑えながら，必要な臨床情報が得られる最小音圧と最短時間で行われている．

　超音波の安全性の検討については多くの報告があるが，診断用超音波に限れば有意な遺伝的影響（突然変異や染色体異常）の報告例はない．すなわち一定の超音波強度（音圧）以下であれば，生物学的影響はないとされる（**図 9.9**）．しかし，ALARA の原則（as low as reasonably achievable）に従い，医学的に必要と思われない検査の実施や検査に必要以上に長い時間をかけることをせず，

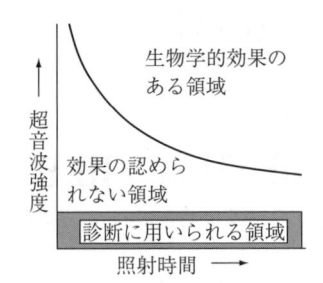

図9.9 超音波による生物学的効果と超音波強度および照射時間

（縦軸：超音波強度，横軸：照射時間。生物学的効果のある領域，効果の認められない領域，診断に用いられる領域）

必要な臨床情報が得られる最小の音響出力で使用することが求められる。

現在，超音波診断装置には超音波出力を反映する2種類の指標，TI (thermal index) と MI (mechanical index) が表示されることが多くなってきている。TI は，その音響出力で温度が最大何度上昇する可能性があるかを表し，MI はピーク負圧 (MPa) を中心周波数 (MHz) の平方根で除した値で，キャビテーションの生じやすさを表している。

9.3 超音波の治療への応用

超音波はその機械的作用を治療に利用する目的で，眼科の白内障手術，消化器外科での肝臓の切除や脳外科領域において超音波メスとして利用されている[7]。また，温熱作用を理学療法用治療器やがん治療のためのハイパーサーミア用加温装置として利用されている。一方，強力集束超音波は，結石破砕や組織の熱凝固などの治療への応用が進められている。最近では，低出力の超音波の骨折治療への利用が進んでいる。超音波と生体あるいは薬物の相互作用を考えると，重要となるのが細胞膜であり，1) 細胞膜透過性の亢進，2) 超音波穿孔（ソノポレーション），3) 薬物担体（キャリア）からの放出，および 4) 薬物の活性化が治療様式としてあげられる（**図9.10**）。以下，遺伝子導入，集束超音波，薬物効果増強について述べる。

1) 細胞膜透過性の亢進　2) 超音波穿孔（ソノポレーション）　3) 薬物担体（キャリア）からの放出　4) 薬物の活性化

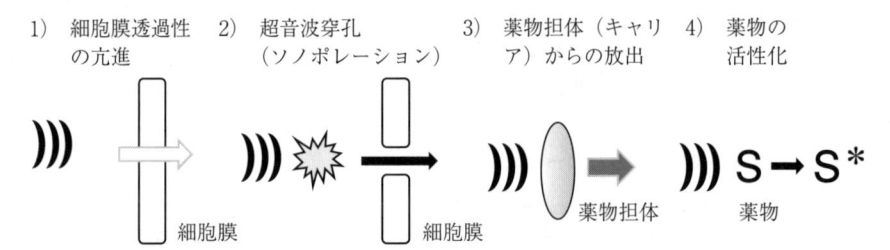

細胞膜　　細胞膜　　薬物担体　　薬物

図 9.10 超音波と生体あるいは薬物との相互作用

9.3.1 遺伝子導入への利用

　超音波**遺伝子導入**における照射必要条件として，キャビテーションの発生がある。キャビテーション発生に有利な環境を得るため，超音波造影剤（マイクロバブル）が利用され，これにより超音波強度のしきい値を下げることができ，結果的に低い超音波エネルギーで高い遺伝子導入効率が得られる。超音波による遺伝子導入の機構の解明も進んできた。超音波とマイクロバブルとの相互作用として，数百万回/秒の正負の圧力変化により，マイクロバブルが特徴的な運動を示すことが挙げられる。高速度カメラを用いた超音波照射下におけるマイクロバブルの振る舞いを直接観察した結果では，マイクロバブルの連続的な膨張と収縮により生じるマイクロストリーミング（気泡周囲の微小の流れ）が細胞に機械的作用を与え，細胞の形を変化させ，また，細胞膜を破壊する。また，マイクロバブルが崩壊するときにも微小のジェット流が生じ，細胞膜を破壊する。細胞膜の破壊に伴い細胞表面に生じた微小孔が速やかに修復・閉塞する場合，小孔形成が一過性でソノポレーションと呼ばれ，超音波遺伝子導入の機序として知られている。超音波による細胞内への遺伝子導入は他の方法と比べ，非侵襲的であり，時間的空間的に遺伝子導入を制御でき，しかも手技も比較的簡単であることが大きな特徴であり，今後の応用が期待される。

　マイクロバブルの併用はキャビテーション作用を増強し，遺伝子導入効率をあげるので，遺伝子導入用のマイクロバブルの開発が望まれる。また，細胞膜の性質も遺伝子導入に影響する。マイクロバブルであるレボビスト（超音波造

影剤)の存在下に,細胞膜の流動性を上げるリドカイン(局所麻酔剤)や温熱を用いて,超音波遺伝子導入に対する影響を調べると,導入される遺伝子の発現が,リドカインの濃度に依存して,また温度に依存して上昇する。例えば,リドカイン 1 mM を添加時,あるいは温熱 42°C の単独併用でも,レボビスト存在下の遺伝子導入効果が増強されるが,両者併用により,さらに顕著な導入効率の上昇が認められる。遺伝子導入で最初の障壁となる細胞膜の修飾が,遺伝子導入効率の向上にも重要である。非ウイルスベクターとの併用手段として,超音波の利用も考えられ,リポソームと超音波を併用すると,単独では導入効率の低いリポソームにおいて改善が認められる。

9.3.2 集束超音波の利用

HIFU (high intensity focused ultrasound) は超音波を利用し,からだの深部にある病巣を治療する方法である[8]。その構成は,単一あるいは複数の超音波振動子と体部に密着させるための脱気水をいれたプラスチックの袋部分(ボーラス)からなる。超音波はその集束性に優れているので,音響レンズや,多振動子からの超音波を一点に集めることにより,その焦点にピンポイントで高いエネルギーを集中することができる(図 9.11)。

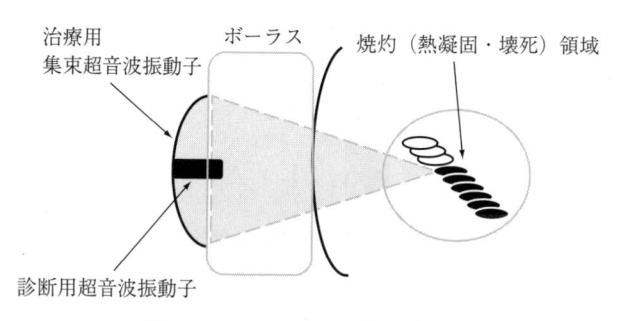

図 9.11 集束超音波による治療原理

これを利用して,正常の組織を温存して目的の病巣を熱的に破壊することが可能である。ただし,一定以上の高い強度の超音波照射では組織中でもキャビテーションが発生する。キャビテーションは組織破壊にはプラスに働くが,生

成した気泡は超音波の伝搬を妨げる。このため，いかに効率よく熱的に組織破壊するかが課題である。元来は前立腺肥大や子宮筋腫など良性病変が対象であったが，近年，がんや肉腫等の悪性病変も対象となってきた。前立腺がんや乳がんは HIFU による治療効果が高いと考えられており，さらに肝臓がん，腎臓がん，膵臓がんへの応用も期待されている。

9.3.3 低出力超音波の利用

比較的出力の低い超音波は医療に幅広く用いられている。歯科衛生で歯のクリーニング，白内障治療のための水晶体超音波乳化吸引法，超音波アシスト脂肪組織切除および脂肪吸引術，血栓溶解療法への利用，超音波エラストグラフィへの利用等多岐にわたり，今後の利用範囲もさらに広がると思われる。特に低強度パルス超音波 (low intensity pulsed ultrasound：LIPUS) による骨折治療への応用は整形外科領域で進んでおり，特定の低強度パルス超音波（図 9.12）を用いて，LIPUS による機械的ストレスが骨再生を促進することを利用する。

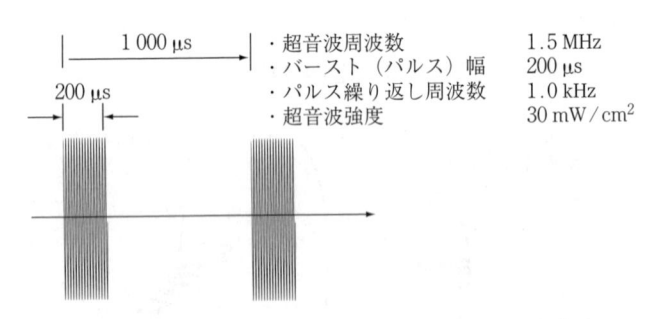

・超音波周波数　　　　1.5 MHz
・バースト（パルス）幅　200 µs
・パルス繰り返し周波数　1.0 kHz
・超音波強度　　　　　30 mW/cm^2

図 9.12　骨折治療に利用されている低強度パルス超音波

9.3.4 薬剤効果増強への利用

超音波の医療への貢献は大きく，近年，中〜高周波の超音波を用いた治療への応用性が注目されている。その代表的なものが，音響化学療法と呼ばれる治療法である[9]。これは，薬物と超音波を併用することによって，患部の薬物を

選択的に活性化させるものであり，新たながん治療への応用性が期待されている。メカニズムとしては，1）超音波によって，液体中に微小気泡が発生するキャビテーションを増強させて，局所的な温熱効果やせん断応力を増大させる2）超音波により薬物が活性化し，細胞障害性の活性酸素種や有機ラジカルを発生させるという機構が提唱されている。

超音波が細胞膜の透過性を亢進することは古くから知られ，超音波併用により薬剤の生体への取り込みを増やすことが考えられる。**遺伝子導入**に利用したソノポレーションは，通常では取り込まれない高分子薬剤の取り込みにも寄与する。また，薬物キャリアに対して超音波照射することで，薬物放出を制御することも可能で，今後，薬物送達系（ドラッグデリバリーシステム）への超音波の利用がますます進むと考えられる。

9.4 産業への利用

超音波の産業利用は広く行われている。洗浄や液滴発生（加湿器，ネブライザ等）が有名であるが，以下に示す殺菌や発酵促進にも利用されており，今後の新たな利用が期待される。

9.4.1 殺菌への利用

超音波による殺菌は，薬品等の化学的作用による殺菌ではなく，物理的な微生物の破壊のため，環境負荷は小さい。廃棄液体が出にくいことも有利である。洗浄と併用されることが多く，産業利用の拡大が期待されている。

9.4.2 発酵への利用

発酵過程では菌体と周囲の媒質となる液体（培養液）との境界層は，菌体内外の物質移送の壁となるうえに，発酵生成物による阻害が起こると思われる。一方，超音波が培養液に与える影響には，熱，振動，圧力変動などがあり，超音波の振動により菌体または培養液が振動し，境界層が小さくなることが期待

される。また，超音波による適度な機械的作用が，菌体の増殖・代謝の促進につながる可能性がある。

> **コラム 2**
>
> **アポトーシス**
>
> 　形態学的には細胞体積の縮小，核の断片化，クロマチンの凝集，細胞膜のブレブ形成等，生化学的には DNA のヌクレオソーム単位の切断やカスパーゼの活性化等を特徴とする遺伝子制御された細胞死のこと。病理学的にネクローシス（壊死）とは異なる細胞死を表すために名付けられた形態学的用語であり，Kerr らにより用いられた。生体内では食細胞により貪食される。プログラム細胞死は発生学的に独立に定義された用語で，その多くがアポトーシスであるが，同義語ではない。Apoptosis は「apo-（離れる）」と「ptosis（落ちる）」を合わせた造語である。
>
> 　アポトーシスを一つの指標で決めることは困難で，そのシグナル伝達も，細胞やストレスの種類により異なる。他の細胞死の共存もあり，慎重な解釈が必要である。自食作用と称されるオートファジーとは，一部にシグナル伝達を共有し，プログラム細胞死は両者のバランスで起こることが報告されている。
>
> **フリーラジカルと活性酸素種**
>
> 　フリーラジカルは遊離基と訳され，一つあるいはそれ以上の不対電子を有する原子または分子である。フリーラジカルを表す場合「・OH」のように左側に「・」をつける（右側につける場合もある）。**活性酸素種**（reactive oxygen species）は ROS ともいわれ，スーパーオキシド，過酸化水素，**ヒドロキシルラジカル**および一重項酸素等，化学的に反応性の高い酸素種を示す。広義には脂質過酸化物や一酸化窒素など生物学的作用が重要なものも含まれる。このうち，スーパーオキシド，ヒドロキシルラジカルおよび一酸化窒素等はフリーラジカルである。過酸化水素や一重項酸素はフリーラジカルではないが，生体内では金属イオンや酵素により容易にフリーラジカルである活性酸素種に変換されるので，活性酸素種とフリーラジカルは同義語として用いられる。

引用・参考文献

1) P. Riesz and T. Kondo : Free radical formation induced by ultrasound and its biological implications, Free Radic. Biol. Med., **13**, pp. 247-270 (1992)
2) M. Makino, M. M. Mossoba, and P. Riesz : Chemical effects of ultrasound on aqueous solutions. Formation of hydroxyl radicals and hydrogen atoms, J. Phys. Chem. **87**, pp. 1369-1377 (1983)
3) M. Fechheimer, J. F. Boylan, S. Paker, J. E. Sisken, G.L. Patel, and S. G. Zimmer : Transfection of mammalian cells with plasmid DNA by scrape loading and sonication loading, Proc. Natl. Acad. Sci. USA, **84**, pp. 8463-67 (1987)
4) H. Ashush, L. A. Rozenszajn, M. Blass, M. Barda-Saad, D. Azimov, J. Radnay, D. Zipori, and U. Rosenschein : Apoptosis induction of human myeloid leukemic cells by ultrasound exposure, Cancer Res., **60**, pp. 1014-1020 (2000)
5) Y. Tabuchi, T. Kondo, R. Ogawa, and H. Mori : DNA microarray analyses of genes elicited by ultrasound in human U937 cells, Biochem. Biophys. Res. Commun., **290**, pp. 498-503 (2002)
6) B. B. Goldberg (Eds.) : Ultrasound Contrast Agents, Martin Dunitz (1997)
7) W. L. Nyborg and M. C. Ziskin (Eds.) : Biological Effects of Ultrasound, Churchill Livingstone (1985)
8) N. T. Sanghvi and R. H. Hawes : High-intensity focused ultrasound, Gastrointest. Endosc. Clin. N. Am., **4**, pp. 383-395 (1994)
9) I. Rosenthal, J. Z. Sostaric and P. Riesz : Sonodynamic therapy- a review of the synergistic effects of drugs and ultrasound, Ultrason. Sonochem., **11**, pp. 349-363 (2004)

第10章
環境関連技術への応用

10.1 有害有機化合物の分解と無害化

　環境汚染を防ぐためには，有害化学物質の排出抑制技術の開発と汚染された水や土壌，空気の浄化技術の開発が重要となってくる。例えば，代表的な水の浄化技術としては，微生物の浄化作用を利用する活性汚泥法や，塩素処理やオゾン処理などの化学的な浄化法，活性炭などの吸着剤を利用する物理的な浄化法が古くから実施されている。しかしながら，年々，さまざまな化学物質が生産されることにより，上記の浄化法では効率よく処理できない化学物質が増えてきており，新たな浄化法の開発が切望されている。本節では，超音波を利用する**有害有機化合物の分解**と無害化について紹介する。

10.1.1　分解反応の起こる反応場の特徴と水の分解

　溶液に超音波を照射するときわめて高温高圧のバブルが生成する。生成するバブルの反応場は，「バブル内」，「バブル近傍」，「バルク溶液」の三つの領域に区分でき，それぞれ下記の特徴がある。
　① **バブル内**：数千K以上，数百気圧以上の領域であり，ここでは揮発性の溶質や溶媒蒸気の熱分解反応が起こる。水を溶媒として用いたとき，水蒸気は熱分解され，・OHや・Hラジカルなどの活性ラジカルが生成する。

$$H_2O \rightarrow \cdot OH + \cdot H \tag{10.1}$$

　② **バブル近傍**：高温のバブルの近傍は比較的温度が高く，ここでも熱分解

反応が起こる。またバブル内から抜け出てきた活性ラジカルとの反応も進行する。

③ **バルク溶液**：常温の液相領域であり，バブル近傍から抜け出てきた活性ラジカルと溶質との反応が起こる。

生成する高温高圧のバブルは，超音波の周波数や出力が異なるとバブルの大きさや寿命が変化する。また，低周波数の超音波の照射では強い衝撃波やマイクロジェット流が発生する特徴がある。有害有機化合物は高温のバブル内やバブル近傍で熱分解が進行するか，強力な酸化剤である・OHラジカルとの反応による酸化分解が進行する。

用いている超音波照射装置の分解処理能力を理解したいときや照射実験の最適条件を見つけたいときには，生成しているバブルの温度や圧力，数について把握することが重要である。しかしながら，それらについて調べることが難しいときは水の超音波分解について調べるとよい。

水にある強度以上の超音波を照射すると，前述の式（10.1）のように水の熱分解反応が起こり，・**OH**と・Hラジカルが生成するが，これらラジカルは非常に反応性が高いため，水中ではすみやかに式（10.2）〜式（10.4）のように再結合する。

$$2 \cdot OH \rightarrow H_2O_2 \tag{10.2}$$

$$2 \cdot H \rightarrow H_2 \tag{10.3}$$

$$\cdot OH + \cdot H \rightarrow H_2O \tag{10.4}$$

・OHラジカルや・Hラジカルの生成量や，最終生成物であるH_2やH_2O_2の生成量を測定することにより，用いている超音波照射装置の化学的な能力を把握することができる。すなわち，・OHラジカル，・Hラジカル，H_2やH_2O_2の生成量が多いほど，有害有機化合物の分解に有効なキャビテーションが激しく生じているといえる。したがって，照射条件（超音波周波数と出力，雰囲気ガス，溶液温度，溶液量等）を変えることによりキャビテーションの激しさを増大させることができれば，より速やかに有害有機化合物の分解を進行させることができることになる。例えば，雰囲気ガスの選択はバブルの最高到達温度や

バブルの生成数に大きく影響を与えるため,分解速度も大きく変化する。(照射条件が水の分解に与える影響については第5章,第6章参照)。以降,有害有機化合物の超音波分解と無害化について代表的な例を紹介する。

10.1.2 芳香族化合物と有機フッ素化合物の超音波分解

フェノール,クロロフェノールやクロロビフェニルなどの芳香族化合物は微生物分解されにくい有害有機化合物であるため,芳香族化合物の超音波分解に対して多くの研究がされている。図10.1に超音波照射に伴う3-クロロフェノールの濃度変化[1]を示す。図中の●をみると,照射時間とともに3-クロロフェノールの濃度は減少し,40分間の照射でほぼ完全に消失していることがわかる。これは3-クロロフェノールが分解されていることによる。塩素を含む有機化合物が分解すると,塩化物イオンの生成も起こる。

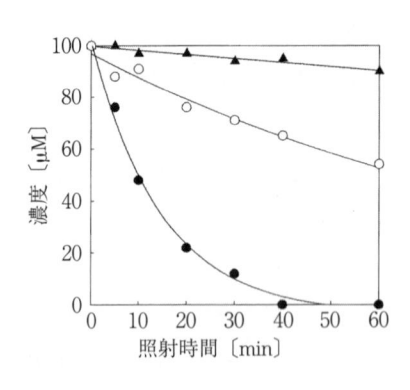

図10.1 アルゴン雰囲気下での3-クロロフェノールの超音波分解とtert-BuOHが3-クロロフェノールの分解に及ぼす影響 ●:無添加,○:tert-BuOH 1mM,▲:tert-BuOH 10mM. (Reprinted with permission from [1]. Copyright (2000) Elsevier)

さらに添加剤としてtert-ブチルアルコール(tert-BuOH)が3-クロロフェノールの超音波分解に与える影響についてみると,tert-BuOHの添加量が増えるにつれて分解速度が遅くなる。これはtert-BuOHが・OHラジカルと反応することにより・OHラジカルを捕捉し,3-クロロフェノールの分解が抑制されたためである。したがって,3-クロロフェノールの分解速度は超音波照射によって生成される・OHラジカル量に支配されていることがわかる。

近年,さまざまな芳香族化合物の水溶液系での超音波分解について同一条件下で調べられている。それぞれの分解速度は,ニトロベンゼン<アニリン<

10.1 有害有機化合物の分解と無害化

フェノール＜安息香酸＜サリチル酸＜2-クロロフェノール＜4-クロロフェノール＜スチレン＜クロロベンゼン＜トルエン＜エチルベンゼン＜n-プロピルベンゼンの順であり，化合物によって分解速度が異なることがわかった[2]。

一般に分解速度は，芳香族化合物の物理化学特性（化学的安定性，・OH ラジカルとの反応の速度定数，ヘンリー定数，蒸気圧，溶解度，Log P 等）に影響を受けるが，超音波分解においては芳香族化合物の Log P が分解速度に与える重要な因子の一つと考えられる（**図 10.2**）。ここで Log P の P とは，水と 1-オクタノールへの芳香族化合物の溶解の分配係数のことであり，Log P が大きい化合物ほど 1-オクタノールへの溶解性が高く，疎水性が高いことになる。図より，Log P の大きい（疎水性の高い）化合物ほど分解速度が速い傾向にあることがわかる[2]。一般に，有機化合物の疎水性が高くなるほどバブル界面や近傍に蓄積されやすく，その結果，・OH ラジカルによる分解や直接熱分解がより速やかに起こると考えられている。単環の芳香族化合物以外にも，化石燃料等の燃焼時に副生するピレンやフェナントレン等の多環芳香族炭化水素も超音波分解できる[3]。

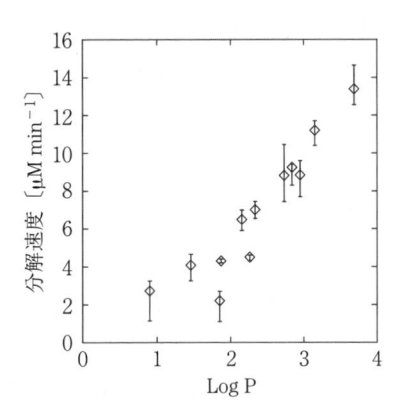

ニトロベンゼン（1.85），アニリン（0.9），フェノール（1.46），安息香酸（1.87），サリチル酸（2.26），2-クロロフェノール（2.15），4-クロロフェノール（2.33），スチレン（2.95），クロロベンゼン（2.84），トルエン（2.73），エチルベンゼン（3.15），n-プロピルベンゼン（3.69）

図 10.2 芳香族化合物の超音波分解速度と Log P との関係。アルゴン雰囲気下で超音波照射。括弧内は化合物の Log P である。(Reprinted with permission from [2]. Copyright (2008) Elsevier)

有害有機化合物の超音波分解では，二酸化炭素と水へ完全に無機化されるのであれば毒性について危惧する必要はないが，中間分解生成物が生成する場合はその毒性について評価する必要がある。

近年，有機フッ素化合物であるパーフルオロオクタンスルホン酸（PFOS）や

パーフルオロオクタン酸はきわめて難分解性で生体蓄積性があるため地球規模での汚染が問題となっている。例えば，発生源からかけ離れた地域に生息しているホッキョクグマからも検出されている。従来の分解法では PFOS を分解することは困難であるが，超音波を用いると分解することができる。PFOS は蒸気圧をもたないことと・OH ラジカルと反応しないこと，ならびに分解生成物がアルキル鎖長の短くなった有機フッ素化合物であることから，PFOS の超音波分解は高温のバブル界面や近傍で熱分解されるものと考えられている。このように分解によりアルキル鎖長が短くなれば有害性も軽減される。

10.1.3　分解生成物や照射時間が分解効率に与える影響と速度論

有機化合物の超音波分解反応を行うと反応の進行とともに分解生成物が生じる。この分解生成物が気体である場合には，分解反応の進行とともにキャビテーション効率が低下する可能性がある。例えば，アルコール水溶液にアルゴン（Ar）雰囲気下で超音波照射すると，アルコールが分解して，水素（H_2），一酸化炭素（CO），二酸化炭素（CO_2），メタン（CH_4），エチレン，アセチレン等が生成する。これらの気体の**比熱比** γ（定圧モル比熱/定積モル比熱）は，室温大気圧下で Ar の 1.67 と比べて，H_2 1.4，CO 1.4，CO_2 1.3，CH_4 1.3 と低く[4]，式（10.5）の Neppiras の式より，γ が小さいほどバブルの到達温度が低くなることがわかる。

$$T_{max} = \frac{T_0 P_{max}(\gamma - 1)}{P_0} \tag{10.5}$$

ここで T_{max} は圧壊バブルの最高到達温度，T_0 は溶液温度，P_{max} は圧壊の際の最高到達圧力，P_0 は雰囲気ガス圧と溶媒蒸気圧の和である。

さらに超音波照射によって溶液自身の温度が上昇すれば，気体の溶解量が減少するとともに水蒸気圧が増加するために，キャビテーション効率が低下する。したがって，超音波照射実験では反応の進行とともに異なるキャビテーションが生じていることになるため，分解反応の速度論解析を行う場合は分解生成物や照射時間がキャビテーションに与える影響を考慮する必要がある。例

えば，分解生成物のキャビテーションに与える影響を少なくするためには，出発原料の初期濃度をできるだけ低く設定するとよい。ただし，そうすると分解生成物量が減るため，分解生成物の定性・定量分析は困難になる。そして照射時間がキャビテーションに与える影響を考慮すると，できるだけ反応初期の解析をすることが望ましい[5]。

超音波分解実験を行ったときに，「横軸に時間」，「縦軸に $\ln(C/C_0)$（C は所定の反応時間での濃度，C_0 は初期濃度）やCの対数」をプロットしたグラフから，反応次数や速度定数を解析している論文がよくみられる。そして分解反応はみかけの一次反応として近似している場合が多いが，あくまでも「みかけ」の（あるいは「マクロ」な）反応次数であるということに注意しなければならない。一般的な反応次数の求め方については，反応速度論に関する成書を参照していただきたい。ここでは超音波反応場の特徴を考慮した速度論について述べる。

水中に含まれる有害有機化合物の超音波分解の速度論を考えるときには，前述のように三つの反応場（バブル内，バブル近傍，バルク溶液）に注目する必要がある。すなわち，疎水性の高い有機化合物はバブル界面の表面張力を下げようとするためにバブル振動中にバブル近傍に蓄積されやすく，その結果，バブル近傍の有機化合物濃度はバルク溶液中の濃度と異なってくる。そしてこの有機化合物の分解は，バブル近傍において熱分解および・OHラジカルによる分解が進行するか，さらに有機化合物が揮発性であればバブル内で反応する。この反応速度論を考えたいとき，反応の起こっているところでの有機化合物濃度や，・OHラジカル濃度を用いて速度論解析する必要があることに気付くはずである。しかしながら，実際の反応が起こっているところの反応物濃度を正確に見積もる方法はまだ完全には確立できていない。

水溶液に超音波を照射したときに生じる四種の不均一性を**表 10.1** にまとめた[5],[6]。表を考慮して，有機化合物のバブルへの吸着平衡を考慮した Langmuir 型の速度論解析について検討されている。例えば，酪酸[6]や安息香酸[6]，C. I. Reactive Red 22（アゾ基を有する赤色の反応染料）[5]，メチルオレンジ[5]，フェ

208   10. 環境関連技術への応用

表10.1 有機化合物を含む水溶液に超音波照射したときに発生する不均一性の例

1. バブルが溶液中に存在することに基づく気/液不均一性
2. OHラジカルがバブル界面や近傍に高濃度に存在することに基づくOHラジカル濃度の不均一性
3. バブル近傍の温度勾配の存在に基づく不均一性（反応温度の不均一性）
4. 水よりも極性の低い有機溶質はバブル界面やバブル近傍に高濃度に存在することに基づく溶質濃度の不均一性

ノール類[7]，パラチオン（有機リン系殺虫剤）[8]に対してLangmuir型速度論が適用できたことが報告されている。しかしながら，バブルは時々刻々と大きさが変化したり，分裂と合体を繰り返したり，ダンシングしたりと激しく動いているために，上記のようにLangmuir型で求められた速度論についてもあくまで「みかけ」の速度論にすぎないことに注意したい。

10.2　従来の浄化技術との相乗作用

　これまで述べてきたように，近年超音波照射により進行する化学反応（**ソノケミカル反応**）により有害化学物質が分解可能であることが明らかになり，促進酸化法（advanced oxidation processes：AOP）の一形態として環境関連プロセスへ応用されるようになってきた。そして他の環境浄化技術との連携も模索されており，有害化学物質分解速度の増加などさらに環境浄化能力の向上が見込まれる。連携の有効性として，例えば10.1.2項で示したPFOSの場合も，ソノケミカル反応でアルキル鎖長を短くし，他の反応系でさらに細かくまたは完全無機化するという複合系が考えられる。このような連携について，有効ないくつかの組合せとそれらの相乗効果と反応条件などがすでに総説としてまとめられている[9]~[11]。

　連携に当たって考慮すべき点として，水溶液のソノケミカル反応系では超音波キャビテーションによる高温反応場が提供されていること，また溶媒から溶存ガスによってはラジカル類やH_2O_2，オゾン（O_3）などの反応活性化学種も生成することが挙げられる。さらに，空気など窒素含有気体が溶存していると，

酸化力のある硝酸(または硝酸イオン)も生成し(3.2.3項参照),それに伴い溶液のpHも変化する。反応の進行に伴って反応条件が更新されていくことについては,10.1.3項でも取り上げた。したがって,このような反応環境を利用した連携を考えることが望ましい。

ところで,超音波照射が目的とする化学反応に対して有効である(反応速度・収率・選択性などの向上)という場合,「超音波照射による化学反応(ソノケミカル反応)」が考慮されていないことがある。例えば,超音波の振動・撹拌作用などの物理的効果による反応促進の場合である。一般に化学反応に対する加熱や撹拌による反応速度増加は相乗効果とは呼ばれない。したがってソノケミカル反応が考慮されていない場合は,相乗効果というより照射効果と呼ぶほうが適切であろう。

本節では近年環境関連プロセスへの応用研究が進展した光触媒反応をはじめ,フェントン試薬(鉄(II)イオンとH_2O_2)による反応やオゾン酸化との連携について述べ,さらに各種添加剤の効果についても述べる。

10.2.1 超音波光触媒反応(光照射,光触媒添加)

化学反応系に超音波と同時に光(ほとんどの場合に紫外線)を照射すると,ソノケミカル反応と光化学反応が並行する複合反応系(超音波—光化学反応系)とすることができる。この反応系は添加物が必要ないという特徴があり,また溶媒を水とすると,いわゆるclean and greenな反応環境での有害化学物質分解が可能である。しかし有機合成では利用(第7章参照)されているものの,環境浄化に対してはあまり適用されていない。一方,この複合反応系に光触媒(photocatalyst)が存在すると**超音波光触媒反応**系(sonophotocatalytic reaction system)となり,環境を浄化する技術として先に示した総説でも多く取り上げられている。光触媒として添加されるのは,人体毒性のきわめて低い酸化チタン(TiO_2)が多い。

このような反応系については1992年Masonにより提案[12]され,その後反応(酸化)の加速も報告[13]されている。いずれの場合も有害化学物質分解ではな

いが，超音波照射と光触媒反応との連携の先駆けといえるだろう。ただしこれらの場合に，照射効果の主因としては，超音波照射時の振動・撹拌による物質移動促進や，光触媒表面の更新または添加光触媒の分散・会合・微細化など，いわゆる物理作用が挙げられている（**図10.3**）。先に示したように相乗効果という場合，超音波の化学作用を有効に活用することが望まれる。図には化学的効果についても示しており，このような化学的効果については，後の1,4-ジオキサンの分解で説明する。

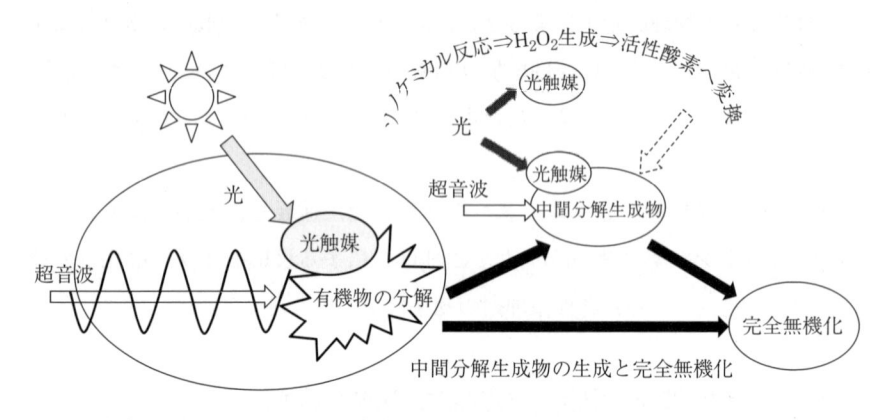

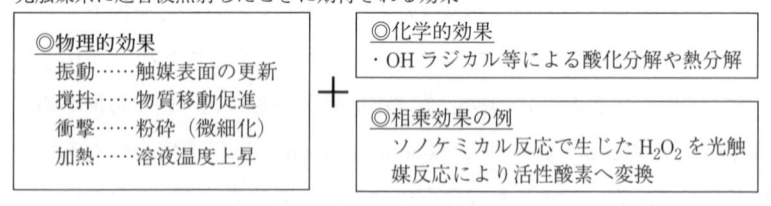

図10.3 ソノケミカル反応と光触媒反応との連携のイメージ

超音波照射と光触媒反応との連携については，他にも超音波により溶液を霧化し，霧（微小液滴）中に光触媒粉末を取り込み，大気（気相）中の有害化学物質を効果的に分解することもできる[14]。

以上に示した例は，超音波による化学作用を直接活用したものではないが，両反応が連携し反応の高速化が達成されているといえる。

一方，超音波の化学作用を活用した例として，反応物または溶媒のソノケミ

カル反応と光触媒反応を，たがいに有効利用することによって，反応速度増加などの相乗効果が認められる場合を以下に示す。図10.4には1,4-ジオキサンの完全無機化（この場合はCO$_2$化）における相乗効果を示した。ソノケミカル・光触媒各単独反応でも完全無機化は達成できるが，超音波光触媒反応の場合に反応速度が双方の速度の和を超えている。理由はいくつか考えられ，その一つとして，図10.3で示したように，水溶液系のソノケミカル反応において，式（10.2）のように生成したH$_2$O$_2$が光触媒反応で再び・OHラジカルなどの活性酸素種に変化することが挙げられる[15]。これは光触媒反応系におけるH$_2$O$_2$添加による反応速度増加と同様の効果であると考えられる。このような反応を応用して，農薬，染料など各種環境汚染物質が効率的に分解されている。

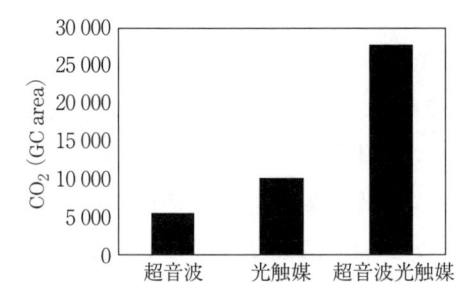

図10.4 1,4-ジオキサンの超音波光触媒反応―無機化速度に対する相乗効果

反応速度の増加については，上記の・OHラジカル増量以外の理由も考えられる。連携している反応系の各々で反応経路や生成物が異なっている場合，それを利用してトータルの反応（分解）速度を増加させることができる。例えば前述の1,4-ジオキサンの分解において，光触媒反応では中間分解生成物であるethylene glycol diformate（EGDF）が蓄積してしまう。しかし超音波照射を併用すると，EGDFはソノケミカル反応で容易に分解可能であり，結果として無機化率および無機化速度が増加する[16]。

また界面活性剤のように疎水基と親水基とをもつ化合物の場合，ソノケミカル反応と光触媒反応で各々主に疎水基部位と親水基部位を分解するという分担により，分解速度を増加させることも可能である（ソノケミカル反応が疎水部

から進むことについては 10.1.2 項参照)[17]。

ところで前述したように，現在の超音波光触媒反応に用いられる光触媒は多くの場合 TiO_2 を主体としており，TiO_2 は紫外線もしくは可視光線中の短波長領域の光にのみ応答する。すなわち太陽光に多く含まれている可視光領域の光を利用できない。もし光触媒に H_2O_2 を・OH ラジカルなどの活性酸素種に変換することだけを担わせるのであれば，現在次々と開発されている可視光応答型光触媒の利用も検討に値する。

これまで示してきたように，超音波照射による化学作用や物理作用を積極的に利用できれば他の反応系と連携することにより相乗効果が得られる。相乗効果には，分解速度の増加はもちろん各単独系の難分解物質が連携により分解可能となる場合もある。したがって，各系の特徴を相互に生かす複合反応系を構築できればそのメリットは大きい。

ところで，光触媒反応系では当然光照射されているが，TiO_2 を超音波照射系に存在させるだけで，光照射なしでもラジカルが生成し反応が加速できるという報告がある[18]。この作用機構については，キャビテーションに基づく高温やソノルミネセンス（第 4 章参照）による光触媒励起，また固体粉末添加によるラジカル量増加（10.2.3 項参照）など各種提案されているが十分に解明できていない。

10.2.2　他の浄化技術との連携

本項では光触媒反応以外の浄化技術との複合化について考えてみる。複合化の連携相手としては，フェントン試薬（Fe(II) イオンと H_2O_2）による反応やオゾン酸化，また電気分解も考える。

フェントン試薬を溶液に添加すると，式 (10.6) のように Fe(II) と H_2O_2 が反応して・OH ラジカルが生成する。この・OH ラジカルにより有害有機化合物の分解が効果的に行われる。

$$Fe(II) + H_2O_2 \rightarrow Fe(III) + \cdot OH + OH^- \tag{10.6}$$

反応に寄与する H_2O_2 は水のソノケミカル反応によっても生成（式 (10.2)）

するため、超音波とフェントン試薬との併用はH_2O_2量が増加し、・OHラジカルによる分解を促進することになる。また試薬としてH_2O_2を添加せずFe(II)イオン添加のみでも式(10.6)の反応が進行し・OHラジカル量がソノケミカル反応単独の場合より増加する。

なお鉄イオンの添加については、類似の反応として3価の鉄イオンFe(III)を添加すると、初期反応ではFe(II)イオン添加より劣るが、全有機炭素量の減少についてはFe(II)イオン添加に勝るという報告もある[19]。

オゾン酸化との連携についても、前述のH_2O_2同様系中にソノケミカル反応により生成するO_3が存在するので(3.2.3項参照)、オゾン酸化自体はO_3を導入しなくても進行している。したがって、O_3の導入によりオゾン酸化が促進されることになる。

ところで、フェントン試薬による・OHラジカルやO_3は強力な酸化剤として知られており、これらによる反応はそれぞれかなり高速である。したがって有効な連携のためには、ソノケミカル反応の特徴である高温反応場を利用した反応が効率よく進む場合に用いるなどの工夫が必要である。

以上の他にも、電気分解との連携も考えられているが、環境浄化に対する応用例は少ない。これは、電気分解の反応場が電極という二次元的範囲に限られているためである。ただし、有機電解反応時の反応速度や生成物選択性向上についての有効性は認められており[20]、電気分解の特徴として電解質以外の添加物が必要ない、また二つの電極（アノードとカソード）で反応が分離できるという利点もあり、今後新たな展開も考えられる。

10.2.3 他の試薬や粉末の添加効果

適量の四塩化炭素（CCl_4）を添加するとメチルオレンジ（MO）の分解が速く進行する[21]。これはCCl_4が超音波照射により分解して、反応性の高い塩素が生成し、塩素処理と類似の反応が進行することによる。CCl_4の添加はMOの分解促進に有効に働くが、CCl_4は毒性を有するためにCCl_4が溶液中に残留した場合、環境によい添加剤とはいえない。フェノールの超音波分解に対しても

CCl$_4$ の添加によって分解が促進されるが，より毒性の低い C$_6$F$_{14}$ の添加によっても分解が促進される。これは C$_6$F$_{14}$ が・H ラジカル捕捉剤として働くことで，・OH ラジカル生成量が増える（・OH ラジカルと・H ラジカルの再結合反応（式（10.4））の抑制により・OH ラジカル生成量が増える）ことによると考えられている[22]。

青色色素の Acid Blue 40 やメチレンブルーの分解に炭酸塩を添加すると実験条件によっては分解が速くなる場合がある。これは・OH ラジカルと HCO$_3^-$ や CO$_3^{2-}$ との反応で・OH ラジカルよりも寿命の長い・CO$_3^-$ ラジカルが生成し，・OH ラジカルが再結合反応（式（10.2），式（10.4））することにより失活してしまう分を効率よく・CO$_3^-$ ラジカルに変換できることによる[23]。

10.2.2項からここまでは，水に溶解する添加剤からなる均一溶液系での結果について述べたが，固体粉末を添加する不均一溶液系での超音波分解についても検討されている。例えば，石炭灰粉末をフェノール水溶液に添加して超音波照射するとフェノールの分解が促進される[24]。これは凹凸を有する石炭灰表面でバブルが生成しやすくなり，高温高圧のバブルの数が増えたことによると考えている。その結果，生じる・OH ラジカルの量が増え，フェノールの・OH ラジカルによる分解がより効率よく進行したものと考えられた。

超音波照射すると高温高圧のバブルや活性ラジカルが生成し，有機化合物の分解反応が進行するが，それ以外にも衝撃波を利用する分解促進法についても研究されている[25]。例えば，金属粉末表面の不活性な金属酸化物層が衝撃波やマイクロジェット流によって除去されることや，粉末の微細化が起こることにより清浄な金属面が現れ，その結果有機塩素化合物との間で酸化還元反応が進行し，分解が促進される。

10.3　環境改善・エネルギー関連

10.3.1　フロンの超音波分解

フロンは人体に無毒であるために，スプレー缶の噴射ガスや，エアコン等の

コンプレッサの熱交換媒体に大量に使用されてきたが，オゾン層破壊能を有することがわかり，その使用は制限されている。フロンは熱力学的に非常に安定な化学物質あるため分解が困難であるが，超音波を利用すると分解することができる[26]。Ar雰囲気下でフロン113（CCl_2F-$CClF_2$）を含む水溶液に超音波照射したとき，フロン113は分解してCOとCO_2，塩酸，フッ酸が生成する。フロン113の分解は熱分解反応が主反応で，・OHラジカルによる分解が起こっていないと考えられている。これは*tert*-BuOHの添加によってフロン113の分解が抑制されないことと放射線分解が進行しないことから検証されている。また代替フロンであるHCFC-225ca（CF_3-CF_2-CCl_2H），HCFC-225cb（$CClF_2$-CF_2-$CClFH$）およびHFC-134a（CF_3-CF_2H）はフロン113よりもすみやかに超音波分解される。また，フロン113は気化しやすい物質であるが，密閉容器を用いて液相での存在比率を増大させることにより，分解速度を増加させることができる[26]。

10.3.2　二酸化炭素の還元

CO_2は先のフロンと同様に人体に無毒であり身近にありながら，一方で地球環境問題の対象物質ともなっている。また化学的に安定な化合物であるため還元しにくい。しかしソノケミカル反応では水中に溶存しているCO_2を直接還元できる。今後，炭素循環サイクル（**図10.5**）の右部分すなわちCO_2の再資源化に貢献することができるようになることが考えられる。

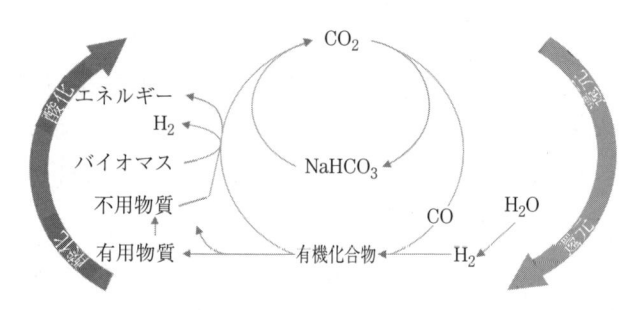

図10.5　炭素循環サイクルのイメージ

そこで本項では,水溶液中に溶存している CO_2 の超音波還元について述べ,さらに炭素資源として再生させる試みについても言及する。

10.1.3項でも述べたように,3原子気体で比熱比の小さい CO_2 を水溶液中に導入した場合,バブルの到達温度が低下し反応速度の減少が認められる。しかし Ar 飽和した水中に CO_2 を注入すると,CO と微量の蟻酸($HCOOH$)が生成する[27]。例えば Ar 雰囲気中の CO_2 モル分率が 0.001 の時,1 時間の超音波照射(200 kHz, 200 W)で初期濃度の 70% が還元される。

次に再資源化の試みとして,雰囲気ガスを Ar から H_2 にすると,溶存 CO_2 の有機化(CH_4 の生成)が可能となる。図 10.6 に示すように,雰囲気ガス中の H_2 が 70% を超えると CO_2 から CO への還元速度は減少するが,代わって CH_4 の生成が認められた[28]。

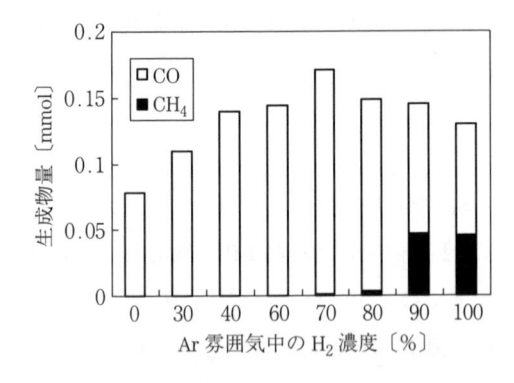

図 10.6 反応雰囲気中 H_2 添加による CH_4 の生成(200 kHz, 200 W, 反応時間 2 時間)
Reprinted with permission from [28] Copyright (2005) 日本工業出版

ところで,上記のような CO_2 の還元および再資源化の場合,CO_2 を発生源からどのようにしてソノケミカル反応場に導入するかを考えなければならない。一案としては CO_2 を炭酸水素塩とすることが挙げられる。炭酸水素塩は塩基性の炭酸塩水溶液に CO_2 を吹き込むことにより生成し,加熱により速やかに CO_2 を発生する。したがって,発生源において CO_2 を炭酸水素塩として固定化し,搬送後 CO_2 に戻して反応場に導入することが可能である。

炭酸水素塩の反応例として,炭酸水素ナトリウム($NaHCO_3$)水溶液に超音波を照射した際の気相反応生成物の時間変化を図 10.7 に示す。$NaHCO_3$(ま

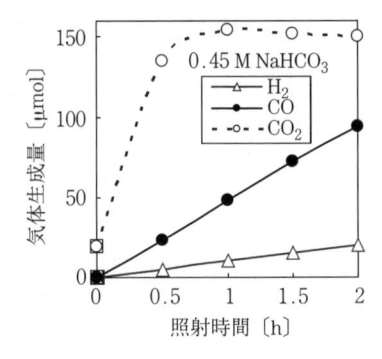

図 10.7 NaHCO$_3$ 溶液からのソノケミカル反応生成物（200 kHz, 200 W, Ar 雰囲気, 25℃）Reprinted with permission from [28]. Copyright (2005) 日本工業出版

たは HCO$_3^-$）はバブル周辺の温度上昇により熱分解し，生成した CO$_2$ がソノケミカル反応により還元され CO が生成していることがわかる．この系では溶媒である水由来の H$_2$ も発生しており，超音波照射を続けると系内では雰囲気ガス中の H$_2$ 割合が増大する．先に示したように，H$_2$ 雰囲気で CO$_2$ が還元されると，CO とともに CH$_4$ も生成し有機化が進むと考えられる．ただし，雰囲気ガス中の H$_2$ 濃度増加はバブル到達温度の低下（10.1.3 項参照）にもなるので注意を要する．

10.3.3 有害無機化合物の改質と回収

3価のヒ素（As(Ⅲ)）は毒性が高く，バングラデシュやネパールなどでは地下水に高濃度の As(Ⅲ) が含まれている地域があり，深刻な問題となっている．超音波を利用すると As(Ⅲ) を As(Ⅴ) まで酸化することができる．主な反応式を以下に示す．

$$As(Ⅲ) + \cdot OH \rightarrow As(Ⅳ) + OH^- \tag{10.7}$$

$$As(Ⅳ) + \cdot OH \rightarrow As(Ⅴ) + OH^- \tag{10.8}$$

いったん，As(Ⅴ) まで酸化することができれば毒性が少し低減されるとともに，吸着法で回収することが容易になる．As(Ⅲ) を含む水溶液に K$_2$S$_2$O$_8$ を加えて超音波照射すると，酸化剤である・SO$_4^-$ラジカルが生成し，As(Ⅲ) から As(Ⅴ) への酸化がより速やかに起こる[29]．

一方，超音波照射すると衝撃波やマイクロジェット流等による物理的作用も

発生するため，この物理作用を利用することによって土壌や堆積物から有害無機化合物を脱着除去することができる。モデル堆積物である$Hg(II)$吸着Al_2O_3を水に懸濁させて低周波数の超音波を照射すると，従来の撹拌法よりもAl_2O_3からの$Hg(II)$の脱離が速やかに起こり，超音波法が有効であることが確認されている[30]。この系に藻細胞を共存させて超音波照射すると，$Hg(II)$の脱離量が著しく大きくなる。これはAl_2O_3から脱離した$Hg(II)$が藻細胞に吸着除去されることにより，脱離された$Hg(II)$がAl_2O_3へ再吸着することが抑制されたためである。

10.3.4　バイオディーゼル燃料の製造

再生可能な石油代替燃料の開発として，植物油からバイオディーゼル燃料（biodiesel fuel：BDF）を合成する研究が活発である。一般に，式（10.9）のように植物油であるトリグリセリドとメタノールのエステル交換反応から脂肪酸メチルエステル（fatty acid methyl ester：FAME）とグリセリンを合成できる。

$$\begin{array}{l} CH_2OCOR_1 \\ | \\ CHOCOR_2 + 3CH_3OH \xrightarrow{\text{ultrasonic irradiation}} \\ | \\ CH_2OCOR_3 \end{array} \begin{array}{l} R_1COOCH_3 \\ \\ R_2COOCH_3 \\ \\ R_3COOCH_3 \end{array} + \begin{array}{l} CH_2OH \\ | \\ CHOH \\ | \\ CH_2OH \end{array} \quad (10.9)$$

ここでR_1，R_2，R_3は炭化水素鎖である。FAMEは石油から生成される軽油と近い特性を有するためにBDFとして利用可能となる。ここでは超音波キャビテーションを利用するFAME合成について紹介する。

トリグリセリドとメタノールを一つの容器に入れると油と水の関係のように混ざり合わずに二層分離する。式（10.9）のトリグリセリドとメタノールのエステル交換反応は両溶液の接触界面で起こるため，反応を速やかに進行させるためには一般に激しい撹拌を行い乳化させ，トリグリセリドとメタノールの接触面積を増やすことが必要である。低周波数の超音波を溶液に照射すると，衝撃波やマイクロジェット流が効率よく発生するため従来の撹拌法よりも速やかに乳化が進行する。その結果，超音波法のほうが従来の撹拌法よりも少ない触媒量で効率よくFAMEを合成できる[31]。使用するアルカリ触媒の量が少なけ

れば，副生成物である石鹸の生成量を抑えることができ，最終的に得られるFAMEとグリセリンの分離が容易になるメリットがある。その結果，FAME製造にかかる全時間（反応時間と分離時間）の短縮につながる。

引用・参考文献

1) Y. Nagata, M. Nakagawa, H. Okuno, Y. Mizukoshi, B. Yim, Y. Maeda : Sonochemical degradation of chlorophenols in water, *Ultrason. Sonochem.*, 7, pp. 115-120 (2000)
2) B. Nanzai, K. Okitsu, N. Takenaka, H. Bandow, Y. Maeda : Sonochemical degradation of various monocyclic aromatic compounds: Relation between hydrophobicities of organic compounds and the decomposition rates, *Ultrason. Sonochem.*, 15, pp. 478-483 (2008)
3) I. D. Manariotis, H. K. Karapanagioti, C. V. Chrysikopoulos : Degradation of PAHs by high frequency ultrasound, *Water Res.*, 45, pp. 2587-2594 (2011)
4) 日本化学会編：化学便覧, II-233-235, 丸善 (1993)
5) K. Okitsu, K. Iwasaki, Y. Yobiko, H. Bandow, R. Nishimura, Y. Maeda : Sonochemical degradation of azo dyes in aqueous solution : A new heterogeneous kinetics model taking into account the local concentration of OH radicals and azo dyes, *Ultrason. Sonochem.*, 12, pp. 255-262 (2005)
6) K. Okitsu, B. Nanzai, K. Kawasaki, N. Takenaka, H. Bandow : Sonochemical decomposition of organic acids in aqueous solution: Understanding of molecular behavior during cavitation by the analysis of a heterogeneous reaction kinetics model, *Ultrason. Sonochem.*, 16, pp. 155-162 (2009)
7) M. Chiha, S. Merouani, O. Hamdaoui, S. Baup, N. Gondrexon, C. Pétrier : Modeling of ultrasonic degradation of non-volatile organic compounds by Langmuir-type kinetics, *Ultrason. Sonochem.*, 17, pp. 773-782 (2010)
8) J. J. Yao, N. Y. Gao, C. Li, L. Li, B. Xu : Mechanism and kinetics of parathion degradation under ultrasonic irradiation, *J. Hazard. Mater.*, 175, pp. 138-145 (2010)
9) P. R. Gogate and A. B. Pandit : Sonophotocatalytic Reactors for Wastewater Treatment: A Critical Review, *AIChE J.*, 50, pp. 1051-1071 (2004)
10) Y. G. Adewuyi : Sonochemistry in Environmental Remediation. 2. Heterogeneous Sonophotochatalytic Oxidation Process for the Treatment of Pollutants in Water, *Environ. Sci. Technol.*, 39, pp. 8557-8570 (2005)
11) C. G. Joseph, G. Lipuma, A. Bono, and D. Krinaihm : Sonophotocatalysis in

Advanced Oxidation Process, *Ultrason. Sonochem.*, **16**, pp. 583-589 (2009)
12) T. J. Mason, in G. J. Price (Ed.) : Current Trends and Future Prospects in Sonochemistry, p. 171, The Royal Society of Chemistry, Cambridge (1992)
13) Y. Kado, M. Atobe, and T. Nonaka : Ultrasonic Effects on Electroorganic Processes XII. Oxidation of 2-Propanol on a TiO_2 Photocatalyst, *Denki Kagaku (Electrochemistry)*, **66**, pp. 760-762 (1998)
14) K. Sekiguchi, Yamamoto, K. Sakamoto : Photocatalytic Degradation of Gaseous Toluene in an Ultrasonic Mist Containing TiO_2 Particles, *Catalysis Comuunication*, **9**, pp. 281-285 (2008)
15) E. Selli : Synergistic Effects of Sonolysis Combined with Photocatalysis in the Degradation of an Azo Dye, *Phys. Chem. Chem. Phys.*, **4**, pp. 6123-6128 (2002)
16) Nakajima, M. Tanaka, Y. Kameshima, K. Okuda : Sonophotocatalytic Destruction of 1,4-Dioxane in Aqueous Systems by HF-treated TiO_2, J. Photochem. Photobio. A : Chemistry, **167**, pp. 75-79 (2004)
17) 鈴木康之, 内田重男：光酸化触媒・超音波併用による新廃水処理プロセスの開発, 超音波テクノ, **12**, 6, pp. 37-41 (2000) .
18) 清水宣明, 荻野千秋：超音波技術集成, p. 115, NTS (2005)
19) B. Yim, Y. Yoo, Y. Maeda : Sonolysis of Alkylphenols in Aqueous Solution with Fe (II) and Fe (III), *Chemosphere*, **50**, pp. 1015-1023 (2003)
20) 跡部真人, 野中勉：電解合成・製造プロセスにおける超音波利用, 電気化学 *(Electrochemistry)*, **67**, pp. 919-923 (1999)
21) K. Okitsu, K. Kawasaki, B. Nanzai, N. Takenaka, H. Bandow : Effect of carbon tetrachloride on sonochemical decomposition of methyl orange in water, *Chemosphere*, **71**, pp. 36-42 (2008)
22) W. Zheng, M. Maurin, M. A. Tarr : Enhancement of sonochemical degradation of phenol using hydrogen atom scavenger, *Ultrason. Sonochem.*, **12**, pp. 313-317 (2005)
23) C. Minero, P. Pellizzari, V. Maurino, E. Pelizzetti, D. Vione : Enhancement of dye sonochemical degradation by some inorganic anions present in natural waters, *Applied Catalysis B: Environ.*, **77**, pp. 308-316 (2008)
24) H. Nakui, K. Okitsu, Y. Maeda, R. Nishimura : Effect of coal ash on sonochemical degradation of phenol in water, *Ultrason. Sonochem.*, **14**, pp. 191-196 (2007)
25) H-M. Hung, M. R. Hoffmann : Kinetics and mechanism of the enhanced reductive degradation of CCl_4 by elemental iron in the presence of ultrasound, *Environ. Sci. Technol.*, **32**, pp. 3011-3016 (1998)
26) K. Hirai, Y. Nagata, Y. Maeda, *Ultrason. Sonochem.*, **3**, pp. S205-S207 (1996)
27) A. Henglein : Sonolysis of Carbon Dioxide, Nitrous Oxide and Methane in Aqueous Solution, *Z. Naturforach*, **40**b, pp. 100-107 (1985)

28) 原田久志,曾川 亮,梶原太朗,米山明希:炭酸水素塩水溶液に対する超音波照射効果,超音波テクノ,17, 2, pp. 43-46 (2005)
29) B. Neppolian, A. Doronila, M. Ashokkumar : Sonochemical oxidation of arsenic (III) to arsenic (V) using potassium peroxydisulfate as an oxidizing agent, *Water Res.*, **44**, pp. 3687-3695 (2010)
30) Z. He, S. Siripornadulsil, R. T. Sayre, S. J. Traina, L. K. Weavers : Removal of mercury from sediment by ultrasound combined with biomass (transgenic Chlamydomonas reinhardtii), *Chemosphere*, **83**, pp. 1249-1254 (2011)
31) H. D. Hanh, N. T. Dong, C. Starvarache, K. Okitsu, Y. Maeda, R. Nishimura : Methanolysis of triolein by low frequency ultrasonic irradiation, *Energ. Convers. Manage.*, **49**, pp. 276-280 (2008)

索引

あ

アセタール化反応　　　153
圧電効果　　　99
圧電セラミックス　　　100
アポトーシス　188, 190, 200
アミノ酸　　　186
アモルファス　　　164
アルカリ金属　　　89
アルコール水溶液　133, 168
アルゴン精留　　　46
アルドール反応　　　154
安定キャビテーション　　　47

い

イオン化エネルギー　　　85
イオン性液体　　　147
遺伝子導入　187, 196, 199
遺伝子ネットワーク　　　190
遺伝子発現　　　190

え

液-液不均一相反応
　　　　　　　　144, 156
液体ジェット　　　61
液滴　131, 133, 174, 210
エマルション　　　158
エロージョン　　　61
塩化カリウム　　　90
塩化ナトリウム　　　89
塩化リチウム　　　89
塩素処理と類似の反応　　　213
円板振動子　　　108

お

オゾン　　　208, 212
音圧　　　15
音響インテンシティ　　　19

音響化学療法　　　198
音響キャビテーション　　　34
音響キャビテーション・
　ノイズ　　　50
音響穿孔　　　187
音響バブル
　　　34, 163, 166, 168, 169
音響非線形係数　　　22
音響非線形パラメータ　　　21
音響流　　　63, 139
音響レンズ　　　197
温熱作用　　　195

か

カーボンナノチューブ
　　　　　　131, 135, 164
界面活性剤　　　51
過酸化水素　　　147, 187
画像診断　　　192
活性酸素　　　189
活性酸素種　199, 202, 211
カップリング反応　153, 160
過渡的キャビテーション
　　　　　　　　47, 148
カロリメトリー　　　113
がん　　　198
がん治療　　　195
緩和吸収　　　26

き

機械インピーダンス　18, 105
機械的共振周波数　　　105
気泡核　　　55
逆圧電効果　　　99
キャビテーション　126, 130
キャビテーションしきい値
　　　　　　　　35
キャピラリー波　131, 132

吸光度　　　117
球面波　　　15
凝集　　　130, 166, 178
協奏効果　　　156, 160
均一液相反応　　　144
金属ナノ粒子　　　166

け

結石破砕　　　195
減衰係数　　　26

こ

光化学反応　　　156
広帯域雑音　　　51
高調波　　　50, 193
固-液不均一相反応
　　　　　　　144, 151
黒体放射　　　77
固-固不均一相反応　　　144
骨折治療　　　191, 198
古典吸収　　　26
固有音響インピーダンス
　　　　　　　　18, 182
コントラストハーモニック法
　　　　　　　　193

さ

殺菌　　　199
酸化・還元反応　　　183
散乱断面積　　　24

し

シス-トランス異性化　　　147
集束超音波　　　183, 195
集束パルス超音波　　　188
周波数　　　16
出力インピーダンス　　　105
準断熱過程　　　43

蒸気圧	41, 147, 168, 205
衝撃波	62
衝撃波説	81
シリカ	169
シリカ粒子	178, 186
ジルコン酸チタン酸鉛	100
シングルバブルソノルミネセンス	70
侵食効果	152
親水基	92, 211
親水性	187
振電遷移	87

す

水素化反応	151
水素ラジカル	75, 146
スーパーオキシドアニオンラジカル	185
スケールアップ	137, 140

せ

生体分子	187
制動放射	76
整流拡散	55
ゼオライト	169
セカンドハーモニック	193
析出	170
析出過程	172
セラミックス膜	176
洗浄	126

そ

相乗効果	141, 170, 208, 210, 211
速度分散	30
疎水基	92, 211
疎水性	167, 207
ソノケミカル効率	122, 139
ソノケミカルスイッチング	149
ソノケミカル反応	208, 215
ソノケミルミネセンス	94
ソノプロセス	2, 125, 137
ソノポレーション	187, 195, 196, 199
ソノリアクター	98, 138, 140
ソノリシス	145
ソノルミネセンス	69, 212
ソルボリシス	145

た

第1ビヤークネス力	58
第2高調波	22
第2ビヤークネス力	56
体積弾性率	14
多振動子	197
多成分ワンポット合成反応	155
縦効果	99
縦波	13
単結晶	178
炭酸塩	214, 216
炭酸水素塩	216
断熱変化	37, 74

ち

抽出	128
超音波エコー	192
超音波還元	168
超音波還元法	165
超音波キャビテーション	1
超音波強度	19
超音波穿孔	195
超音波診断装置	183, 195
超音波洗浄器	127, 138
超音波断層法	191
超音波ドプラ法	191
超音波熱分解法	165
超音波の安全性	194
超音波の生体作用	182
超音波光触媒反応	209
超音波噴霧	135
超音波ホーン	64
超音波霧化	132
超音波メス	195
超音波冶金	177
超音波有機合成	156
超音波誘発細胞死	188
超高調波	51
超臨界状態	145
超臨界二酸化炭素	129

て

ディールス・アルダー反応	145
低強度パルス超音波	198
定在波	20, 127, 138
鉄	172
鉄イオン	213
鉄カルボニル錯体	149, 163
電解還元	158
電解めっき	175
電気分解	212
天秤法	111

と

等温変化	37
等価回路	105
透過率	20
ドデシル硫酸ナトリウム	92
ドラッグデリバリー	199
ドロプレット	91

な

ナノ粒子	135, 162, 168, 169, 174

に

二元金属ナノ粒子	169
乳化	131

ね

熱伝導度	85
熱分解	183, 186, 203, 210
熱分解反応	149, 163, 202

は

バイオディーゼル燃料	131, 218
ハイドロホン	109
波数	16
発酵	199
波動方程式	15
パルス波	184, 190, 191, 194
ハロゲン化	148

反アレニウス効果　　　147
反射率　　　　　　　　20
反応選択性　　　　　 156

ひ

ヒ素　　　　　　　　217
ヒドロキシルラジカル
　　　　　　75, 146, 183
非熱的非キャビテーション
　作用　　　　　　　194
比熱比
　　　13, 76, 163, 206, 216
表面張力　　　　　　36

ふ

フェノール　　　　　213
フェノールフタレイン法
　　　　　　　　　　116
フェントン試薬　　　212
複数振動子　　　　　140
物理の効果　　174, 209, 210
物理の作用　　170, 183, 217
フラーレン　　　　　164
プラズマ状態　　　　76
プランク　　　　　　77
フリーデル・クラフツ反応
　　　　　　　　　　155
フリッケ法　　　　　116
フロン　　　　　　　214
雰囲気ガス　　　203, 216
分解反応の速度論解析　206
分散　　　　　　　　130
分数調波　　　　　　50

噴霧　　　　　　　　174

へ

平板型振動子　　129, 131
平面波　　　　　　　13
ヘック反応　　　　　152
ヘンリーの法則　　　33

ほ

崩壊気泡　　　　　　83
芳香族化合物　　　　204
芳香族求電子置換反応　154
放射力　　　　　　　111
ホーン型振動子　　129, 131
ホットスポット　2, 144, 148
ホットスポット理論　79
ポリフッ化ビニリデン　100
ボルト締めランジュバン型
　振動子　　　　　101

ま

マイクロストリーミング　63
マイクロ波　　　　　158
マイクロバブル
　　　　　　190, 192, 196
膜合成　　　　　　　175
膜分離　　　　　　　129

み

水のソノリシス　　　146
水の超音波分解　　　203
ミトコンドリア　　　188
ミョウバン　　　　　171

ミンナルトの式　　　28

む

霧化　　　　　　　　210
霧化分離　　　　　　134

ゆ

有害有機化合物の分解　202
有機フッ素化合物　　205
有効電力　　　　　　121

よ

溶解過程　　　　　　172
溶解度曲線　　　　　170
陽極酸化　　　　　　174
横効果　　　　　　　99

ら

ラジカル重合　　　　136
ラジカル連鎖反応　　146
ラプラス圧力　　　　37

り

立体選択性　　149, 156, 158
リドカイン　　　　　197
粒子速度　　　　　　12

る

ルミノール　　　　　94
ルミノール発光　118, 138

れ

連続波　　　　184, 190, 191

B

bar　　　　　　　　38
Blake しきい値　　　39

C

CO_2 の超音波還元　216
Curie　　　　　　　1

E

ESR　　　　116, 184, 188

H

H_2O_2　　203, 208, 211, 213
HIFU　　　　　　112, 197
・H ラジカル　　　75, 203

K

KI 法　　　　　　　116

L

Langevin　　　　　1, 8

Loomis　　　　　　1
Luche　　　　　　　170

M

Mason　　　　　　209
MBSL　　　　　　　70
methyl radical
　recombination 法　89
Minnaert　　　　　28

N

Neppiras の式	206

O

O_3	208
・OH ラジカル	
75, 184, 202, 203, 210	

P

primary Bjerknes force	58
PZT	101

Q

Q 値	17

R

Rayleigh-Plesset 方程式	40, 41
Rayleigh 収縮	43

S

SBSL	70
secondary Bjerknes force	56
sonochemiluminescence	94

T

tert-BuOH	204
TiO_2	212
True Sonochemistry	169

W

Weissler 法	116
Wood	1

―――― 編著者・著者略歴 ――――

崔　博坤（さい　ひろし）
1979年 東京大学大学院工学系物理工学専攻博士課程修了（工学博士）。東京大学生産技術研究所助手を経て，1989年より明治大学勤務，現在同大学教授。超音波物理学の研究に従事。
著書に「超音波便覧」（丸善，編集幹事）がある。

榎本　尚也（えのもと　なおや）
1989年 東京工業大学大学院総合理工学研究科修士課程修了。日本セメント株式会社中央研究所，東京工業大学応用セラミックス研究所助手を経て，博士（工学）（東京工業大学）の学位を取得後，2000年より九州大学工学研究院に勤務。現在同大学准教授。超音波を用いたセラミックプロセシングの研究に従事。

原田　久志（はらだ　ひさし）
1979年 明星大学大学院理工学研究科化学専攻博士課程単位取得後，1987年に理学博士の学位を取得。1990年より明星大学理工学部教授。ソノケミストリー・光触媒の研究に従事。
著書に「超音波技術集成」（NTS，分担執筆）がある。

興津　健二（おきつ　けんじ）
1997年 大阪府立大学大学院工学研究科応用化学専攻博士後期課程修了（博士（工学））。長崎大学工学部助手などを経て，2003年より大阪府立大学勤務，現在同大学准教授。有機物の超音波分解やナノ粒子創製の研究に従事。

野村　浩康（のむら　ひろやす）
1964年 名古屋大学大学院理学研究科化学専攻修士課程修了，同博士課程中退。1973年工学博士（名古屋大学）。名古屋大学助手，助教授，教授，工学部評議員，副総長を経て2000年同定年退職。東京電機大学理工学部教授，2007年同退職。名古屋大学名誉教授，東京電機大学参与。液体溶液の超音波物理化学の研究に従事。
著書に「液体および溶液の音波物性」（名古屋大学出版会，共著）等。

香田　忍（こうだ　しのぶ）
1979年 名古屋大学大学院工学研究科応用化学及び合成化学専攻博士課程修了（工学博士）。同研究科助手を経て，2000年より同研究科教授。物理化学，ソノケミストリーの研究に従事。
著書に「液体および溶液の音波物性」（名古屋大学出版会，共著）がある。

斎藤　繁実（さいとう　しげみ）
1976年 東北大学大学院工学研究科電気及通信工学専攻博士課程修了（工学博士）。同大学工学部助手を経て，1979年より東海大学海洋学部勤務，現在同大学教授。水中音響の研究に従事。
著書に「超音波便覧」（丸善，分担執筆），「微分積分学教程」（森北出版，共訳）がある。

安井　久一（やすい　きゅういち）
1996年 早稲田大学大学院理工学研究科物理学及応用物理学専攻博士課程修了（博士（理学））。同大学理工学部物理学科助手を経て，1999年より工業技術院（現・産業技術総合研究所）勤務。ソノルミネセンス，ソノケミストリー，ナノクリスタルの研究に従事。
著書に「こまはなぜ倒れないか」（共立出版）がある。

朝倉　義幸（あさくら　よしゆき）
1979年 芝浦工業大学工学部電子工学科卒業後，本多電子株式会社に入社。2007年名古屋大学大学院工学研究科物質制御工学専攻博士後期課程修了（工学博士）。現在，本多電子株式会社研究部部長，日本ソノケミストリー学会会長を務める。

安田　啓司（やすだ　けいじ）
1997年 名古屋大学大学院工学研究科化学工学専攻博士課程修了（工学博士）。同研究科助手を経て，2002年より同研究科准教授。超音波工学，化学工学の研究に従事。著書に「Handbook on Applications of Ultrasound : Sonochemistry for Sustainability」(Taylor & Francis) がある。

木村　隆英（きむら　たかひで）
1980年 京都大学大学院理学研究科化学専攻博士課程修了（理学博士）。1983年より滋賀医科大学医学部勤務，現在同大学教授。超音波有機化学の研究に従事。
著書に「バイオサイエンス有機化学」（化学同人，共訳）がある。

近藤　隆（こんどう　たかし）
1980年 北海道大学大学院修了。福井医科大学にて博士（医学）を取得後，米国国立がん研究所，神戸大学を経て，1997年より富山医科薬科大学（現・富山大学大学院医学薬学研究部）に勤務，現在同大学教授。超音波医科学・ソノケミストリーの研究に従事。

音響バブルとソノケミストリー
Acoustic Bubble and Sonochemistry　　　© 一般社団法人 日本音響学会 2012

2012年11月8日　初版第1刷発行

検印省略

編　者　　一般社団法人
　　　　　日　本　音　響　学　会
　　　　　東京都千代田区外神田2-18-20
　　　　　ナカウラ第5ビル2階
発行者　　株式会社　コロナ社
代表者　　牛来真也
印刷所　　萩原印刷株式会社

112-0011　東京都文京区千石4-46-10
発行所　株式会社 コロナ社
CORONA PUBLISHING CO., LTD.
Tokyo Japan
振替00140-8-14844・電話(03)3941-3131(代)
ホームページ http://www.coronasha.co.jp

ISBN 978-4-339-01327-6　　（吉原）　　（製本：愛千製本所）
Printed in Japan

本書のコピー，スキャン，デジタル化等の無断複製・転載は著作権法上での例外を除き禁じられております。購入者以外の第三者による本書の電子データ化及び電子書籍化は，いかなる場合も認めておりません。

落丁・乱丁本はお取替えいたします

音響サイエンスシリーズ

(各巻A5判)

■日本音響学会編

			頁	定価
1.	音色の感性学 ―音色・音質の評価と創造― ―CD-ROM付―	岩宮 眞一郎編著 小坂・小澤・高田 共著 藤沢・山内	240	3570円
2.	空間音響学	飯田一博・森本政之編著 福留・三好・宇佐川共著	176	2520円
3.	聴覚モデル	森 周司・香田 徹編 香田・日比野・任 倉智・入野・鵜木共著 鈴木・牧・津崎	248	3570円
4.	音楽はなぜ心に響くのか ―音楽音響学と音楽を解き明かす諸科学―	山田真司・西口磯春編著 永岡・北川・谷口 共著 三浦・佐藤	232	3360円
5.	サイン音の科学 ―メッセージを伝える音のデザイン論―	岩宮 眞一郎著	208	2940円
6.	コンサートホールの科学 ―形と音のハーモニー―	上野 佳奈子編著 橘・羽入・日高 共著 坂本・小口・清水	214	3045円
7.	音響バブルとソノケミストリー	崔 博坤・榎本尚也編著 原田久志・興津健二 野村・香田・斎藤 共著 安井・朝倉・安田 木村・近藤	242	3570円
	視聴覚融合の科学	岩宮 眞一郎編著 北川・積山・安倍 共著 金・高木・笠松		
	聴覚の文法	中島 祥好編著 佐々木・上田共著		
	音声は何を運んでいるか	森 大毅 前川 喜久雄共著 粕谷 英樹		
	ピアノの音響学	西口 磯春編著 鈴木・森・江村共著		
	物理音響に基づく音場再現	安藤 彰男著		

定価は本体価格+税5％です。
定価は変更されることがありますのでご了承下さい。

図書目録進呈◆